本书为浙江省哲学社会科学规划一般课题“新型城镇化背景下农民工家庭迁移与生计转型研究”（项目编号：21NDJC097YB）、教育部人文社科青年基金“基于邻里效应的流动人口社区社会融合研究”（项目编号：20YJC840006）、国家社会科学基金青年项目“农民工家庭城市融入中健康风险评估与社会干预研究”（项目编号：13CRK016）成果

中国流动人口：居住条件与健康

俞林伟　陈莉◎著

中国社会科学出版社

图书在版编目(CIP)数据

中国流动人口：居住条件与健康／俞林伟，陈莉著．—北京：中国社会科学出版社，2020.12

ISBN 978-7-5203-7526-9

Ⅰ．①中…　Ⅱ．①俞…②陈…　Ⅲ．①流动人口—居住环境—影响—健康—研究—中国　Ⅳ．①X21②R126.8

中国版本图书馆CIP数据核字(2020)第236155号

出 版 人　赵剑英
责任编辑　梁剑琴
责任校对　冯英爽
责任印制　郝美娜

出　　版　中国社会科学出版社
社　　址　北京鼓楼西大街甲158号
邮　　编　100720
网　　址　http：//www.csspw.cn
发 行 部　010-84083685
门 市 部　010-84029450
经　　销　新华书店及其他书店

印刷装订　北京市十月印刷有限公司
版　　次　2020年12月第1版
印　　次　2020年12月第1次印刷

开　　本　710×1000　1/16
印　　张　16.75
插　　页　2
字　　数　284千字
定　　价　98.00元

目　　录

绪　论

第一节　研究背景与研究意义

一　研究背景

（一）城镇化进程挑战人口健康状况

改革开放40多年来，伴随着全球化、市场化、工业化进程的快速推进，中国流动人口规模快速增长。国家卫生和计划生育委员会发布的《中国流动人口发展报告2018》显示，2017年我国流动人口数量为2.44亿人。农村人口大规模向城镇流动集聚，构成了城镇化发展的重要动力，推动了中国城镇化的快速发展。然而，大规模的流动人口在城市集聚、工作和生活，客观上对城市提出了严峻的挑战。[①][②] 随着城市人口规模和密度的上升，人口拥挤、交通拥堵、住房紧张、基础设施不足、噪声和废气污染、半城镇化等"城市病"问题在短期内叠加密集出现。同时，在经济全球化推动社会分化加剧的背景下，从计划经济到市场经济体制转型的过程中，中国城市的社会空间正呈现出日益分异的趋势，[③][④] 空间剥夺、

---

① Hu X., Cook S., and Salazar M. A., "Internal Migration and Health in China", *Lancet*, Vol. 373, No. 51, 2008.

② 牛建林、郑真真、张玲华等：《城市外来务工人员的工作和居住环境及其健康效应——以深圳为例》，《人口研究》2011年第3期。

③ 宁越敏、杨传开：《新型城镇化背景下城市外来人口的社会融合》，《地理研究》2019年第1期。

④ 何深静、刘玉亭、吴缚龙等：《中国大城市低收入邻里及其居民的贫困集聚度和贫困决定因素》，《地理学报》2010年第12期。

居住隔离、职住错位、贫困和失业、资源分配不公等社会问题也日趋严重。[①②] 大量西方文献的研究表明，城镇化在带给人们特殊的经济、政治、文化和教育机会的同时，也对人们的心理和生理层面造成负面影响，甚至有研究指出城镇化程度越高的地区，人们的生理和心理疾病发病率越高，并且此类健康问题在移民群体中尤为突出。[③④] 面对城镇化过程中日益严峻的健康挑战，世界卫生组织早在2010年就将世界卫生日的主题确定为“城镇化与健康”，说明城镇化进程对城市生态环境、物理环境和社会环境造成的变化以及这种变化所带来的健康影响已得到全世界的广泛认同，也引发了人们对居住条件与健康关系的重视。

（二）居住条件和健康问题关乎流动人口切身利益

在城市人口流动速度加快和住房市场化程度加深的现实背景下，受城乡二元分割和户籍制度的限制，流动人口在城市的居住权长期被忽视，其在城市的居住条件处于系统性的弱势地位。流动人口与本地居民在居住空间上呈现明显的区隔，大部分流动人口居住在环境和配套设施相对较差的社区，呈现明显的“二元社区”特点。由住房问题伴随而来的贫困集聚、失业、收入分层、暴力犯罪等社会问题不断涌现，对流动人口的身心健康构成了巨大威胁。同时，在健康方面，由于受制度性歧视、行业限制、环境污染和禀赋约束等多重因素影响，流动人口在推进城镇化、促进经济增长的同时，承受了更多的健康风险或付出了较高的健康成本。[⑤⑥⑦] 这一结局不仅对流动人口及其家庭的健康与生活质量带来不利影响，而且通过流动过程对健康的筛选效应，极有可能对流出地的社会经济产生不利后果，

---

① 顾朝林、［比利时］C. 克斯特洛德：《北京社会极化与空间分异研究》，《地理学报》1997年第5期。

② 柴彦威、刘璇：《城市老龄化问题研究的时间地理学框架与展望》，《地域研究与开发》2002年第3期。

③ Chen J., Chen S., and Landry P. F., et al., “How Dynamics of Urbanization Affect Physical and Mental Health in Urban China”, *The China Quarterly*, Vol. 220, No. 4, 2014.

④ Szabo, and Paul C., “Urbanization and Mental Health: A Developing World Perspective”, *Current Opinion in Psychiatry*, Vol. 31, No. 3, 2018.

⑤ 陆文聪、李元龙：《农民工健康权益问题的理论分析：基于环境公平的视角》，《中国人口科学》2009年第3期。

⑥ 牛建林：《人口流动对中国城乡居民健康差异的影响》，《中国社会科学》2013年第2期。

⑦ Li J., and Rose N., “Urban Social Exclusion and Mental Health of China's Rural-Urban Migrants: A Review and Call for Research”, *Health & Place*, No. 48, 2017.

甚至影响到整个国民经济发展中劳动力的可持续性供给以及城乡均衡发展等诸多方面。[①②] 为此，近年来流动人口的居住条件和健康问题成为全社会广泛关注的重要议题。[③④⑤⑥] 居住条件与健康问题关系到每一位流动人口的福祉和切身利益。通过改善居住条件促进流动人口健康水平提升也变得更加迫切。

（三）流动人口健康是实现全民健康的重要保障

以习近平同志为核心的党中央从长远发展和时代前沿出发，提出实施健康中国战略，将国民健康意义提到了新的高度。习近平总书记在全国卫生与健康大会上指出，“没有全民健康，就没有全民小康”“重视重点人群健康、关注流动人口健康问题”；作为健康中国的重要组成部分，流动人口的健康问题一直是全民健康的弱项和短板，直接关系到健康中国战略的成败，引起从中央到地方的高度重视。中国特色新型城镇化建设的实质是人的城镇化，城镇化的本质是让人们生活得更美好，因此，重点关注流动人口健康问题，保障流动人口健康权益，使经济发展不以损害流动人口生命安全和健康权益为代价，应该成为推进新型城镇化和健康中国建设的一个重要课题。尤其在人口年龄结构迅速老龄化及“人口红利”逐渐消退的情况下，流动人口健康作为我国经济社会发展的重要基础，其健康水平的提升不仅能为国家经济建设提供更高质量的人力资源保障，而且有助于提高劳动生产率，实现经济持续稳定的增长，促进“人口红利”更多转化为“健康红利”。

（四）居住条件与健康关系的研究亟待理论创新

事实上，居住条件所包含的住房条件、社区环境以及居住隔离，都是

---

① 牛建林、郑真真、张玲华等：《城市外来务工人员的工作和居住环境及其健康效应——以深圳为例》，《人口研究》2011 年第 3 期。

② 梁宏、熊美娟：《中国劳动力的健康状况及差异分析》，《人口与经济》2015 年第 7 期。

③ Wu W.，“Sources of migrant housing disadvantage in urban China”，*Environment & Planning A*，Vol. 36，No. 7，2004.

④ 林李月、朱宇、梁鹏飞等：《基于六普数据的中国流动人口住房状况的空间格局》，《地理研究》2014 年第 5 期。

⑤ 冯长春、李天娇、曹广忠等：《家庭式迁移的流动人口住房状况》，《地理研究》2017 年第 4 期。

⑥ Du H.，and Li S. M.，Hao P.，“Anyway，You Are An Outsider：Temporary Migrants in Urban China”，*Urban Studies*，Vol. 55，No. 14，2017.

影响健康的重要因素之一。[①②] 世界卫生组织早在1989年关于健康促进的《渥太华宣言》中就强调住房是健康的基本条件和资源，人们的身体、心理、情感都深受其住房的影响；相关研究也已证实，住房及其所在的社区可能是实行健康政策干预以提高国民健康水平的有效场所；[③] 国际上，尤其是西方发达国家有关住房条件、社区环境及居住隔离对健康影响的研究成果日渐丰硕，研究方法也不断成熟，已经由传统研究过分注重健康的个人风险因素转移到对多层次、多维度因素的重视和检验，[④⑤⑥] 并形成相对系统的理论和研究结论。相比较之下，中国这方面的研究起步较晚，已有的少量研究还往往把居住条件狭义地理解为住房条件，忽视社区环境和居住隔离对人口健康的影响。在中国特有的历史和制度条件以及快速城镇化的背景下，城市的建成环境和流动人口的居住条件与西方国家差异较大，并且已有证据显示中国可能具有和西方发达国家不同的环境与健康关系的规律，[⑦⑧⑨] 因此，前述国际上，尤其是西方发达国家的研究成果既不能直接应用到中国，也无法为国内相关政策制定提供实证依据。因此，当前我

---

① Wen M. and Christakis N. A., "Effect of Community Distress and Sub-Cultural Orientation on Mortality following Life-Threatening Disease in the Elderly", *Sociology of Health and Illness*, Vol. 28, No. 5, 2006.

② 王桂新、苏晓馨、文鸣：《城市外来人口居住条件对其健康影响之考察——以上海为例》，《人口研究》2011年第2期。

③ Wen M., Hawkley L. C., and Cacioppo, J. T., "Objective and Perceived Neighborhood Environment, Individual SES and Psychosocial Factors, and Self-rated Health: An Analysis of Older Adults in Cook County", *Social Science and Medicine*, No. 63, 2006.

④ Matheson F. I., Moineddin R., and Glazier R. H., "The Weight of Place: A Multilevel Analysis of Gender, Neighborhood Material Deprivation, and Body Mass Index among Canadian Adults", *Social Science & Medicine*, Vol. 66, No. 3, 2008.

⑤ Lee, M. A., "Neighborhood Residential Segregation and Mental Health: A Multilevel Analysis on Hispanic Americans in Chicago", *Social Science and Medicine*, Vol. 68, No. 11, 2009.

⑥ Mohnen S. M., Volker B., Flap M., et al., "Health-related Behavior as A Mechanism behind the Relationship between Neighborhood Social Capital and Individual Health—A Multilevel Analysis", *BMC Public Health*, Vol. 12, No. 1, 2012.

⑦ 孙斌栋、阎宏、张婷麟：《社区建成环境对健康的影响——基于居民个体超重的实证研究》，《地理学报》2016年第10期。

⑧ Xu F., Li J., and Liang Y., et al., "Residential Density and Adolescent Overweight in A Rapidly Urbanizing Region of Mainland China", *Journal of Epidemiology & Community Health*, Vol. 64, No. 11, 2010.

⑨ Wang D., Chai Y., and Li F., "Built Environment Diversities and Activity-Travel Behavior Variations in Beijing, China", *Journal of Transport Geography*, Vol. 19, No. 6, 2011.

国城镇化已进入以提升质量为主的转型发展阶段的背景下，从住房条件、社区环境和居住隔离等多维度、多层次的视角出发，系统考察流动人口所处的居住条件及其健康风险，理顺居住条件对流动人口健康的作用机制，不仅是全面深入认识我国城镇化过程中环境与人口健康间关系的需要，而且事关我国城乡经济的均衡和可持续发展，同时也有助于更好地理解在中国特有的社会经济背景下居住条件对流动人口健康所具有的特殊意义。这种来自中国的研究案例还将为认识发展中国家居住条件与健康之间的复杂关系提供新的经验事实并在此基础上形成新的理论认识，[①] 以便更好地摆脱相关研究对西方理论和实证的过度依赖，为居住条件对健康影响的研究提供来自中国的经验。

二 研究意义

（一）理论意义

尽管地理学对环境与健康关系的关注由来已久，并在科学认识与解决健康问题中起到了举足轻重的作用，但是传统地理学关注“人—地”系统的研究更多地倾向于“地”的一端，对“人”和社会因素的关注不足。[②③④⑤] 本书从地理环境的微观尺度出发，以住房条件、社区环境和居住隔离三个维度为切入点，通过就居住条件对流动人口健康影响的深入考察，揭示流动人口居住条件与健康关系的复杂性，突破迄今在流动人口居住条件和健康问题研究上的局限，更好地理解居住条件对健康影响的作用机制，弥补以往研究对于微观尺度下环境与健康关系关注的不足，加深对基于居住条件视角下中国城镇化不平等效应对弱势群体健康影响的科学认识。[⑥] 研

---

① Wen M., Fan J., and Jin L., et al., “Neighborhood Effects on Health among Migrants and Natives in Shanghai, China”, *Health & Place*, Vol. 16, No. 3, 2010.

② 王兴中：《社会地理学社会——文化转型的内涵与研究前沿方向》，《人文地理》2004 年第 1 期。

③ 姚华松、薛德升、许学强：《1990 年以来西方城市社会地理学研究进展》，《人文地理》2007 年第 3 期。

④ 杨林生、李海蓉、李永华等：《医学地理和环境健康研究的主要领域与进展》，《地理科学进展》2010 年第 1 期。

⑤ 齐兰兰、周素红、古杰：《医学地理学发展趋势及当前热点》，《地理科学进展》2013 年第 8 期。

⑥ 丁宏、成前、倪润哲：《城镇化的不平等、市民化与居民健康水平》，《南开经济研究》2018 年第 6 期。

究结论也将有助于更好地理解社会转型期健康影响的户籍差异，丰富流动人口健康影响因素的理论认识，为流动人口健康促进和健康影响因素的干预提供科学指导，推动医学地理学向更注重“人本”的健康地理学转变，为中国健康地理学的发展提供崭新的研究内容。

（二）实践意义

新型城镇化的核心目标之一是实现流动人口的市民化，流动人口作为我国城镇化的主体力量，其居住条件和健康水平是衡量当前城镇化质量的重要依据，保障流动人口的健康公平也是“健康中国”的重要组成部分。从表面上看，流动人口的居住和健康问题是人口空间位移所产生的特殊群体自身发展问题，实际上隐含着社会稳定和公平、城乡和区域统筹发展等问题。因此，通过分析居住条件对流动人口健康影响的作用机制，为制定更为有效的、公正的环境与健康政策提供科学依据，对推进“健康中国”战略与制定相关政策具有重要的现实意义。同时，从居住条件视角探讨流动人口的健康影响机制，为改善居住条件的相关公共政策提供有益建议，对实现流动人口的居住融合、协调城乡关系、缩小贫富差距及促进城市内部社会融合都具有重要参考价值。通过对居住条件与流动人口健康关系的考察，及其内在作用机理的系统挖掘，还能为相关公共住房规划、混合社区策划、社区规划、健康城市建设等提供理论依据和科学支撑，为包容性城镇化的推进和城市治理能力的提升提供智力支持和政策建议，对治理和优化流动人口服务管理提供积极的参考和借鉴价值。

第二节　国内外文献综述

近年来，国内外对流动人口居住条件和健康的相关研究较多，本书将从不同角度对现有文献进行梳理。本章节首先梳理了关于流动人口居住条件和健康状况及其主要影响因素的相关研究文献，继而从住房条件、社区环境和居住隔离三方面，重点对国内外有关流动人口居住条件与健康关系的文献进行回顾与梳理，最后对国内外研究进展进行评述。

一　流动人口的居住条件

（一）流动人口的住房条件

移民住房，尤其是跨国移民的住房问题一直是西方城市研究和城市地理研究领域的重点，国外有关移民住房研究涉及住房权属、住房质量、住房选择、居住流动等方面，其结果揭示移民住房普遍存在质量低、环境差、边缘化、空间封闭集聚等问题。[①②③] 在我国，相关研究表明，改革开放以来，我国大量流动人口从农村涌入城市、从经济不发达地区流向发达地区，从中西部地区流向东部沿海地区。如洪流般的人口流动给流入地城市带来了巨大的活力，促进了当地经济社会发展的同时，也带来了巨大的住房压力，人口剧增导致住房供应不足以及其他相关住房问题。由于经济能力的不足使得大量流动人口被隔离在城市正式住房市场之外，而基于户口的身份歧视又使得流动人口难以享受城市保障性住房政策，[④⑤⑥] 导致流动人口在住房市场上处于劣势和边缘化状态，[⑦] 住房方式较为单一，获取住房的途径十分有限，更多地依靠企业用工单位提供的宿舍解决住房问题或者租住城中村内的农民房，[⑧] 这些非正规住房一定程度上满足了低收入流动人口对廉价住房的迫切需求。同时，流动人口的居住方式与其就业性质紧密联系，从事制造业的流动人口多生活于雇主提供的集体宿舍或员工公寓内，建筑行业的工人多居住在建筑工地上临时搭建的工棚或板房中，从事商业服务业的流动人口居住方式则更加多样化，有些寄居雇主家，有些租住私人出租房，甚至还有直接居住于就业场所内。从住房区位来看，居住在中心城区的流动人口比城郊或郊区的居住条件更为拥挤，但城郊或郊区流动人口的住房设施更为简陋。尽管近年来流动人口住房条件在不断

---

① Coulson N. E., "Why Are Hispanic- and Asian-American Homeowner-Ship Rates So Low: Immigration and Other Factors", *Journal of Urban Economics*, Vol. 45, No. 2, 1999.

② Rebhun U., "Immigration, Ethnicity, and Housing: Success Hierarchies in Israel", *Research in Social Stratification and Mobility*, Vol. 27, No. 4, 2009.

③ Arcury T. A., Trejo G., and Suerken C. K., et al., "Housing and Neighborhood Characteristics and Latino Farmworker Family Well-being", *Journal of Immigrant and Minority Health*, Vol. 17, No. 5, 2015.

④ Wu W., "Migrant Housing in Urban China", *Urban Affairs Review*, Vol. 38, No. 1, 2002.

⑤ Wang, Y. P., Wang, Y., and Wu, J. L., "Housing Migrant Workers in Rapidly Urbanizing Regions: A Study of the Chinese Model in Shenzhen", *Housing Studies*, Vol. 25, No. 1, 2010.

⑥ Zhan Y., "The Urbanization of Rural Migrants and the Making of Urban Villages in Contemporary China", *Urban Studies*, Vol. 55, No. 7, 2017.

⑦ Fan, C. C., "Migration and Labor Market Returns in Urban China: Results from a Recent Survey in Guangzhou", *Environment and Planning A*, No. 3, 2001.

⑧ Zheng S., Long F., and Fan C. C. et al., "Urban Villages in China: A Survey of Migrant Settlements in Beijing", *Eurasian Geography & Economics*, Vol. 50, No. 4, 2009.

改善，[①] 住房拥有率在不断提高，[②] 但从整体上来看，相比本地居民，住房拥挤不堪、居住条件差、房内设施破旧、缺乏必要的卫生等设施、通风采光条件差、安全隐患多仍然是目前流动人口住房面临的普遍性问题。[③]

流动人口住房状况影响因素的研究也是国内外学者关注的重要议题之一。[④] 国外研究一般对住房状况的影响因素划分为社会经济地位（职业地位、迁移年限、收入和教育水平等）、人口生命周期（年龄、婚姻状况、家庭结构等）、制度（住房价格、利率、城市规模等）和文化因素（永久定居意愿、语言、移民辈分、社会网路、隔离和歧视等）四类。[⑤] 国内学术界则认为户籍制度等制度因素、市场机制、就业情况、社会融入因素和群体特征因素等是影响我国流动人口住房状况的主要因素。首先，在制度因素方面，在户籍制度、土地制度和住房政策等制度和结构性因素的屏蔽作用下，大多数流动人口没有能力购买商品住房，也无权享受城市建设的保障性住房，[⑥] 甚至有研究指出流动人口整体住房条件低下的根源在于户籍制度的限制，其影响程度远大于社会经济因素[⑦]。其次，住房价格和收入水平是影响流动人口住房状况的重要市场因素。除了单位提供居住场所的流动人口外，相当一部分流动人口需要在住房市场上解决住房需求。但是，绝大多数流动人口的收入水平远低于城市房价和房租水平，由于自身经济能力有限，通常只能租住城乡接合部的农民房或市中心价格相对低廉但条件较差的房屋。[⑧] 再次，工作地点和行业等就业情况也是影响流动人口住房选择的重要因素之一。流动人口在住房选择时都是以方便工作为前提，因而对住房的通勤距离要求较高。另外，居住时间、留城意愿等社会

---

① 何炤华、杨菊华：《安居还是寄居？不同户籍身份流动人口居住状况研究》，《人口研究》2013 年第 6 期。

② 杨菊华：《制度要素与流动人口的住房保障》，《人口研究》2018 年第 1 期。

③ 吴维平、王汉生：《寄居大都市：京沪两地流动人口住房现状分析》，《社会学研究》2002 年第 3 期。

④ Olmos J. C. C., and Garrido Á. A., "African Immigrants in Almería (Spain): Spatial Segregation, Residential Conditions and Housing Segmentation", *Sociológia*, Vol. 39, No. 6, 2007.

⑤ Constant A. F., Roberts R., and Zimmermann K. F., "Ethnic Identity and Immigrant Homeowner-Ship", *Urban Studies*, Vol. 46, No. 9, 2009.

⑥ Wang F., and Zuo X., "Inside China's Cities: Institutional Barriers and Opportunities for Urban Migrants", *American Economic Review*, Vol. 89, No. 2, 1999.

⑦ Wu W., "Sources of Migrant Housing Disadvantage in Urban China", *Environment & Planning A*, Vol. 36, No. 7, 2004.

⑧ 李志刚：《中国大都市新移民的住房模式与影响机制》，《地理学报》2012 年第 2 期。

融入因素也影响流动人口的住房状况，一些研究认为住房市场改革后流动人口受制度约束逐渐减弱，反而其自身能动性、意愿和策略对流动人口住房选择有重要影响。[①] 最后，流动人口住房状况还受到其群体特征包括家庭类型、流迁特征、代际差异等因素的影响，如林李月、朱宇等研究发现流动人口的两栖状况（即其循环流动的特性和过客心理）比户籍制度和个体特征对其居住状况的影响更为显著。[②] 流动人口群体内部的代际差异也是影响流动人口住房状况的一个重要群体因素，[③④] 相比老一代流动人口，新生代流动人口在流入地的住房自有率更低，租住私房的比例更高。

（二）流动人口的社区环境

移民社区环境的研究也一直是国外城市研究关注的一个重要领域，而且研究多集中在跨国移民聚居区、族裔社区、黑人聚居区等边缘社区。从社区物理环境方面来看，国外的研究主要涉及社区景观特征、物理空间、环境污染暴露、基础设施、建成环境等方面，[⑤] 社会环境的研究主要涉及社区凝聚力、邻里关系、社区信任、社区参与、社区安全、社区网络、集体效能、社区归属感等方面。[⑥] 社区环境，尤其是社区社会环境对移民个体行为、健康福祉、生活境遇、心理压力和儿童发展等方面产生重要影响。在影响因素方面存在微观、中观和宏观三种不同的分析视角，在微观视角上关注个人、家庭的人口特征、房屋产权属性等对社区环境的影响，注重社区个体差异解释社区环境的状况；在中观视角上强调社区结构特征，尤其是收入不平等、种族异质性对社区环境的影响；在宏观视角上关

① Tao L., Hui E. C. M., and Wong F. W., et al., "Housing Choices of Migrants Workers in China: Beyond the Hukou Perspective", *Habitat International*, No. 49, 2015.

② Zhu Y., "China's Floating Population and Their Settlement Intention in the Cities: Beyond the Hukou Reform", *Habitat International*, Vol. 31, No. 1, 2007.

③ 李君甫、齐海岩：《农民工住房区位选择意向及其代际差异研究》，《华东师范大学学报》（哲学社会科学版）2018 年第 2 期。

④ 王宗萍、邹湘江：《新生代流动人口住房状况研究——兼与老生代的比较》，《中国青年研究》2013 年第 8 期。

⑤ Jordan K., Krivokapic-Skoko B., and Collins J., "The Ethnic Landscape of Rural Australia: Non-Anglo-Celtic Immigrant Communities and the Built Environment", *Journal of Rural Studies*, Vol. 25, No. 4, 2009.

⑥ Bathum M. E., and Baumann L. C., "A Sense of Community among Immigrant Latinas", *Family & Community Health*, Vol. 30, No. 3, 2007.

注更大空间范围的宏观结构特征的作用。①

与大量关于流动人口住房条件的研究相比，国内学界对流动人口社区环境的关注度相对较低，有关流动人口社区社会资本、社会关系网络、社区参与的相关研究还十分少见。现有对流动人口社区环境的描述主要聚焦在城中村、城乡接合部等流动人口相对集聚的社区。② 尽管近年来相关研究已发现流动人口的居住条件和生活水平在不断改善，但是现存研究所描述的流动人口社区环境状况仍然是一幅“脏、乱、差、穷”的画面，甚至存在生命、财产安全隐患。③ 目前的研究主要反映在对社区物理环境的定性描述分析上，如居民乱搭乱建现象突出，楼房建筑缺乏规范，“牵手楼”“握手楼”“一线天”等违法建筑频现，④ 小区绿化面积小甚至缺失；流动人口社区大多位于城中村、棚户区或城乡接合部，这些地区往往容易成为城市管理的盲区和真空地带，周边卫生环境差，小广告贴满墙壁，垃圾成堆，污水横流，蚊蝇滋生，社会治安较为混乱，甚至成为社会藏污纳垢之地；⑤ 由于政府公共投入不足等原因，流动人口社区居住环境多维剥夺现象较为严重，主要表现为可获得的设施较少以及设施的可达性较差⑥。即使有一定的公共设施也遭到不同程度的破损，⑦ 距离医院、学校、公园等公共服务设施相对较远；基于工作的便利和节省住房开支的考虑，很多流动人口的社区往往位于城乡接合部，靠近工业园区或附近有不少加工作坊，导致流动人口在日常生活中暴露于污染相当严重的环境之中。王桂新等对上海市 20 个外来人口相对集中的社区调查发现，32%的外来人口的居住区附近有化工厂、电厂等污染性工厂。另外，流动人口居住的社

① Guite H. F., Clark C., and Ackrill G., “The Impact of the Physical and Urban Environment on Mental Well-being”, *Public Health*, Vol. 120, No. 12, 2006.

② Shen J., “Struck in the Suburb? Socio-Spatial Exclusion of Migrants in Shanghai”, *Cities*, No. 60, 2017.

③ 吴维平、王汉生：《寄居大都市：京沪两地流动人口住房现状分析》，《社会学研究》2002 年第 3 期。

④ 牛建林、郑真真、张玲华等：《城市外来务工人员的工作和居住环境及其健康效应——以深圳为例》，《人口研究》2011 年第 3 期。

⑤ 寇丽平、裴岩：《城市外来人口聚居区的风险分析与治理》，《中国人民公安大学学报》（社会科学版）2010 年第 1 期。

⑥ Liu Y., Zhang F., and Wu F., et al., “The Subjective Well-being of Migrants in Guangzhou, China: The Impacts of the Social and Physical Environment”, *Cities*, No. 60, 2017.

⑦ 陈云凡：《新生代农民工住房状况影响因素分析：基于长沙市 25 个社区调查》，《南方人口》201 年第 1 期。

区物理环境存在显著的代际差异，有研究显示新生代流动人口社区物理环境要显著好于老一代流动人口，新生代流动人口与当地市民混居概率更高，老一代流动人口与非同乡聚居概率更高。①

从社区社会环境来看，在社区社会网络方面，由于居住场所频繁更换、社会排斥和身份歧视，流动人口的市民身份认同感缺乏，社会信任感淡薄。流动人口在城市所依赖的社区社会网络依旧是亲戚、老乡、同事等亲缘、地缘、业缘关系的非正式支持系统，②③ 而政府有关部门、用人单位、社会组织等所能提供的社会支持极为有限，社区社会资本的匮乏限制了流动人口群体的经济融入、政治参与和文化习得，进而阻碍了其城市社区融入进程④。社区参与是促进流动人口融入城市的重要方式，目前流动人口的社区参与程度很低，⑤ 体现在社会交往封闭、社区活动、社区选举、社区管理的参与不足，缺乏可及的社区服务⑥。尽管有些本地居民与居住在出租房的流动人口共同生活在一个社区，作为房东和租客，在经济上是共同生存和相互依赖，但没有情感上的交流，彼此社会关系疏远。⑦ 流动人口缺乏对社区的心理认同和归属感，很少被接纳到社区建设和社区政治、社会事务中。一项调查结果显示，89.8%的流动人口表示在日常生活中很难感受到社区工作人员的关心，在遇到困难时，85.9%的流动人口选择向亲戚、老乡、朋友等群体寻求帮助，向社区工作者、邻居等求助的比例只占很小一部分。⑧ 流动人口的社区环境受到个体特征、流迁特征和

① 杨肖丽、韩洪云、王秋兵：《代际视角下农民工居住环境影响因素研究——基于辽宁省的抽样调查》，《中南财经政法大学学报》2015 年第 4 期。

② Wu F. L., "Housing in Chinese Urban Villages: the Dwellers, Conditions and Tenancy Informality", *Housing Studies*, Vol. 12, No. 5, 2016.

③ Liu Y., Li Z. G., and Breitung W., "The Social Network of New-Generation Migrants in China's Urbanized Villages: A Case Study of Guangzhou", *Habitat International*, Vol. 36, No. 1, 2012.

④ 邓睿、冉光和、肖云：《生活适应状况、公平感知程度与农民工的城市社区融入预期》，《农业经济问题》2016 年第 4 期。

⑤ 吴蓉、黄旭、刘晔等：《广州城市居民地方依恋测度与机理》，《地理学报》2019 年第 2 期。

⑥ 关信平、刘建娥：《我国农民工社区融入的问题与政策研究》，《人口与经济》2009 年第 3 期。

⑦ Du H., and Li S. M., Hao P., "Anyway, You Are An Outsider: Temporary Migrants in Urban China", *Urban Studies*, Vol. 55, No. 14, 2017.

⑧ 肖云、邓睿：《新生代农民工城市社区融入困境分析》，《华南农业大学学报》（社会科学版）2015 年第 1 期。

家庭特征等多方面因素的影响，其中婚姻状况、受教育程度、职业类型等个体特征对流动人口社区环境有显著影响，随着外出务工时间的增加，工作经验的积累和收入水平的提升有助于改善流动人口的居住条件，其社区物质环境越好，与市民混居的概率越大。另外，家属随迁尤其是在学子女随迁意味着需要临近学校，并对社区环境有积极影响①。同时，从社区归属感来看，流动人口社区地方感明显不及本地居民，甚至是一种“失根式”的消极地方感，② 还存在性别间的差异，流动人口的地方感不能直接影响社会融合，而是通过根植性、居住环境和文化资本等因素进行间接的影响③。城乡接合部非定居的流动人口往往有一种深深的社区隔离感，社区归属感存在疏离与游移，其实质是一种所属社会关系、利益关系在流动人口聚居区的双重缺失和空间错位而引发的社区认同危机。④ 流动人口居住区的类型可划分为社会融入型和社会隔离型，不同居住区类型在很大程度上会影响流动人口与本地居民的交往程度。⑤

（三）流动人口的居住隔离

1. 居住隔离的测量

居住隔离一直是欧美学术界广泛关注的经典话题，形成了不少的理论学派，其中最具代表性的有芝加哥学派、行为学派、人类生态学派以及制度学派，⑥ 他们分别从不同的角度对居住隔离进行了解释。芝加哥学派认为在资源有限的背景下，不同群体和阶层在城市的不同地域分布，形成不同的分布模型，如同心圆模式、扇形模式、多核心模式等，这可以被认为是居住隔离研究的起点；⑦ 行为学派注重除经济因素外的心理、文化因素

① 杨肖丽、韩洪云、王秋兵：《代际视角下农民工居住环境影响因素研究——基于辽宁省的抽样调查》，《中南财经政法大学学报》2015 年第 4 期。

② 李如铁、朱竑、唐蕾：《城乡迁移背景下“消极”地方感研究——以广州市棠下村为例》，《人文地理》2017 年第 3 期。

③ 朱竑、李如铁、苏斌原：《微观视角下的移民地方感及其影响因素——以广州市城中村移民为例》，《地理学报》2016 年第 4 期。

④ 田毅鹏、齐苗苗：《城乡接合部“社会样态”的再探讨》，《山东社会科学》2014 年第 6 期。

⑤ 陈旭峰、钱民辉：《社会融入状况对社区文化参与的影响研究——两代农民工的比较》，《人口与发展》2012 年第 1 期。

⑥ 孙秀林、施润华：《社区差异与环境正义——基于上海市社区调查的研究》，《国家行政学院学报》2016 年第 6 期。

⑦ 李志刚、顾朝林：《中国城市社会空间结构转型》，东南大学出版社 2011 版，第 33 页。

等个体特征是形成居住隔离的重要因素;① 人类生态学派关注自然选择，强调居住隔离是优胜劣汰的过程;② 制度学派则注重用宏观制度来解释居住隔离现象③。

居住隔离作为一个复杂的概念，很难用一个单一的指标来进行衡量，因此需要从不同的维度来进行详细解释。国外关于居住隔离测度的文献报道已经有相当长的历史。梅斯和丹顿认为居住隔离可以有五种不同维度的解释，每种解释都有相应的若干衡量指标：接触性（exposure）、均质性（evenness）、集中性（concentration）、向心性（centralization）和群聚性（clustering）。具体来看，“接触性”测量两个群体接触、交往和互动的可能性，常用指标有交互指数、隔离指数、相关比率指数；“均质性”指的是不同群体在城市中人口分布的均匀程度，常用指标有变异指数、熵指数、基尼指数、阿特森指数；“集中性”测量少数群体占据区域内空间的数量，常用指标有 Delta 指数、绝对集中指数、相对集中指数；“向心性”指的是少数群体集中居住在接近城市中心的程度，常用指标有绝对集中、相对集中；“群聚性”是指少数群体在区域内居住不对称或不成比例的程度，常用指标有空间接近性、绝对集聚、相对集聚、距离衰减交互、距离衰减隔离。④ 上述指标中常用的有以下四个指数。

（1）差异性指数（Index of Dissimilarity）

居住差异性指数是使用历史最悠久、应用最为广泛的测量居住隔离的指标，也被称为居住隔离 D 指数，于 1955 年由 Duncan 和 Duncan 提出。按照均质性的解释，居住差异指数的含义是在某一空间内，为了实现人群均匀居住分布而需要重新进行空间定位的少数群体的比例。居住差异指数的公式为：

$$D = 0.5 \times \sum_{i=1}^{n} \left| \frac{x_i}{X} - \frac{y_i}{Y} \right| \quad ①$$

① Clark W. A. V., Cadwallader M., “Residential Preferences: An Alternate View of Intro-urban Space”, *Environment and Planning A*, Vol. 5, No. 6, 1973.

② Duncan O. D., and Duncan B., “Residential Distribution and Occupational Stratification”, *American Journal of Sociology*, Vol. 60, No. 5, 1955.

③ Musterd S., and Ostendorf W., “Residential Segregation and Integration in the Netherlands”, *Journal of Ethnic & Migration Studies*, Vol. 35, No. 9, 2009.

④ 陈杰、郝前进：《快速城市化进程中的居住隔离——来自上海的实证研究》，《学术月刊》2014 年第 5 期。

公式①中，假设一个城市 n 个区域单位中分别居住有 A 和 B 两个群体，x_i 和 y_i 分别代表区域单位 i 中群体 A 和群体 B 的人数，X 和 Y 分别表示全市群体 A 和群体 B 的总人数。居住差异指数取值范围介于 0—1，若居住差异指数取值为 0，则表示两类群体在全市范围内完全均匀分布，即所有区域单位内的群体 A 和群体 B 的相对比例等同于全市比例；若居住差异指数取值为 1，则表示两类群体完全隔离，在居住空间范围内毫无交集；若居住差异指数为 0.4，则表示全市范围内群体 A 需要有 40%的人进行重新定位才能实现居住人群的均匀性分布。在现有国外居住隔离研究中，一般根据居住分异 D 指数来划定居住隔离程度，D 指数介于 0—0.3 则表示轻微居住隔离，D 指数介于 0.3—0.6 则为中等居住隔离，D 指数大于 0.6 则认为是严重居住隔离。[①]

但是上述居住差异指数只能够在全局层次上测量不同人群的居住隔离程度，即在一个空间上只能计算出一个隔离指数，也就是一个城市层面只能有一个居住差异指数，而无法在同一城市不同区域分别计算居住差异指数，不能同时给出区县级层面的隔离指数，这在实际研究中存在很多局限性。正因为上述公式的局限性，有学者对公式①进行了改良，提出了可用于局部计算的相异指数，[②③] 也被称为局部分异指数，具体公式如下：

$$D_i = 100 \times \left(\frac{x_i}{X} - \frac{y_i}{Y}\right) \qquad ②$$

公式②中，D_i 指数表现的社会区域 i 内两个群体的相互隔离程度，可以揭示城市内部不同区域之间居住隔离的差别性，其取值范围为-100—100。D_i 取值为 0 时，则表示两个群体人群按全市人口比例在研究区域内均匀分布。具体来说，群体 A 在本研究区域单元内遇到群体 B 的概率，等同于在全市范围内群体 A 遇到群体 B 的概率。若 D_i 大于 0 时，则表示本研究区域单元内群体 A 相对群体 B 而言，在本研究区域更加过度聚居；D_i 小于 0 时，则与此反之。而-100 和 100 表示两类群处于完全隔离的两

---

① Massey D. S., and Denton N. A., "The Dimensions of Residential Segregation", *Social Forces*, Vol. 67, No. 2, 1988.

② Wong D., "Enhancing Segregation Studies Using GIS", *Computers Environment & Urban Systems*, Vol. 20, No. 2, 1996.

③ 孙秀林、顾艳霞：《中国大都市外来人口的居住隔离分析：以上海为例》，《东南大学学报》（哲学社会科学版）2017 年第 4 期。

种极端状况。

（2）分异指数（Index of Segregation）

分异指数（IS）是在差异性指数（ID）的基础上进一步改进的，用于代表单个群体与剩余其他以群体在居住空间上的隔离程度。分异指数与差异指数计算公式相同，唯一不同点在于分异指数中 y_i 表示空间单元 i 中除去某群体外其余所有群体的人数，Y 是指整个城市或一个特定区域内除去某群体外其余所有群体的总人数，IS 的取值区间范围为［0，1］，IS<0.3 表示分异度低，IS>0.6 表示分异度高。[①]

（3）隔离指数（Index of Isolation）

$$\Pi = \sum\left[\left(\frac{x_i}{X}\right)\times\left(\frac{x_i}{t_i}\right)\right] \quad ③$$

隔离指数实际反映的是人口的绝对集中程度。其中 x_i 代表空间单元 i 中 x 的人数，X 代表区域内 x 的总人数；t_i 表示空间单元 i 的总人数。Π 的取值范围为［0，1］，Π<0.3 表示隔离度低，Π>0.6 表示隔离度高。[②]

（4）孤立指数

孤立指数是另外一种衡量居住隔离的常用指标。它也是测量一个区域范围内居住隔离整体状况的指标。考虑到实际研究的需要，借鉴局部居住分异指数的计算公式，省略局部区域求和的相关步骤，推算出局部的孤立指数。[③] 表达式如下：

$$P_i = 100\times\left(\frac{x_i}{X}\right)\left(\frac{x_i}{t_i}\right) \quad ④$$

以上公式中，x_i 和 t_i 分别是社区 i 的流动人口群体的数量和全部常住人口的数量，X 是指所有社区中的流动人口总数量，用于表示城市的总体水平。孤立指数越高，则表示社区内流动人口占全部常住人口的比例相对越高，流动人口越孤立，则与本地居民接触或联系的概率越少。

2. 流动人口居住隔离的现状

国内对居住隔离研究从 20 世纪 80 年代后半期开始，主要涉及聚居

① 李志刚、吴缚龙、肖扬：《基于全国第六次人口普查数据的广州新移民居住分异研究》，《地理研究》2014 年第 11 期。

② 肖扬、陈颂、汪鑫、黄建中：《全球城市视角下上海新移民居住空间分异研究》，《城市规划》2016 年第 3 期。

③ 张文宏、刘琳：《城市移民与本地居民的居住隔离及其对社会融合度评价的影响》，《江海学刊》2015 年第 6 期。

区、居住空间形态、居住空间分异等方面。从居住空间形态上看，受到来自个人经济地位等特征和户籍隔离、社会排斥等多方面因素的限制和约束，以及出于就业机会较多、交通相对便捷、房屋租金低廉、城市管理松散、中小企业众多、乡缘社会网络集中等方面考虑，流动人口的居住地主要集中于城乡接合部及“城中村”，并逐渐演变成一种由地缘、业缘或亲缘关系缔结而成的低收入群体聚居的空间形态，从而导致“移民飞地区”和新的城市二元结构的形成，[①] 即所谓的“流动人口聚居区”，如“新疆村”“安徽村”“浙江村”等，甚至有学者认为其基本结构与功能已经呈现出类似国外城市贫民窟的特征。[②] 国内学者研究认为城中村已经演变为流动人口提供廉价住房的低收入社区，对满足流动人口住房需求具有现实意义，成为流动人口住房供应来源的重要补充。[③]

同时，在城市房价高企的背景下，由于受个人收入、社会资本、职业类型和教育水平等个人局限性的制约，流动人口与本地居民之间形成强烈的居住空间分异或居住隔离，[④] 流动人口主要集聚于城中村、城郊接合部或未经改造的老旧城区，空间位置明显与本地市民隔离开来。甚至在社区之间和社区内部出现双重分化，出现村委会社区比居委会社区的居住隔离程度更加严重的情况。[⑤] 另外，随着国内各类政府普查数据、大型调查数据的公开，不少学者从宏观角度运用因子生态分析、社会区分析等方法对北京、上海、广州等一线城市的流动人口居住隔离现状进行描述。他们的结论表明，北京市流动人口聚居区以条状、团聚状、散点装以及片状结构为主；[⑥] 上海市的户籍人口和非户籍人口之间居住隔离比较严重，微观地理尺度的居住隔离显著高于宏观空间尺度，[⑦] 而且上海市流动人口聚居区

---

① 周大鸣：《外来工与“二元社区”——珠江三角洲的考察》，《中山大学学报》（社会科学版）2000 年第 2 期。

② 蓝宇蕴：《我国“类贫民窟”的形成逻辑——关于城中村流动人口聚居区的研究》，《吉林大学社会科学学报》2007 年第 5 期。

③ 魏立华、阎小培：《中国经济发达地区城市非正式移民聚居区——“城中村”的形成与演进——以珠江三角洲诸城市为例》，《管理世界》2005 年第 8 期。

④ 王桂新、张得志：《上海外来人口生存状态与社会融合研究》，《人口与发展》2006 年第 5 期。

⑤ 张展新：《城市社区中的流动人口》，社会科学文献出版社 2009 年版，第 70 页。

⑥ 刘海泳、顾朝林：《北京流动人口聚落的形态、结构与功能》，《地理科学》1999 年第 6 期。

⑦ 陈杰、郝前进：《快速城市化进程中的居住隔离——来自上海的实证研究》，《学术月刊》2014 年第 5 期。

呈多核心结构分布，以点状零星分布在近郊区域；广州市流动人口则主要以圈状分布在中心区的外围区域。[①] 居住隔离减少了流动人口与本地居民之间的接触和交往机会，阻碍了流动人口对城市生活的熟悉和适应，增加了社会融入的困难，从而强化了流动人口的边缘化状态。[②]

3. 流动人口居住隔离的影响因素

从现有文献报道来看，流动人口居住隔离受到制度和结构性因素、个体社会经济特征以及主观心理因素等方面的影响。首先，从制度和结构因素看，户籍制度的差别、城乡二元分割的结构壁垒是影响流动人口居住隔离的重要因素，有研究发现“本地/非本地”的户籍“属地差别”是影响外来人口居住隔离的根本原因，作用超过“城市/农村”户籍“身份差别”。[③] 但李志刚等运用第六次全国人口普查数据发现制度因素对流动人口聚居区的影响在减弱，市场的因素在增强。除此之外，产业网络、产业结构也对流动人口居住隔离有重要推动作用。其次，除了制度和结构要素外，流动人口自身的经济社会地位也是重要的经济因素。由于自身条件与经济实力不同，流动人口对居住条件的需求也存在着差异，尤其是过高的房价及房价在地理空间上的非对称性上涨导致流动人口居住区位向城郊边缘移动，其居住形态呈“极化”倾向，与周边市民的居住隔离呈加强趋势。[④] 另外，社会资本、情感诉求，对房租、交通等的要求和主观自我选择，饮食文化习惯，社会歧视与排斥等内在和外在、客观和主观因素，对共同固化流动人口隔离空间的分布模式也有重要影响。[⑤]

二　流动人口的健康状况及影响因素

（一）流动人口的健康状况

相较于西方发达国家，我国学者对流动人口健康问题的研究起步较

---

① 李志刚、吴缚龙、肖扬：《基于全国第六次人口普查数据的广州新移民居住分异研究》，《地理研究》2014年第11期。

② 杨菊华、朱格：《心仪而行离：流动人口与本地市民居住隔离研究》，《山东社会科学》2016年第1期。

③ 袁媛、许学强：《广州市流动人口居住隔离及影响因素研究》，《人文地理》2008年第5期。

④ 周建华、周倩：《高房价背景下农民工居住空间的分异——以长沙市为例》，《城市问题》2013年第8期。

⑤ 陈云：《居住空间分异：结构动力与文化动力的双重推进》，《武汉大学学报》（哲学社会科学版）2008年第5期。

晚，虽然我国大规模的人口迁移流动始于30多年前，但是有关流动人口的健康问题一直为公众和政府有关部门所忽视，直到2003年“SARS”后，流动人口的健康问题才逐渐引起社会各界的广泛关注。[①] 根据第六次全国人口普查资料显示，随着我国经济社会的快速发展，人民生活水平不断提高，医疗卫生保障系统日渐完善，国民整体健康水平有了较大幅度的提高。但从现实情况看，这种健康成果并没有充分惠及流动人口群体。尽管城市提供了更好的医疗资源和健康服务，但流动人口由于不具备流入地的户籍，难以享受基本医疗、公共卫生服务和医疗保障，其选择十分有限。他们往往在不安全的环境中生活和工作，再加上医疗保障缺乏，自身健康风险意识薄弱等原因，致使他们更易遭受各类疾病的侵袭，健康状况也更易受到损害。[②]

早期研究多是从流行病学和公共卫生领域的角度探讨流动人口的健康问题，[③] 大部分局限于某种疾病或某类健康问题，主要包括传染病的发病与流行[④]、生产事故与职业危害[⑤]、生殖健康与孕产妇保健[⑥]、心理健康、社会适应与社会交往[⑦]等。2010年深圳富士康跳楼事件之后，流动人口心理健康问题才开始引起社会各界的广泛关注。[⑧] 研究表明，由于长时间背井离乡，与家庭成员两地分离，家庭温暖和亲情缺失，社会交往与社会支持缺乏，社会融入困难，流动人口很容易产生各种负面情绪，其心理健康水平不仅低于流入地城市居民，而且低于全国平均健康水平。流动人口心

---

① 郑真真、连鹏灵：《劳动力流动与流动人口健康问题》，《中国劳动经济学》2006年第1期。

② 苑会娜：《进城农民工的健康与收入——来自北京市农民工调查的证据》，《管理世界》2009年第5期。

③ 叶旭军、施卫星、李鲁：《城市外来农民工的健康状况与政策建议》，《中华医院管理杂志》2004年第9期。

④ 潘国庆、李勤学、张宏等：《流动人口将成为急性肠道传染病控制的重要对象》，《中国公共卫生管理》1995年第3期。

⑤ 刘林平、万向东、吴玲：《企业状况、认知程度、政府监督与外来工职业病防治——珠江三角洲外来工职业病状况调查报告》，《南方人口》2004年第4期。

⑥ 宋月萍、李龙：《新生代农民工婚恋及生殖健康问题探析》，《中州学刊》2015年第1期。

⑦ 许传新：《“落地未生根”——新生代农民工城市社会适应研究》，《南方人口》2007年第4期。

⑧ 郑广怀：《迈向对员工精神健康的社会学理解》，《社会学研究》2010年第6期。

理疾病的躯体化、强迫症、人际敏感、抑郁和恐惧等方面的问题较为突出。[1]

大量国际迁移研究发现，移民健康状况受个体流动经历的直接影响，反过来也决定着其流动决策和流动机会。在迁移前阶段，迁移者需要克服迁移过程中的艰苦环境、适应流入地的工作和生活环境以及高强度的体力劳动，因此只有具备必要健康条件的人才有可能进入迁移人口的行列，即迁移者的健康状况选择性地优于流出地当地的非迁移者，这种内在选择性被称为“健康移民效应”或“健康选择效应”（health migrant hypothesis），[2] 这一现象在我国的人口流动中也得到普遍验证：乡—城流动人口健康水平要普遍好于城市本地居民，[3] 而且在外流动的人口其健康状况在不同外出时间、年龄者间差异较小，乡城流动对农村常住人口的总体健康状况具有重要影响。与此同时，外出的流动人口在迁移过程中，健康状况较好的人更倾向于长期留在流入地城市，甚至可能把家人接到城市一起生活。而那些健康状况明显变差的人群往往无法长期停留在流入地，出于节约医疗开支费用、生活成本、寻求社会保障需求和家庭支持等多方面的考虑，他们可能返回流出地，这种现象被称为“三文鱼偏误假说”（salmon bias hypothesis）。[4] 这些现象存在于墨西哥—美国移民群体以及其他国家中，[5] 而且在其他不同健康指标（如人群的死亡率、婴儿死亡率、自评健康和日常生活能力 ADL 等）上亦得到了检验。[6] “三文鱼偏误假说”在我国的人口流动中也得到证实：无论是基于单个城市的截面调查数据，还是全国范围内的大型调查数据，其结果都表明城市的流动经历恶

---

① 胡荣、陈斯诗：《影响农民工精神健康的社会因素分析》，《社会》2012 年第 6 期。

② 牛建林：《人口流动对中国城乡居民健康差异的影响》，《中国社会科学》2013 年第 2 期。

③ 王桂新、苏晓馨、文鸣：《城市外来人口居住条件对其健康影响之考察——以上海为例》，《人口研究》2011 年第 2 期。

④ Nauman E., Vanlandingham M., and Anglewicz P., et al., “Rural-to-Urban Migration and Changes in Health among Young Adults in Thailand”, *Demography*, Vol. 52, No. 1, 2015.

⑤ Lu Y., “Rural-Urban Migration and Health: Evidence from Longitudinal Data in Indonesia”, *Social Science & Medicine*, Vol. 70, No. 3, 2010.

⑥ Goldman N., Pebley A. R., and Greighton M. J., et al., “The Consequences of Migration to the United States for Short-term Changes in the Health of Mexican Immigrants”, *Demography*, Vol. 51, No. 4, 2014.

化了农民工的健康状况。[①] 这揭示了农民工在赚取经济收入的过程中面临更多的健康损耗或付出更高的健康成本，健康损耗严重的农民工回到流出地的概率更高，造成当前在城市务工的农民工与本地居民相比看上去并未出现更为严重的健康损耗的假象。[②] 城乡二元区隔让城市健康资源难以为农民工所共享，使得部分疾病负担和健康风险由城市转嫁到农村，这不仅影响到农村地区经济社会的发展和农民生活质量的提高，一定程度上加剧了农村医疗卫生资源的供求矛盾，进而可能导致地区、城乡间经济发展不平衡演变为健康分布不平衡。

整体上来看，与国际移民研究相比，因为中国大规模人口流动发生的时间还不长，导致中国学者对流动人口健康研究的经验积累不足，现有研究未能对流动人口的健康状况做出清楚的解释。[③] 另外，因为流动人口健康问题不如其他社会问题这么明显，尤其是慢性病和心理健康的发病过程需要经过一段的时间才能表现，心理健康问题也不如身体疾病那么明显，它对人和社会发展的影响也难以把握，因此，国内对流动人口健康问题的重视还不够。[④]

（二）流动人口健康状况的影响因素

国内对流动人口健康的影响因素进行比较全面系统分析的研究并不多见。从当前已有的为数不多的研究结论中可见，影响流动人口健康的因素是多方面的，一般而言，性别、年龄等人口学因素和收入、教育等经济学因素，户籍、地区等制度性因素，以及心理因素都是影响健康的重要因素。其他因素如工作时间长、失业率较高、居住条件差、生存压力大、语言不通等均会对流动人口健康产生不利影响。[⑤] 如苑会娜对北京市八城区的流动人口进行了调查，结果发现流动人口的健康状况与性别、教育、流

---

① 李建民、王婷、孙智帅：《从健康优势到健康劣势：乡城流动人口的“流行病学悖论”》，《人口研究》2018 年第 6 期。

② 彭大松：《社区特征如何影响流动人口的健康——基于分层线性模型的分析》，《人口与发展》2018 年第 6 期。

③ 卢海阳、邱航帆、杨龙等：《农民工健康研究：述评与分析框架》，《农业经济问题》2018 年第 1 期。

④ 邱培媛、杨洋、吴芳等：《国内外流动人口心理健康研究进展及启示》，《中国心理卫生杂志》2010 年第 1 期。

⑤ Mou J.，Griffiths S. M.，and Fong H.，et al.，“Health of China’ Rural-Urban Migrants and Their Families：A Review of Literature from 2000 to 2012”，*British Medical Bulletin*，No. 106，2013.

动状况、心理健康、社会保障及居住条件有关。随着研究的深入，学者们研究发现，流动人口的健康状况与流动经历、生活压力、社会资本及环境公平也有关。[①] 迁移过程中面临压力，例如被排斥、不公平待遇等对精神健康产生较大的消极影响。[②] 从经济因素来看，流动人口健康也与平均每月与健康相关的支出、收入水平、社会保障等因素也有关。流动人口大多进入技术含量低、待遇水平少、工作强度大的次属劳动力市场，工作环境差，劳动时间长，休息时间少。[③] 为了提高经济地位，获得更高收入，流动人口不得不在健康方面付出更高的代价，同时较低的收入水平也约束他们获取和利用健康资源的能力，这些都会直接影响到他们的健康状况。[④] 从制度因素来看，户籍制度及其衍生的城乡二元结构是造成流动人口普遍感到被排斥，并产生自卑、孤独、失落、不满等心理问题的主要原因。[⑤] 此外，越来越多的研究发现社会支持网络对健康有着突出的影响。社会支持无论对身体健康还是精神健康都起着重要的作用，这种作用既可以是直接的，也可以是间接的。[⑥] 居住地的改变使流动人口脱离原有的社会关系网络，短时间内面临社会交往及社会支持的匮乏，这对流动人口身心健康造成不同程度的影响。[⑦] 相关研究表明流动人口在流入地的社会网络和社会支持越多，心理健康水平可能越好，社会功能及生理健康也越好。相反缺少社会活动和人际交往将直接影响流动人口的心理健康，可能带来一系列心理问题。[⑧]

---

① 陆文聪、李元龙：《农民工健康权益问题的理论分析：基于环境公平的视角》，《中国人口科学》2009 年第 3 期。

② 何雪松、黄富强、曾守锤：《城乡迁移与精神健康：基于上海的实证研究》，《社会学研究》2010 年第 1 期。

③ 刘林平、郑广怀、孙中伟：《劳动权益与精神健康——基于对长三角和珠三角外来工的问卷调查》，《社会学研究》2011 年第 4 期。

④ 朱胜进、唐世明：《新生代农民工身心健康状况及对策“用工荒”关系分析》，《浙江学刊》2011 年第 6 期。

⑤ 李培林、李炜：《近年来农民工的经济状况和社会态度》，《中国社会科学》2010 年第 1 期。

⑥ Wen M., Zheng Z., and Niu J., “Psychological Distress of Rural-to-Urban Migrants in Two Chinese Cities: Shenzhen and Shanghai”, *Asian Population Studies*, Vol. 13, No. 1, 2016.

⑦ 吴敏、段成荣、朱晓：《高龄农民工的心理健康及其社会支持机制》，《人口学刊》2016 年第 4 期。

⑧ Qiu P., Caine E., and Yang Y., et al., “Depression and Associated Factors in Internal Migrant Workers in China”, *Journal of Affective Disorders*, Vol. 134, No. 1-3, 2011.

三 住房条件对流动人口健康的影响

对住房条件与健康关系的研究最早可追溯到19世纪早期，由于当时与住房条件有关的传染性疾病（如霍乱）相继暴发，流行病学家经过研究发现，住房条件恶劣（比如通风采光差、空间过度拥挤、卫生条件差、建筑材料不合格等）可能会成为传染病传播和蔓延的“温床”。[①] 因此，改善住房的卫生条件、缓解居住拥挤来降低传染性疾病的发病率是早期英国公共卫生政策和传染病防控措施的重要环节。在19世纪中期，弗里德里希·恩格斯在其著作《英国工人阶级状况》中提出如较差住房、贫困、衣服和食物以及缺少健康设施等导致下等阶层出现较高的发病率和死亡率，而且居住在标准条件以下的人群所经受的压力冲击增加了贫困人群的发病率，这些发现有力支持了贫穷的住房条件会对健康状况起不利作用的观点。[②] 潮湿、霉菌生长可能会引发呼吸系统疾病、慢性病和精神病；而看似与空气质量有关的哮喘实际上与室内污染物和蟑螂、老鼠等害虫有关；室内过分使用铅涂料可能引发铅中毒，导致儿童神经及认知受损。[③]

随着研究的深入，对住房条件与健康关系的关注也从早期流行病学逐渐延伸到社会学、经济学等其他学科领域。大量的国外研究结论都证实住房条件与健康指标和疾病（包括传染病、慢性病、营养不良、心理疾病等）的关系；[④] 不合格的住房条件（包括过度拥挤、阴暗潮湿、通风不良、缺乏卫生设施和清洁的饮用水等）与呼吸类传染病、肺结核、哮喘、皮肤过敏、心血管疾病等发病率密切相关[⑤]。从住房支付能力视角研究住

① Cohen B., “Social Determinants of Health: Canadian Perspectives”, *Canadian Journal of Public Health*, Vol. 96, No. 5, 2005.

② Raphael, D., *Social Determinants of Health: Canadian Perspectives*, New York: Oxford University Press, 2004, pp. 201-203.

③ Bonnefoy X., “Inadequate Housing and Health: An Overview”, *International Journal Environment & Pollution*, Vol. 30, No3/4, 2007.

④ Habib R. R., Mahfoud Z., and Fawaz M., et al., “Housing Quality and Ill Health in a Disadvantaged Urban Community”, *Public Health*, 2009, Vol. 123, No. 2, 2009.

⑤ Gibson M., Petticrew M., and Bambra C., et al., “Housing and Health Inequalities: A Synthesis of Systematic Reviews of Interventions Aimed at Different Pathways Linking Housing and Health”, *Health & Place*, Vol. 17, No. 1, 2010.

房与健康之间的关系是近年来兴起的研究热点。[①] 由于住房支付能力直接影响个体可获得的住房类型、质量和安全性，因而与个体健康状况（特别是心理健康）建立关联。如住房可负担性不足通过住房支付困难的压力机制间接影响健康。[②] 住房也常常被用于代表个体社会声望和社会经济地位的重要指标，在某种程度上标志了个人（家庭）的社会经济实力，生活在自有住房的人群健康状况往往要好于生活在租住房的人群健康状况，相对于租房者来说，拥有住房者具有较高的控制权、生活满足感、自尊和来自家庭的安全感。另外，住房条件对心理健康也有着显著影响，住房拥挤、房屋楼层、类型和位置与焦虑、抑郁等心理症状有着密切关系。[③]

相比较于国外对住房条件与健康关系的全面探讨，国内在这方面的研究可以说还处于起步阶段。尽管现有研究已经从地理学、经济学及社会学等学科角度对中国特定背景下流动人口的居住条件进行了详细描述，但是对由此所造成的流动人口健康状况的影响却长期缺乏关注。现有关于住房条件与健康关系的研究也仅限一些零星的调查，并且在这方面的研究也存在很大的局限性。不少关于流动人口健康及影响因素的研究中，都只是从住房条件的某一方面、某一个变量或将其作为社会因素之一纳入分析，而不是作为主要观察的变量，更缺乏就住房条件对流动人口健康影响的系统研究。[④] 既有研究表明，居住环境是造成乡城流动人口与城镇居民健康差距的最主要原因之一。住房条件与流动人口各种健康指标存在一定关联性，如人均住房面积越大者，健康状况越好；住房质量越高，健康状况越好，[⑤] 生活满意度也越高[⑥]；住房所有权、搬家次数、住所安全情况、住

① Bentley R. J., Pevalin D., and Baker E., et al., "Housing Affordability, Tenure and Mental Health in Australia and the United Kingdom: A Comparative Panel Analysis", *Housing Studies*, Vol. 31, No. 2, 2016.

② Baker E., Mason K., and Bentley R., et al., "Exploring the Bi-Directional Relationship between Health and Housing in Australia", *Urban Policy and Research*, Vol. 32, No. 1, 2014.

③ Howden-Chapman P., "Housing Standards: A Glossary of Housing and Health", *Journal of Epidemiology & Community Health*, Vol. 58, No. 3, 2004.

④ Li J., and Liu Z., "Housing Stress and Mental Health of Migrant Populations in Urban China", *Cities*, No. 81, 2018.

⑤ 聂伟、风笑天：《农民工的城市融入与精神健康——基于珠三角外来农民工的实证调查》，《南京农业大学学报》（社会科学版）2013年第5期。

⑥ 和红、王硕：《不同流入地青年流动人口的社会支持与生活满意度》，《人口研究》2016年第3期。

所内卫生状况对流动人口健康也都有显著影响①。相对于单位宿舍和公租房，寄居在城中村等非正式住房的流动人口面临更多的知觉压力和心理问题。流动人口住房室内基础设施拥有越少，其患慢性病的概率也越高，甚至对其精神健康有重要的负面影响。② 住房室内空气质量也是影响流动人口身体健康的重要因素之一。此外，除了客观的住房特征外，一些主观住房变量如室内环境质量评价、住房安全感、住房满意度等也被证实与健康状况有关。③ 如住房条件通过社区满意度间接影响流动人口的心理健康。④

四 社区环境对流动人口健康的影响

住房与社区紧密相连，住房凭借其所在的区位与更大的空间范围联系起来。生活在同一社区的人，拥有相同的邻里，往往享有共同的公共空间、交通设施、零售服务和公共医疗资源。因此，除了住房条件本身外，住房所在的社区环境也是影响健康的决定因素之一。⑤ 因为人作为一种“空间动物”⑥，其身体、心理与情感都深受所住社区环境的影响。社区环境与健康关系的研究涉及经济学、社会学、地理学、公共卫生学以及城市规划学等多个学科。关于社区环境与健康的关系很早以前就在文献中有所记载。早在 17 世纪，人们就开始意识到生活在贫困社区的居民更可能与犯罪、低教育水平、低社会经济地位和较高的疾病发病率联系在一起。在 20 世纪 20 年代初，美国芝加哥学派的社会学家就研究社区环境与健康指标的关系，发现在城市中那些贫困、移民数量多、住房条件差的社区往往有畸高的婴儿死亡率、犯罪率以及精神疾病发病率，但是那个时期对社区

---

① 姜明伦、于敏、李红：《农民工健康贫困测量及影响因素分析——基于环境公平视角》，《农业经济与管理》2015 年第 6 期。

② Xie S.，“Quality Matters：Housing and the Mental Health of Rural Migrants in Urban China”，*Housing Studies*，Vol. 34，No. 3，2019.

③ Chen J.，“Perceived Disrimination and Subjective Well-being among Rural-to-Urban Migrants in China”，*The Journal of Sociology & Social Welfare*，Vol. 40，No. 1，2013.

④ Xiao Y.，Miao S.，and Sarkar C.，et al.，“Exploring the Impacts of Housing Condition on Migrants' Mental Health in Nanxiang，Shanghai：A Structural Equation Modelling Approach”，*International Journal of Environmental Research and Public Health*，Vol. 15，No. 2，2018.

⑤ Krieger J.，and Higgins D. L.，Housing and Health：Time again for Public Health Action”，*American Journal of Public Health*，Vol. 92，No. 5，2002.

⑥ Fitzpatrick，K.，and Lagory，M.，eds.，*Unhealthy Places：the Ecology of Risk in the Urban Landscape*，New York：Routledge，2000，pp. 45-49.

的关注主要是针对社区犯罪问题的研究，健康指标不是重点研究对象。那个时期在社区层面上显现的关系通常被认为是由社区居民个体特征上的不同造成的，忽视了社区本身的环境差异对个体健康的影响。[①] 过去几十年来，有关空间与健康关系的解释往往被归咎于生活于该空间中的个人因素，这一传统使得健康统计中显现出的区域差别常常被解释为与健康相关的个人特征，如生活方式、社会经济地位、社会关系等方面存在个体差异。而区域大环境对个体健康的影响在研究中常常得不到应有的重视。

健康的“社区效应”作为一项专门的实证研究从 20 世纪 90 年代开始兴起，研究视角也从个人住房扩展到社区环境。健康领域的学者和政策制定者越来越关注宏观社区社会环境对健康状况的影响，[②] 主要采用长时段的历时性数据（通常利用人口普查资料）对此进行研究。2007 年《社会科学与医学》（*Social Science & Medicine*）杂志曾以“住所与健康”为主题出版了专辑论文，说明社区对健康影响的重要意义已经得到学术界的认可。在此之后，社区对居民身体以及健康的影响研究得到快速发展，尤其是多层线性模型分析方法的出现和相关应用软件的投入使用，以及对多水平分层结构数据的科学认识，使得人们可以更加客观准确地描述居住社区的社会特征与个人健康的关系。在西方已有的大量研究表明，个体特征相似的居民，由于所居住地区的社会经济水平不同，其健康状况也有所不同。[③] 例如，居住在生活设施被剥夺的社区，个体患冠心病的风险会显著增加。孕产妇与新生儿健康方面，邻里犯罪率、失业率和收入构成是影响新生儿体重过低的限制因素。[④] 与此同时，在过去 20 年间，西方学术界有关城市空间背景与健康方面的研究迅速增加。[⑤] 相关研究发现城市不同

---

① Pickett, K. E., and Pearl, M., “Multilevel Analyses of Neighborhood Socioeconomic Context and Health Outcomes: A Critical Review”, *Journal of Epidemiology and Community Health*, Vol. 55, No. 2, 2001.

② Macintyre S., Ellaway A., and Cummins S., “Place Effects on Health: How Can We Conceptualise, Operationalise and Measure Them”, *Social Science & Medicine*, Vol. 55, No. 1, 2002.

③ Ross C. E., and Mirowsky J., “Neighborhood Socioeconomic Status and Health: Context or Composition”, *City & Community*, Vol. 7, No. 2, 2010.

④ O'Campo P., Salmon C., and Burke J., “Neighbourhoods and Mental Well-being: What Are the Pathways?” *Health & Place*, Vol. 15, No. 1, 2009.

⑤ Sampson R. J., Morenoff J. D., and Gannon - Rowley T., “Assessing ‘Neighborhood Effects’: Social Processes and New Directions in Research”, *Annual Review of Sociology*, Vol. 28, No. 1, 2002.

居住区域的自然与社会环境对居住其中的居民健康有着重要的影响，同一城市不同居住区域的居民在死亡率、慢性病状况和精神疾病状况等方面存在明显的差别。[①] 在心理健康方面，较好的邻里社会经济状态，有助于缓解低收入人群的抑郁、焦虑等心理问题。也有助于停止对毒品的依赖和减少饮酒行为，对提升老年人的自我健康评价也有重要作用。[②] 社区环境甚至对个体长期的生活也存在广泛的影响，2012 年《科学》杂志发表了题为“社区邻里效应对低收入人群身心健康的长期影响”的文章，指出：在美国“前往更好的机遇”（MTO：moving to opportunities）的混合社区与公共住房实验中，相比那些一直逗留在贫困社区的低收入家庭来说，搬迁至混合社区的低收入家庭，在搬迁发生的 10—15 年后，其身体健康、精神健康和主观幸福感均得到了显著提升。[③]

从整体上来看，国外早期的研究更多集中于社区物理环境与健康关系上。居住空间的分异使得不同邻里社区的物理环境会有差异，如在较差的社区随处可见街边或人行道上的垃圾、玻璃碴或废弃物，以及比比皆是的建筑物上或墙体上的涂鸦，还有闲置或荒废的房屋、店面以及没有玻璃的窗户，这都能显示出社区的破败与不景气，是社会失序在物理环境上的体现。研究表明，社区物理失调不利于居民的健康。[④] 另外，邻近主要道路、车站、机场等交通设施的社区或社区附近是否存在污染型工业或垃圾处理场，会因为噪声和尾气污染而对社区内的居民健康产生不利影响。[⑤] 恰恰相反的是，社区内有可供活动的场地或公共绿地等活动资源，可能引导居民进行体育锻炼，有利于人际交往和沟通，从而对健康产

---

① Riva M., Gauvin L., and Barnett T. A., “Toward the Next Generation of Research into Small Area Effects on Health: A Synthesis of Multilevel Investigations Published since July 1998”, *Journal of Epidemiology & Community Health*, Vol. 61, No. 10, 2007.

② Pruchno R., Wilson genderson M., and Gupta A. K., “Neighborhood Food Environment and Obesity in Community-Dwelling Older Adults: Individual and Neighborhood Effects”, *American Journal of Public Health*, Vol. 104, No. 5, 2014.

③ Ludwig, J., Duncan, G. J., and Gennetian, L. A. et al., “Neighborhood Effects on the Long-term Well-being of Low-income Adults”, *Science*, Vol. 37, No. 6, 2012.

④ Wen M., Hawkley L. C., and Cacioppo, J. T., “Objective and Perceived Neighborhood Environment, Individual SES and Psycho Social Factors, and Self-rated Health: An Analysis of Older Adults in Cook County”, *Social Science and Medicine*, No. 63, 2006.

⑤ Geelen L. M. J., Huijbregts M. A. J., and Hollander H. D., et al., “Confronting Environmental Pressure, Environmental Quality and Human Health Impact Indicators of Priority Air Emissions”, *Atmospheric Environment*, Vol. 43, No. 9, 2009.

生正面影响。在社区建成环境维度上，整洁的邻里空间、适宜的人口密度、完善的商业布局、良好的生态空间及较好的交通设施等环境要素的宜居性与便利性能显著提升居民的生活满意度和健康水平①。

随着经济社会的发展，自然环境对健康的作用逐渐减小，社会文化环境逐渐成为影响健康的主要因素。② 社区社会环境是在近年来才引起学者的广泛关注，被认为是对健康产生影响的主要路径之一，甚至有研究发现社区物理环境通过社区社会环境而作用于个体健康。尤其是社区的社会资本对健康的影响关系得到深入研究，其结果表明，通过不同形式社区社会资本如互惠与信任（相互帮助、彼此问候、礼尚往来），社会资本与一系列健康指标相关。即使控制收入等变量后，这种影响关系依然在包括精神健康、自评健康、身体功能、健康行为、预期寿命损失、死亡率等指标上显著存在。③ 社会网络作为社会资本的重要组成部分，也会在社区中与健康有关的行为规范中发挥作用，摩尼基于荷兰全国抽样调查数据的分析结果表明，社会经济地位较高的人往往拥有良好的环境资源和社区社会资本，这使得他们有机会参与更多的体育活动，吸烟、酗酒等不良习惯的可能性更小，这些行为将直接有利于他们健康的获得。④

当然，社区环境与健康之间的关系在学术界并未达成共识。有些研究发现在控制了个人社会经济状况之后社区社会经济状况对健康并没有独立的影响。Reijneveld S. A. 和 Schene A. H. 对荷兰阿姆斯特丹的一项研究发现精神错乱在贫困地区发生概率更高，而这完全可以用居民较低的社会经济状况来解释。⑤ Boreham 等对英国自评健康调查数据的分析发现，大型

---

① Dalgard O. S., and Tambs K., "Urban Environment and Mental Health. A Longitudinal Study", *British Journal of Psychiatry*, Vol. 171, No. 6, 2018.

② Poortinga W., "Community Resilience and Health: The Role of Bonding, Bridging, and Linking Aspects of Social Capital", *Health & Place*, Vol. 18, No. 2, 2012.

③ Maass R., Kloeckner C. A., and Lindstr M. B., et al., "The Impact of Neighborhood Social Capital on Life Satisfaction and Self-Rated Health: A Possible Pathway for Health Promotion?" *Health & Place*, No. 42, 2016.

④ Mohnen S. M., Volker B., Flap M., et al., "Health-Related Behavior as A Mechanism behind the Relationship between Neighborhood Social Capital and Individual Health: A Multilevel Analysis", *BMC Public Health*, Vol. 12, No. 1, 2012.

⑤ Reijneveld S. A., and Schene A. H., "Higher Prevalence of Mental Disorders in Socioeconomically Deprived Urban Areas in The Netherlands: Community or Personal Disadvantage?" *Journal of Epidemiology and Community Health*, Vol. 52, No. 1, 2008.

超市、街角小店、邮局、全科医生诊所4种不同社区服务设施布局的可及性与自评健康、心理健康、肥胖、吸烟等健康指标没有直接相关关系。[①]另外，社区因素对健康的影响作用机理非常复杂，可能由于社会经济地位、就业状态、性别、种族等因素的不同而有所不同。不同的人群暴露在社区环境的程度是不同的，比如儿童、年长者和妇女往往只能在特定地域空间进行日常活动，在社区中的时间要更长，社区环境对他们的健康影响相对更为突出。[②] 因此，截至目前，社区环境对健康的影响方向仍缺乏足够而确凿的证据。

相比国外的研究，国内对流动人口社区环境与健康关系的文章还十分少见。首先，现有的研究指出流动人口的社区满意度、社会凝聚力、安全感评价与健康有关，[③] 其中对社区社会环境正面的主观评价（如社区凝聚力、社区安全感）有利于改善自评健康、降低知觉压力，而与慢性病则无相关关系[④]。社区的物理环境指标（如公共服务设施、空气质量）与流动人口的健康没有相关关系。其次，相对城市居民，流动人口获取公共资源的能力十分有限，社会经济上又处于不利地位，导致流动人口更多地依赖社区原有的乡缘、地缘等社会关系，流动人口与城市居民的社会隔阂并未完全扭转，流动人口并没有融入本地社区，基于地缘、血缘的“差序格局”仍是他们界定网络成员身份的重要准则。[⑤] 因此，关系网络、社会参与和信任等社会资本对流动人口健康具有重要的促进作用。[⑥] 社区社会资本多的流动人口自评健康好于社会资本少的流动人口，城里朋友多、与本地居民交往多、与居住地组织常联系、常参加居住地活动和信任居住地

---

① Boreham R., Stafford M., and Taylor R., eds., *Health Survey for England* 2000: *Social Capital and Health*. London: The Stationery Office, 2002, pp. 106-114.

② Snedker K. A., and Herting J. R., "Adolescent Mental Health: Neighborhood Stress and Emotional Distress", *Youth & Society*, Vol. 48, No. 5, 2016.

③ Gu D., Zhu H., and Wen M., "Neighborhood-Health Links: Differences between Rural-to-Urban Migrants and Natives in Shanghai", *Demographic Research*, Vol. 33, No. 1, 2015.

④ Wen M., Fan J., and Jin L., et al., "Neighborhood Effects on Health among Migrants and Natives in Shanghai, China", *Health & Place*, Vol. 16, No. 3, 2010.

⑤ 李志刚、刘晔：《中国城市“新移民”社会网络与空间分异》，《地理学报》2011年第6期。

⑥ 米松华、李宝值、朱奇彪：《农民工社会资本对其健康状况的影响研究——兼论维度差异与城乡差异》，《农业经济问题》2016年第9期。

社区的流动人口的健康状况相对较好。①

五　居住隔离对流动人口健康的影响

国际上关于居住隔离对健康方面影响的研究比较丰富。早在 20 世纪 50 年代初，美国学者 Yankauer 就发现种族居住隔离与人口健康存在相关关系，即在美国纽约市的居住区里黑人和白人所生婴儿的死亡率随居住区中黑人所占比例的攀升而提高。② 虽然近年来美国城市中不同族裔的隔离状态相比 20 世纪 50 年代大为降低，但依然有相关研究证实隔离造成在美国少数族裔聚集区新生儿总体死亡率更高。③ 居住隔离不仅不利于黑人群体健康状况的改善，反而扩大了与白人群体之间的健康差距，在隔离程度较高社区居住的黑人自报不健康的比例更高，但是也有研究指出西班牙裔与白人群体之间的居住隔离通过社区内部互助行为，反而缩小了彼此之间的健康差异。④

地理空间上的隔离还意味着不同的经济机会、生活质量、教育机会、社会服务以及医疗设施等，从而影响个体的健康水平。Subramanian 等运用多层线性模型方法发现居住在高度隔离区域的黑人比居住在低隔离区域的黑人所报告的自我健康状况更差。⑤ 居住隔离往往造成不同阶层的居民享受不同数量和质量的公共服务，居住在特定不利空间的居民往往要承受低质量的基本设施、住房、公共空间并面临更多犯罪的威胁，而这些又成为决定健康的重要社会因素。Grier 通过比较美国黑人聚居区与白人居住区，发现黑人聚居区贫困发生率更高，失业和犯罪问题更加突出，政府公共服务供给和公共医疗服务严重不足，公共基础设施更是破败不堪，未婚

---

① 刘晔、田嘉玥、刘于琪等：《城市社区邻里交往对流动人口主观幸福感的影响——基于广州的实证》，《现代城市研究》2019 年第 5 期。

② Yankauer, A., “The Relationship of Fetal and Infant Mortality to Residential Segregation: An Inquiry into Social Epidemiology”, *American Sociological Review*, Vol. 15, No. 5, 1950.

③ Walton, E., “Residential Segregation and Birth Weight among Racial and Ethnic Minorities in the United States”, *Journal of Health and Social Behavior*, No. 50, 2009.

④ Yang T. C., Zhao Y., and Song Q., “Residential Segregation and Racial Disparities in Self-Rated Health: How Do Dimensions of Residential Segregation Matter?” *Social Science Research*, No. 61, 2016.

⑤ Subramanian, S. V., Acevedo-garcia, D., and Osypuk, T. L., “Racial Residential Segregation and Geographic Heterogeneity in Black/White Disparity in Poor Self-rated Health in the US: A Multilevel Statistical Analysis”, *Social Science & Medicine*, No. 8, 2005.

生育、家庭破裂、福利依赖等社会问题尤为严重。[①] 长期生活在这样的环境中对黑人的身体健康和精神健康带来严重的不利影响，导致出现较差的自评健康和较高的患病率，甚至在心脏病、呼吸系统疾病及癌症上都有着更高的患病率。并且这一影响具有长期累积性，表现出更高的死亡风险。Williams 研究指出种族居住隔离是造成种族健康不平等的重要原因之一。贫困的黑人聚居区由于与主流群体相隔离，导致教育和就业机会缺乏，影响到个体素质和社会竞争力。从而进一步降低社会经济地位，阻碍社会经济的流动性。由此通过个人社会经济状况影响黑人的健康水平，[②] 导致出现较差的自评健康和较高的患病率，[③] 甚至在隔离区域居住的居民在心脏病、呼吸系统疾病及癌症上都有着更高的患病率，在总体死亡率上也更高[④]。

此外，隔离与歧视之间往往存在密切的联系，歧视往往从邻里环境的选择和隔离中显露出来，而隔离对社会经济地位有着重要的反馈影响，歧视导致隔离的产生，而隔离又限制黑人的经济机会，面临更多的不公平待遇，产生了种族间的经济差距和不平等，从而造成进一步的歧视和隔离。[⑤] 研究证实歧视是居住隔离影响移民健康的一种重要作用机制，尤其对跨国移民而言，其所承受的歧视往往带有语言、文化、宗教甚至种族歧视的色彩，是影响其健康的重要风险因素。这使得这些居民容易从年幼时期就受到压力、健康恶化和不良行为的影响。[⑥] 移民在流入地所受的歧视

---

① Grier, S. A., and Kumanyika, S. K., "The Context for Choice: Health Implications of Targeted Food and Beverage Marketing to African Americans", *American Journal of Public Health*, Vol. 98, No. 9, 2008.

② Williams, D. R., Collins, C., "Racial residential segregation: a fundamental cause of racial disparities in healtl", Publio Health Reports Vol. 16, No. 5. 2001.

③ Gibbons, J., and Yang, T. C., "Self-rated Health and Residential Segregation: How does Race/Ethnicity Matter?" *Journal of Urban Health*, Vol. 91, No. 4, 2014.

④ Acevedo-Garcia, D., and Lochner, K. A., et al., "Future Directions in Residential Segregation and Health Research: A Multilevel Approach", *American Journal of Public Health*, Vol. 93, No. 2, 2003.

⑤ Mays V. M., Cochran S. D., and Barnes N. W., "Race, Race-Based Discrimination, and Health Outcomes among African Americans", *Annual Review of Psychology*, Vol. 58, No. 1, 2007.

⑥ Gee G. C., Spencer M. C., and Chen J., et al., "Racial Discrimination and Health among Asian Americans: Evidence, Assessments, and Directions for Future Research", *Epidemiological Reviews*, Vol. 31, No. 1, 2009.

经历不仅会降低其健康服务获得，[①] 还会直接影响精神健康[②]甚至对高血压等生理健康产生持续的负面影响[③]。

上述可知，国外已有研究产生相当丰富的成果，这些研究为我们认识中国本土相关议题提供了借鉴。对中国而言，由于长期以来受到城乡二元户籍制度和住房政策的双重屏蔽作用，我国城市内部流动人口长期处于不利的居住条件之中，与本地居民间的居住隔离现象也日益显现，这种状况及其对流动人口健康的影响在近年来也引起国内学者的关注。[④] 在迄今为数不多的关于居住条件与健康关系的文献中，都或多或少涉及居住隔离的元素。如易龙飞、朱浩等探讨流动人口居住质量与健康的关系时，指出相对于其他区域，居住在城中村、棚户区等外来人口聚居区的流动人口，其自评健康状况更差；[⑤] 但陈宏胜等在比较广州不同社区类型流动人口的健康状况，发现相比单位社区、内城老旧社区，居住在城中村的流动人口自评健康和精神健康状况要更好[⑥]。卢楠、王毅杰研究指出城—城流动人口精神健康受居住隔离的负面影响比乡—城流动人口要大。[⑦] 从整体上来看，国内相关文献还缺乏从综合的角度探讨居住隔离或居住空间分异对流动人口健康状况的影响。

六　对现有研究成果的述评

综上所述，国内外学者在居住条件和健康领域中开展了一定的研究，尽管不同学科的研究关注的视角和采用的方法、指标以及研究样本不同，

---

① Pascoe E. A., and Smart Richman L., "Perceived Discrimination and Health: A Meta-Analytic Review", *Psychological Bulletin*, Vol. 135, No. 4, 2009.

② Agudelosuárez A., Gilgonzález D., and Rondapérez E., et al., "Discrimination, Work and Health in Immigrant Populations in Spain", *Social Science and Medicine*, Vol. 68, No. 10, 2009.

③ Liebkind K., and Jasinskaja-Lahti I., "The Influence of Experiences of Discrimination on Psychological Stress: A Comparison of Seven Immigrant Groups", *Journal of Community and Applied Social Psychology*, Vol. 10, No. 1, 2000.

④ Zhu P., Zhao S., and Wang L., et al., "Residential Segregation and Commuting Patterns of Migrant Workers in China", *Transportation Research Part D: Transport and Environment*, No. 52, 2016.

⑤ 易龙飞、朱浩：《流动人口居住质量与其健康的关系——基于中国15个大中城市的实证分析》，《城市问题》2015年第8期。

⑥ 陈宏胜、刘振东、李志刚：《中国大城市新移民社会融合研究——基于六市抽样数据》，《现代城市研究》2015年第6期。

⑦ 卢楠、王毅杰：《居住隔离与流动人口精神健康研究》，《社会发展研究》2019年第2期。

但都不同程度地印证了居住条件对健康有着重要影响的事实，为后续研究的深入奠定了基础。但迄今研究尚存在一些不足，其中国外相关研究存在的主要问题有以下两个方面。

第一，研究区域上的局限性。综观国际上居住条件对健康影响的研究，其主流文献主要集中在以美国为代表的西方发达国家以及东亚个别经济发达地区，而亚非拉等发展中国家的文献仅占据很小的比例。随着世界城市人口的增长重心逐渐由发达国家转移至发展中国家，其城市正面临着快速发展阶段，大量涌入城市的移民在住房和健康上都处于不利地位，居住条件对外来人口健康将造成怎样的影响是一个在发展中国家必须引起重视的重要问题。

第二，研究结论的局限性。国外有关居住条件，尤其是社区环境和居住隔离与健康关系的研究多以国家、区域及城市等中宏观层面的工作为主，它们主要以人口普查数据、社会经济调查数据等官方统计数据为基础，且多采用描述性统计与聚类分析等方法。由于宏观环境和制度背景不同，欧洲和美国两大学术阵营运用上述数据所得结论也不尽相同，对居住条件与健康关系的实质远未达成普遍共识。

而在中国，关于居住条件与健康关系的研究存在的主要问题有以下三个方面。

第一，研究内容上的局限性。近些年来，随着经济发展和社会文化转型，地理学对健康问题的关注由侧重自然地理环境对健康的影响转向强调社会经济发展因子的健康效应。既有健康地理研究大多数关注中宏观尺度的健康问题，研究结论只能停留在区域性的总体健康问题层面。从住房、邻里、社区等微观地理环境尺度对居民健康问题的研究仍不多见。基于居住条件的视角研究健康问题还未得到国内地理学者的足够重视。已有研究也多把居住条件狭义地理解为住房条件，忽视了住房所在社区环境及其与更大的社会空间的关系对流动人口健康的影响。现有对居住条件与健康关系的研究文献也没有特别区分流动人口这一特殊的弱势群体。尤其是在城镇化快速发展和人口流动加剧导致城市人口结构多样化的现实背景下，城市内部社会经济分异，尤其是居住空间分异对不同群体健康的影响仍然受到忽视。

第二，研究案例和指标上的局限性。现有流动人口居住条件与健康问题的研究案例多局限于北、上、广等个别特大城市，缺乏对其他普通中小城市的关注。而且北、上、广等特大城市有着比较特殊的政治经济文化历史环境，大城市的经验对于大多数中小城市而言并不具有普适性。同时，各项指标的定义和使用缺乏理论指导，采用的健康测量标准、居住条件指标多样且不一致，分析结果亦不同，影响了人们对居住条件与流动人口健康关系的全面、系统的认识。不少关于健康及其影响因素的研究，都只是将居住条件作为社会因素之一纳入分析模型。将居住条件作为具有多维度、多层次的主要观察变量，综合考察居住条件对流动人口健康影响的文献尚不多见。

第三，研究方法上的局限性。尽管将“地方”效应纳入模型的多层次分析方法在国际学术界得到广泛青睐，但其在国内健康问题研究的应用还较少见。目前大多数有关健康影响因素的研究没有很好地区分出个人和社区两种不同层次的影响因素，导致很多原本由分组带来的差异被解释为个体的差异，出现以偏概全的错误。同时，探究不同层次变量之间交互效应的研究更是少见，一定程度上限制了人们对不同层次变量之间是如何相互制约来影响健康的理解。

第三节 总体思路、研究框架与研究内容

一 总体思路

本书综合运用地理学、社会学、经济学等学科相关理论及方法，以流动人口主要流入地温州市为实证案例地，从宏观问题着眼，微观分析入手，借鉴国内外相关理论和实践经验，运用统计分析方法等手段研究居住条件对流动人口健康的影响及其作用机制，围绕这一研究主题进行了一系列文献与实证研究。具体的研究思路如下。

（一）本书通过对居住条件与健康关系的经典理论与国内外相关文献的梳理与回顾，对健康社会决定因素理论、健康生态学理论、社会资本理论、生活压力理论、地点理论等经典理论与国内外有关居住条件与健康关系的实证研究文献进行提炼和概括，明确研究重点与研究方法，确保研究的科学性与创新性，这是本书的理论支撑。同时从住房条件、社区环境和居住隔离三个方面入手，利用描述性统计方法和回归分析模型考察流动人口的居住条件和健康状况及其影响因素，以期从整体上把握流动人口的相关状况，为认识居住条件对流动人口健康的影响打下基础。

（二）本书在回归分析模型的基础上，从微观角度重点分析探讨流动人口住房条件、社区环境的不同维度与各种健康指标的关系，对居住条件中可能对健康构成潜在影响的因素进行识别和评估，比较了流动人口和本地居民在住房条件、社区环境对健康影响上的相同点和不同点，以便于更好地揭示居住条件对流动人口健康影响的作用机理。这是本书的核心工作之一。

（三）本书另外关注的一个核心问题是居住隔离状况对流动人口健康的影响。本书深入分析了流动人口居住隔离的基本现状和特点，把握其背后的相关影响要素，揭示居住隔离形成的种种原因，深化对国内流动人口居住隔离问题的认识。同时，本书深入考察流动人口居住隔离与其健康的关系，揭示城市居住空间分异对流动人口健康的影响方式和作用机制。这是本书核心的工作之二。

（四）本书进一步考察了居住条件影响流动人口健康的作用机制，通过对历史文献和政策文本的梳理和考证，分析影响流动人口居住条件及其健康效应的宏观环境和制度背景，包括户籍制度、住房保障制度、医疗保障制度和土地制度。借助质性研究从社会歧视、资源剥夺、心理压力和社会资本等方面探讨居住条件对流动人口健康的作用机制。这是本书的核心工作之三。

二　研究框架

按照“提出问题—理论分析—实证分析—提出建议”的研究范式，本书在收集国内外文献、资料和前期调研的基础上，构建一个流动人口居住条件与健康关系的理论分析框架；在此基础上，以流动人口主要流入地——浙江省温州市为主要调查地，结合问卷调查和典型个案的深度访谈，考察流动人口的居住条件和健康状况，把握流动人口居住条件和健康的基本现状，掌握其背后的相关影响因素；结合户籍制度比较流动人口与本地居民在居住条件和健康状况方面的异同，从住房条件、社区环境和居住隔离三个方面识别和评估可能对健康构成潜在影响的各类因素，探讨居住条件对流动人口健康状况的作用规律及影响机制，并从理论上分析居住条件对流动人口健康影响的可能作用路径。最后，基于理论分析和实证研究的结果，提出相关的政策建议。具体研究框架见图 0-1。

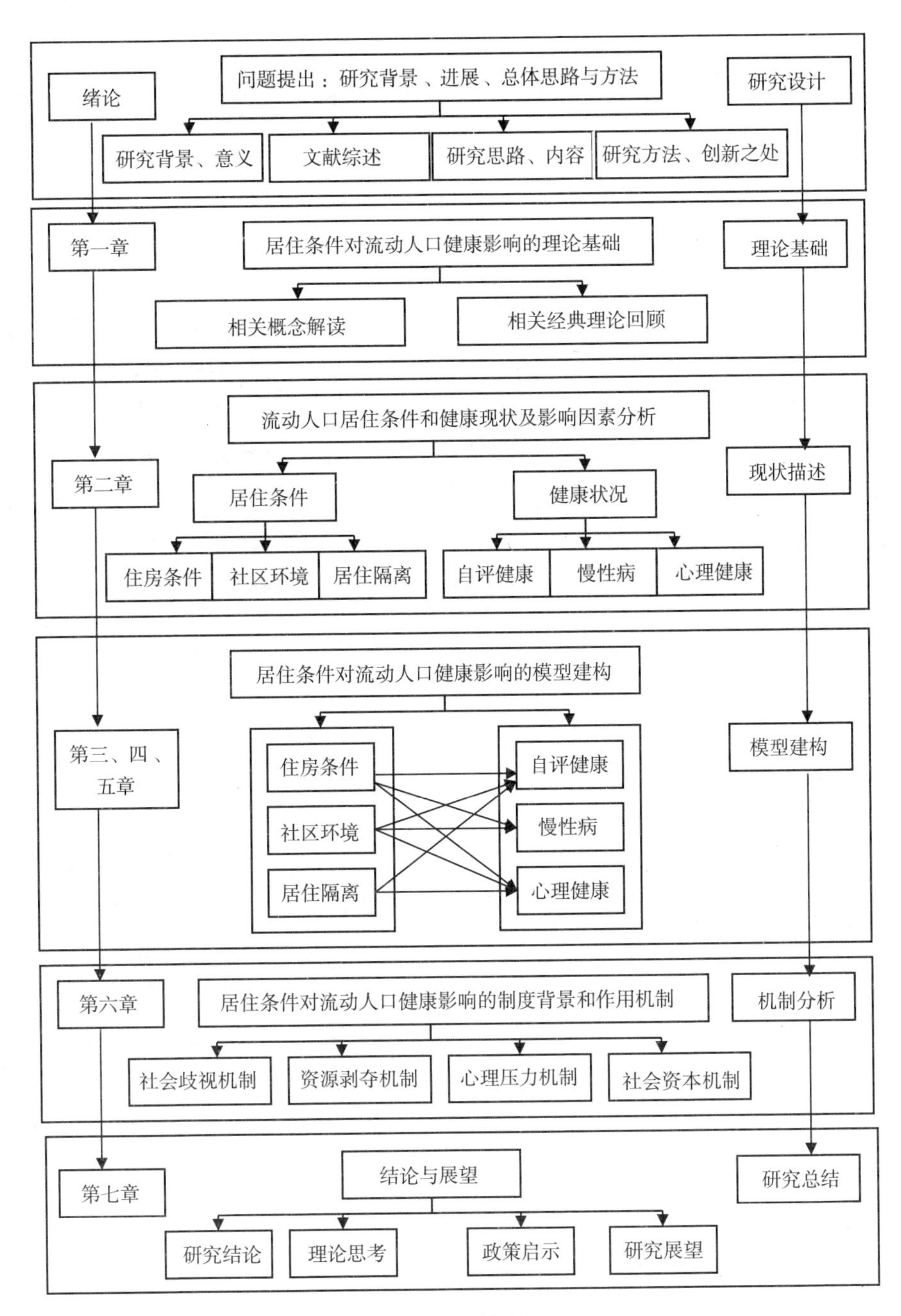

绪论
问题提出：研究背景、进展、总体思路与方法
研究设计
研究背景、意义
文献综述
研究思路、内容
研究方法、创新之处
第一章
居住条件对流动人口健康影响的理论基础
理论基础
相关概念解读
相关经典理论回顾
第二章
流动人口居住条件和健康现状及影响因素分析
现状描述
居住条件
健康状况
住房条件
社区环境
居住隔离
自评健康
慢性病
心理健康
第三、四、五章
居住条件对流动人口健康影响的模型建构
模型建构
住房条件
社区环境
居住隔离
自评健康
慢性病
心理健康
第六章
居住条件对流动人口健康影响的制度背景和作用机制
机制分析
社会歧视机制
资源剥夺机制
心理压力机制
社会资本机制
第七章
结论与展望
研究总结
研究结论
理论思考
政策启示
研究展望

图 0-1　研究框架

三　研究内容

根据上述的研究框架，本书的主要内容由八个章节组成。

绪论。详细阐述了本书研究的选题背景与研究意义，对本书的内容安排与研究思路进行了概括说明。并介绍了研究数据来源、研究方法和创新之处，为本书研究奠定基础。

第一章，理论基础。从理论和实证两个方面，综合阐述流动人口居住条件与健康关系的理论模型，比较各种理论模型在研究中的优势和不足，结合国内外实证文献对流动人口居住条件及其健康效应的研究现状进行整理、归纳和总结，在对上述理论和实证研究进行简要述评的基础上提出本书研究的理论框架，一方面为本书随后的实证研究提供理论基础；另一方面为调查问卷的设计提供依据。

第二章，流动人口的居住条件和健康状况。在实证调查的基础上，首先，从住房条件、社区环境和居住隔离三方面分析考察当前流动人口的居住条件。比较居住条件特征在流动人口与本地居民间的差异。应用多元回归模型识别和评估了流动人口居住条件的影响因素。其次，从自评健康、慢性病患病率、心理健康 3 个维度测度流动人口的健康状况，比较各类健康特征在流动人口与本地居民中差异，并应用线性回归模型和二元 Logistic 回归模型考察流动人口健康的影响因素。

第三章，住房条件对流动人口健康的影响。首先，吸收借鉴第一章提出的理论分析框架以及相关理论观点，阐述住房因素与个体健康状况间关系的相关理论现状和实证结论。其次，在实证调查数据的基础上，通过建立线性回归模型和二元 Logistic 回归模型，在控制其他影响个人健康因素的情况下，考察住房条件对流动人口健康影响的关系。最后，比较住房条件对健康影响在流动人口与本地居民间的差异。

第四章，社区环境对流动人口健康的影响。在阐述社区环境与健康关系理论研究的基础上，借助多层模型分析方法，在控制其他影响个人健康因素的情况下，从个体与社区两个不同的层次，系统考察社区环境对流动人口健康的影响效应，比较社区环境对健康影响在流动人口与本地居民间的异同。

第五章，居住隔离对流动人口健康的影响。在阐述居住隔离对健康影响理论研究的基础上，应用线性回归模型、Logistic 回归模型和多层模型，在控制人口和社会经济变量的情况下，考察居住隔离对流动人口健康的影响关系，获得对流动人口居住隔离与健康间关系及其内在机理和影响机制的深入认识。

第六章，居住条件对流动人口健康影响的制度背景及作用机制。通过对历史文献和政策文本的梳理和考证，分析影响流动人口居住条件及其健康效应的宏观环境和制度背景，包括户籍制度、住房保障制度、医疗保障制度和土地制度。借助深入访谈等质性研究方法，从社会歧视、资源剥夺、心理压力和社会资本等方面探讨居住条件对流动人口健康影响的作用机制，深入挖掘各种可能的健康影响机理。

第七章，结论与展望。本章总结和提炼本书研究的主要成果和结论，并简要地分析上述研究结论的理论和政策含义，结合现存的问题提出了相应的政策启示，最后指出本书研究的不足，对下一步的研究工作进行了展望。

第四节　数据来源与研究方法

一　数据来源

（一）研究区域

温州位于浙江省东南沿海，处于长三角地区与海峡西岸经济区交会地带，东濒东海，南接闽北，西连丽水，北邻台州，现辖鹿城、瓯海、龙湾、洞头 4 个区，瑞安、乐清 2 个县级市，以及永嘉、平阳、文成、泰顺、苍南 5 个县。温州三面环山，一面临海，全市陆域面积 12065 平方公里。温州是最早的沿海开放城市之一，因“温州模式”为国内外学者所熟知。温州也是全国民营经济的发祥地，主要产业以劳动密集型加工业为主，对外来人口具有较强的吸引力，是浙江省流动人口数量最多的城市之一，也是全国各地流动人口的主要流入地区之一。

温州的流动人口数量从 1990 年的 97400 人迅速增长到 2010 年的 284 万人，平均每年增长 18.37%。[1] 根据段成荣和杨舸的统计估算，早在

---

① Lin S. N., and Gaubatz P., “New Wenzhou: Migration, Metropolitan Spatial Development and Modernity in a Third-tier Chinese Model City”, *Habitat International*, No. 50, 2015.

2005年，温州位列全国流动人口数量最多的50个城市中的第10位，温州的流动人口占全国流动人口总量的1.85%。① 根据全国第六次人口普查数据结果显示，温州流动人口数量约为324万人，占常住人口的35.5%。从所占比例来讲，与北京（35.5%）、上海（39.0%）和广州（37.5%）大致相当。② 尽管近几年因温州当地经济不景气，再加上大规模城中村改造，流动人口的数量有所减少，但外来人口整体规模仍占很大的比重。根据温州市公安局的统计数据，2017年，温州市共有常住人口921.50万人，其中外来流动人口数量为333.85万人，占当年温州市常住人口的36.23%，约为温州市户籍人口的一半。可以说，温州是开展流动人口研究的理想调查地之一。③

（二）数据来源

本书所使用的数据来自笔者于2017年7月开展的“住房与健康”调查项目。这是一项由温州医科大学和温州市卫生和计划生育委员会联合开展的抽样入户问卷调查。实地调查在温州市卫生和计划生育委员会和温州市公安局流动人口服务指导中心的大力帮助下，由温州医科大学师生共同完成。在借鉴Wen等④和王桂新等⑤的抽样调查方法的基础上，本书研究采用多阶段分层随机抽样法，为了尽可能反映不同类型社区的居住状况，首先根据流动人口的区位分布选取位于市中心、近郊和远郊的鹿城、瓯海、龙湾和瑞安四个流动人口分布较为集中的县级行政区域，然后在每个县级行政区随机抽取两个街道，接着在每个街道随机抽取3个村（居）委会，再在每个村（居）委会随机抽取流动人口和本地居民各25户，对每户家庭中的一名成员（16—65岁）进行入户问卷调查。样本的限定条件是在本村（居）委会居住超过半年，年龄在16岁以上，非在校学生。调查采用一对一的结构式访谈，通过调查者和受访者之间的一问一答的形

① 段成荣、杨舸：《我国流动人口的流入地分布变动趋势研究》，《人口研究》2009年第6期。

② 林赛南、李志刚、郭炎：《流动人口的“临时性”特征与居住满意度研究——以温州市为例》，《现代城市研究》2018年第12期。

③ 田明：《农业转移人口空间流动与城市融入》，《人口研究》2013年第4期。

④ Wen M., Fan J., and Jin L., et al., “Neighborhood effects on health among migrants and natives in Shanghai, China”, *Health & Place*, Vol. 16, No. 3, 2010.

⑤ 王桂新、苏晓馨、文鸣：《城市外来人口居住条件对其健康影响之考察——以上海为例》，《人口研究》2011年第2期。

式，由调查者根据受访者的回答填写问卷，每次访谈时长约30分钟。因个别村（居）委会入户调查受限，最终调查了23个村（居）委会（如图0-2所示），删除缺失数据和无效样本，最后纳入数据库分析的有效样本为1139个，其中流动人口571份，本地居民568份。

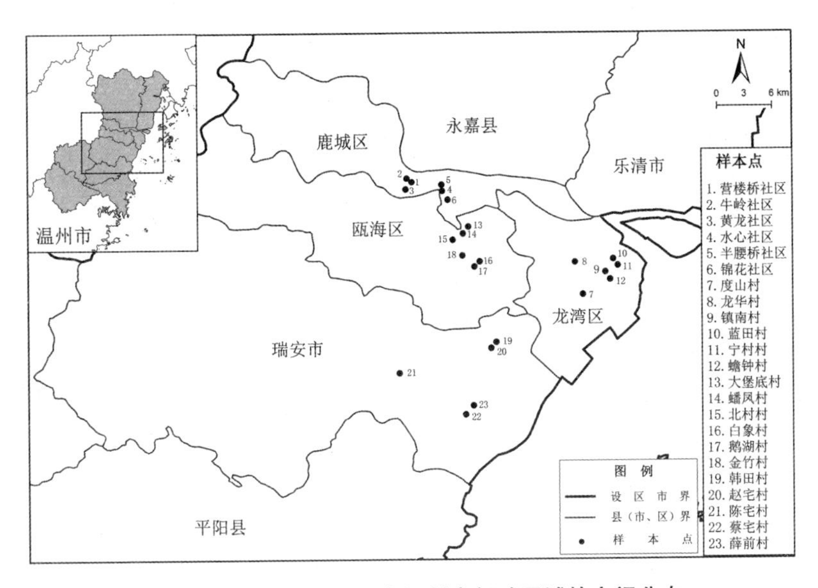

图0-2　23个调查社区在温州市行政区域的空间分布

（三）样本基本情况

在调查的571个有效流动人口样本中，男性占53.42%，女性占46.58%；年龄以青壮年为主，其中18—24岁占10.86%，25—34岁占33.27%，35—44岁占31.35%，45—54岁占21.72%；流动人口的受教育程度以初中和高中为主，其中接受过初中教育的占47.11%，高中/中专的占27.67%，大专及以上的占8.58%；婚姻以已婚为主，占81.96%，未婚为16.81%，离婚、丧偶占1.23%；流动人口户口以农业为主，占89.14%。

在调查的568个有效本地居民样本中，男性占51.06%，女性占48.94%；本地居民的年龄明显大于流动人口，其中18—24岁占3.52%，25—34岁占18.49%，35—44岁占30.28%，45—54岁占33.45%，55岁及以上占14.26%；从受教育程度来看，接受过初中教育的占32.39%，高中/中专的占27.99%，大专及以上的占24.47%；本地居民以已婚为主，占86.62%，未婚为11.09%，离婚、丧偶占2.28%；本地居民中农业户口占71.65%。

笔者将本次调查样本的各项人口学和社会经济特征与第六次人口普查数据以及其他相关研究①中反映的温州市流动人口的人口学和社会经济特征进行横向对比，结果表明，前者与后者的人口和社会经济学特征基本吻合，这说明本书研究抽样群体具有一定的代表性，表0-1列出被调查样本的基本特征。

表0-1　被调查样本的基本情况分布

		流动人口（频数）	流动人口（百分比）	本地居民（频数）	本地居民（百分比）
性别	男	305	53.42%	290	51.06%
	女	266	46.58%	278	48.94%
年龄	18—24岁	62	10.86%	20	3.52%
	25—34岁	190	33.27%	105	18.49%
	35—44岁	179	31.35%	172	30.28%
	45—54岁	124	21.72%	190	33.45%
	55岁以上	16	2.80%	81	14.26%
教育程度	小学及以下	95	16.64%	86	15.14%
	初中	269	47.11%	184	32.39%
	高中/中专	158	27.67%	159	27.99%
	大专及以上	49	8.58%	139	24.47%
婚姻状况	已婚	468	81.96%	492	86.62%
	未婚	96	16.81%	63	11.09%
	离婚	5	0.88%	9	1.58%
	丧偶	2	0.35%	4	0.70%
户口性质	农业	509	89.14%	407	71.65%
	非农业	62	10.86%	161	28.35%
合计		571	100.00%	568	100.00%

资料来源：2017年温州市流动人口调查数据。

二　研究方法

本书采用定量研究和定性研究相结合的方法，不仅可以利用定性研究

① Lin S. N, and Li Z. G., "Residential satisfaction of migrants in Wenzhou, an 'ordinary city' of China", *Habitat International*, No. 66, 2017.

方法，为定量研究提供理论框架，指导数据的分析过程，并利用定量研究结果检验定性研究的合理性，而且可以在定量分析结果的基础上，利用定性资料辨识因果关系，解释数据分析结果的潜在机制和事物的内在关联。

（一）资料收集方法

1. 文献资料法

本书收集与整理了大量居住条件与健康关系研究相关的文献资料，在此基础上对国内外相关研究进展进行梳理与总结，从而形成前期的研究思路、概念框架以及理论基础。同时，本书还搜集整理了近年来温州市社会经济统计年鉴、地方政策法规、城市总体规划资料、地方志等历史资料，以期为深入分析温州市流动人口的居住条件和健康问题及两者间关系提供背景资料。

2. 问卷调查法

问卷调查法是社会学研究中最常用的资料收集方法，是定量分析数据的主要来源。本书主要通过问卷调查采集流动人口人口学、社会经济状况、住房条件、社区环境、居住隔离、健康状况、社会网络、社会支持等方面的基本信息，同时获取流动人口所在社区的村居数据，包括户籍人口和流动人口的数量、困难家庭户数、社区面积等。

3. 深度访谈法

除了问卷调查以外，本书也采用了深度访谈法。深入访谈法主要采用半结构式的访谈，根据事先准备好的访谈提纲或条目，围绕调查的核心问题，对研究者进行一对一的面谈、接触和互动，深入事实内部对研究对象行为和意义建构获取解释性的理解。本书通过这一方法获取关于流动人口具体生动的生活世界、行为态度和感知体验的信息，把握流动人口行为逻辑和主观诉求，从而达到问卷调查无法获取的信息和解释。在深入访谈过程中，这一方法主要用于从流动人口的个体微观层面，了解流动人口如何评价其居住条件和健康状况，哪些因素影响了其居住条件和健康状况，以及这些因素在影响流动人口居住条件和健康关系中的内在作用机理。

（二）数据分析方法

本书采用 SPSS、HLM 等统计软件对上述问卷调查获得的定量数据进行统计分析。首先，利用描述性统计分析考察流动人口居住条件和健康的现状，通过比较分析，梳理上述特征变量在流动人口和本地居民中的差异，利用普通最小二乘线性回归模型和二元 Logistic 回归模型分析流动人口和本地居民健康状况的影响因素，识别影响流动人口健康的各种社会和行为心理因素，为本书后续实证研究提供基础。其次，针对不同的健康指标，分别运用普通最小二乘线性回归模型和二元 Logistic 回归模型考察住房条件对流动人口和本地居民健康的影响。再次，针对不同的健康指标，借用多层模型分析考察社区环境对流动人口和本地居民健康的影响。最后，运用普通最小二乘线性回归模型、二元 Logistic 回归模型和多层模型考察居住隔离对流动人口健康的影响。根据 Labovitz① 的建议，当样本量相对较小时，模型的显著性水平可以放宽到 0.1 水平，考虑到本书的样本量处于中等规模，而且模型中包含较多协变量，所以本书后续模型分析的显著性水平放宽到 0.1 水平②。

第五节　创新之处

本书的创新之处如下。

其一，突破已有研究把居住条件狭义地理解为住房条件的不足，将居住条件的概念由原来的住房条件拓展到包括住房所属的社区环境及其更大的社会空间的关系，在此基础上，从住房条件、社区环境和居住隔离等多个维度和空间尺度考察居住条件对流动人口健康的影响，获得对居住条件与流动人口健康间关系的新认识。

其二，基于中国案例丰富和发展了国内外关于居住条件对健康影响的研究及相关理论认识。迄今国外已有大量关于居住条件对健康影响的实证研究结果和相关理论认识，但国内这方面的研究尚处于起步阶段。本书以温州为研究案例，在中国经验事实的基础上揭示了居住条件对流动人口健康的影响和这种影响在流动人口和本地居民之间的异同，并将相关结果与西方发达国家的研究结论进行对比，从而丰富和推进了国际上关于居住条件对健康影响的研究和相关认识。同时，国内已有关于流动人口居住和健康问题的研究多集中于北京、上海、广州等特大城市，缺乏对二、三线城

① Labovitz S.,“Criteria for Selecting A Significance Level: A Note on the Sacredness of 0.05”, *The American Sociologist*, Vol. 3, No. 3, 1968.

② Woodward M., *Epidemiology: Study Design and Data Analysis*, London: Taylor & Francis, 2004, p. 112.

市的关注，本书聚焦温州这样一个普通城市，丰富了已有研究的案例类型，对相关研究在国内的进一步拓展具有推动意义。

其三，在国内首次从宏观层面和微观尺度系统考察了居住隔离对流动人口健康的影响。探讨居住隔离现象及其背后的歧视、迁居、通勤因素等对健康影响的内在作用机制，提出居住隔离不仅反映的是物理上的区隔或空间上的隔离，更是主观心理层面的排斥，其产生的影响和作用可能更为深远，为居住隔离对健康影响的研究提供了以中国这样经历快速城镇化的发展中国家为背景的经验证据，同时也丰富了国内居住隔离的相关研究内容。

第一章

理论基础

第一章对居住条件与健康关系的经典理论和国内外相关实证研究文献进行梳理与评述。首先，本书对流动人口、居住条件和健康等相关概念进行界定，并对健康社会决定因素理论、健康生态学理论、社会资本理论、生活压力理论、地点理论等经典理论进行提炼和概括。其次，梳理和总结流动人口居住条件和健康的研究现状，分析各自的主要影响因素。再次，回顾和总结国内外有关流动人口居住条件与健康关系的相关实证研究文献，分析流动人口居住条件对健康影响的作用机制。最后，对国内外研究进展进行评述。通过对重点概念的解读与界定，相关经典理论的总结与国内外研究进展的回顾分析，以期更为准确地把握本书研究的学术价值与研究意义，为后续实证研究提供理论准备与支持。

第一节　概念解读

一　流动人口

国际上一般只有“迁移人口”的概念，而没有“流动人口”的概念。[①] 流动人口实际上是在我国户籍制度安排和改革开放背景下产生的一个具有中国特色的概念。但是，截至目前我国对流动人口的概念尚无统一的定义，与流动人口类似的概念有城市外来人口、暂住人口、迁移人口、非户籍人口、新移民、新居民、农民工等。

基于各自不同的研究视角、研究内容或研究目的，不同学科、不同学者对流动人口赋予不同的含义。《中国经济百科全书》（下）将“流动人

---

① 段成荣、孙玉晶：《我国流动人口统计口径的历史变动》，《人口研究》2006年第4期。

口”定义为在一定时期内不改变原有户籍属性，并且离开常住户口所在地，在其他行政区域暂时寄居或临时外出的人口。国家统计局对于“流动人口”的定义是指人户分离人口中扣除市辖区内人户分离的人口。吴瑞君认为流动人口从微观上看是指流入某一地区但不具有当地户籍的人口以及具有该地区户籍但又流出该地区的两类移动人口，从宏观上看是在不改变户籍的情况下，跨越一定地理范围的移动人口。[①] 吴晓认为广义上的流动人口指那些离开常住户籍所在地，在另一行政区域停留的人，根据其在流入地停留时间长短，一般可以分为临时性的暂住人口、长久性的迁移人口和差旅过往人口。[②] 狭义上的流动人口指那些以谋生营利为目的，自发在社会经济部门从事经济和业务活动的迁移和暂住人口，而不包括在外地做短暂停留的过往人口。中国第六次人口普查对“流动人口”的统计口径采用以下定义：离开户籍所在地，跨乡（镇、街道）居住半年以上的人口，包括城镇户籍流动人口和农村户籍流动人口。这一定义在学术界内被普遍认同。

由以上可知，流动人口的概念都是基于时间、空间、户籍方面来界定，首先，从时间上来看，人口流动到新的地理区域，必须在当地居留有一定的时间期限，这样就把探亲、度假、旅游、外出就医、短时出差等临时性外出情况排除在外，因此，时间是流动人口的统计属性。其次，从空间上来看，人口的空间地理位置是否发生变动，并以跨越一定行政区域界限为标准，这个要素是流动人口的本质属性。最后，从户籍上来看，人户是否分离是评判流动人口的主要标志，即人户分离是流动的重要特征，是区分流动人口和迁移人口的唯一标准，因此，户籍是流动人口的特征属性。

本书所使用的“流动人口”概念是指在其户籍所在地之外的地区从事经商、务工、社会服务等经济社会活动并居住生活一个月及以上的人员，不包括因出差、探亲、旅游、生病、从军等原因而临时到外地的人员。具体可以划分为乡—城流动人口和城—城流动人口。乡—城流动人口指具有农村户籍，但离开户籍所在地半年或以上，流入其他县（市、区）

① 吴瑞君：《关于流动人口涵义的探索》，《人口与经济》1990 年第 3 期。

② 吴晓：《城市中的“农村社区”——流动人口聚居区的现状与整合研究》，《城市规划》2001 年第 12 期。

城镇地区就业和居住的流动人口，目前他们多是以“农民工”的身份出现，并已演变成在特殊的历史时期出现的一个特殊的社会群体，但是乡—城流动人口涵盖的范围比农民工更宽，还包括具有农村户籍，但离开了户籍所在地的非就业的劳动年龄人口，如少年儿童和老年人。城—城流动人口指具有城镇户籍，但离开户籍所在地半年或以上，流入其他县（市、区）城镇地区就业和居住的流动人口。

二 居住条件

在学术界，对居住条件尚没有明确的定义，“居住”从字面意义上讲包含了居与住两个方面的意思。传统意义上，居住被简单地理解为个人或家庭拥有的住房情况以及相关居住问题，而忽略了城市社会作为一个空间整体和各居住单元相互之间的外部性联系。进入20世纪90年代后期，人们对居住概念和内涵的理解发生了扩展延伸，开始关注社会、家庭和个体三者在居住空间和生活行为层面上的对应关系，提出城市中的住房不是独立的，而是街区的一部分，也是地方社区的一部分，更是城市的一部分。[①] 住房和社区由此成为地理实体和社会关系的有机组合，成为一种社会空间的载体。同时，住房市场化改革作为一种筛选过程，极大地改变了中国城市的社区空间形态，使得城市社区的类型和空间布局呈现出多样化特征。从中，居住也被赋予更多的社会意义和内涵，蕴含着最深层次的社会结构，集中体现为教育、职业、收入等阶层划分之间的社会关联和社会距离，以及这些社会要素或社会结构在空间分布上的投影。而居住隔离正是社会阶层分化在城市空间投影的结果。从这个意义上讲，居住条件不仅包括个人（家庭）住房及其所属的社区环境，而且不同社会群体在居住空间上分割的居住模式也是其内涵的重要部分。[②] 因此，居住条件是一个复杂的多维度、多层次的概念，本书的居住条件从住房条件、社区环境和居住隔离三个维度进行定义，居住条件的内涵模式如图1-1所示。需要指出的是，居住条件的含义非常复杂，且与健康间存在广泛的联系。根据

---

① 刘佳燕、闫琳：《住房·社区·城市——快速城市化背景下我国住房发展模式探讨》，《城市与区域规划研究》2008年第1期。

② Bonnefoy X.，“Inadequate Housing and Health：An Overview”，*International Journal Environment & Pollution*，Vol. 30，No3/4，2007.

世界卫生组织报告显示，在综合筛选数百份相关研究列出的 25 项居住条件要素中，有 12 项与健康有密切相关，另有 11 项与健康有一定程度的关联。[①]

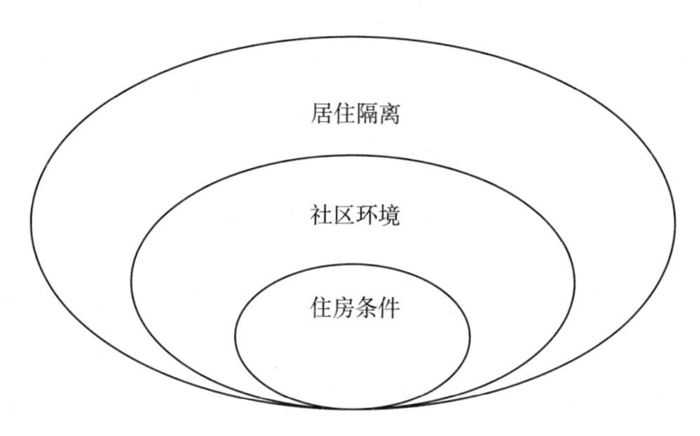

图 1-1 居住条件内涵模式

（一）住房条件

住房与每个人的生活息息相关，从物质形态层面来看，住房为个人提供了遮风避雨的栖息之所，满足人的基本生存所必需的生活场所和居住条件需求。从社会层面来讲，住房还是个人财富与社会地位的凝聚与物化，[②] 直接影响个体对自我价值的评价及其社会价值观的形成。从宏观角度看，住房条件还是城市宜居性的核心评价指标。[③] 实际上，对住房条件的概念一直缺乏明确统一的定义，与住房条件类似的概念还有住房状况、住房形态、居住状况等。可以说，住房条件是指满足人们居住需求的各种房屋属性，常用的住房条件评价指标有住房的年代、质量、面积、设施、间数、层数、层高、复合功能等，并作为居住空间结构或社会空间结构研究中不可缺少的评价因子。[④] 当然，住房也被赋予舒适、隐私、安全感、

---

① WHO, *Towards a Conceptual Framework for Analysis and Action on Social Determinants of Health*, Discussion Paper for the Commission on Social Determinants of Health, 2005, p. 37.

② 边燕杰、刘勇利：《社会分层、住房产权与居住质量——对中国“五普”数据的分析》，《社会学研究》2005 年第 3 期。

③ 何深静、齐晓玲：《广州市三类社区居住满意度与迁居意愿研究》，《地理科学》2014 年第 11 期。

④ 周春山、陈素素、罗彦：《广州市建成区住房空间结构及其成因》，《地理研究》2005 年第 1 期。

归属感和避难所等积极意义，它承载的社会功能和经济功能决定了住房的重要性。本书所使用的“住房条件”仅指各种房屋的物理属性，包括产权、性质、类型、面积、室内设施、噪声、潮湿等方面。

（二）社区环境

住房与社区紧密相连，住房条件凭借其所处的区位与更大的社区空间环境联系起来。社区的概念最早是由德国著名社会学家费迪南·滕尼斯提出来的。他认为社区可以定义为互相交往，居住在邻近地域空间的人群。后来这个概念引申并扩展到其他方面，由于理论背景、研究的角度和侧重点不同，不同的学科赋予社区不同的解释定义。但在诸多的社区定义中，一定人口、特定地域、共同关系、社会互动都是不可或缺的核心要素。①本书沿用了传统社会学对社区的定义，特指地理空间定义下的社区，它既是一个社会学概念，也是一个地理单元。换句话说，本书所讲的社区是指居所附近的地域空间以及人文环境，并以村（居）委会管辖的行政区域作为社区单元和社区范围。

目前学界对社区环境的概念、范畴、边界等尚无统一的定义。与社区环境相关的概念有社区人居环境、住区环境、居住环境等。既有研究认为社区环境是指社区景观环境和人际环境的总和。社区中的街巷、绿地、公共活动场所、住宅本身以及住宅周围相邻的空间等都是社区景观环境的构成因子，社区里的居住者、管理人员以及之间的相互关系则是人际关系的主要构成因子。② 根据社区表观特征可以将社区环境分为社区物理环境和社区社会环境，③ 物理环境包括医院、学校、公园、图书馆、教堂等社区公共设施，空气质量等；社会环境指的是社区物理环境以外，基于居民互动、文化所形成的社区氛围，包括社会网络、社会凝聚力、社会团结、社会安全、社区声誉、集体效能、非正式的社会控制等④。本书所研究的社

---

① Hillery G. A., "Definitions of Community: Areas of Agreement", *Rural Sociology*, Vol. 20, No. 2, 1955.

② 倪天璐、邵祁峰：《浅谈社区认同感的环境营造——以南京市五台花园为例》，《盐城工学院学报》（社会科学版）2007 年第 3 期。

③ Macintyre S., Ellaway A., and Cummins S., "Place Effects on Health: How Can We Conceptualise, Operationalise and Measure Them", *Social Science & Medicine*, Vol. 55, No. 1, 2002.

④ Forst S. S., Goins R. T., and Hunter R. H., et al., "Effects of the Built Environment on Physical Activity of Adults Living in Rural Settings", *American Journal of Health Promotion*, Vol. 24, No. 4, 2010.

区环境主要包括社区的物理环境和社会环境两个方面。

（三）居住隔离

隔离是指不同类别的社会群体分布差异的程度和结构，主要关注人群在特定地域空间中分布的不均衡。居住隔离又被称为居住空间分异，是指由于宗教、种族、职业、生活习惯、文化水平或财富差异等原因，导致不同的社会群体生活于各种不同层次的社区空间中，进而产生隔离作用，有的可能彼此产生歧视甚至敌对态度的状况。这种状况在其本质上是一种群体性歧视或群体排斥。[①] 实际上，居住隔离不是简单的社会分层在居住空间的表现或者住房分层，而是城市转型及其相应复杂影响导致城市居住空间重构而出现的一个必然结果。[②] 一方面，居住隔离塑造了隔离社区独特的邻里环境和社区景观，不仅意味着不同阶层对物质经济资源的获得水平不同，更意味着邻里环境方面的差异；另一方面，不同的居住空间塑造着不一样的居民组成结构及其邻里关系。因此，本书所研究的居住隔离是指流动人口与本地居民之间形成的相对集中、分化、独立的居住空间分布格局，既表现为物理空间上的分割，也可视为同一空间维度中人群的相对集中度。[③]

住房条件、社区环境和居住隔离三者间存在密切联系。首先，住房条件和社区环境是社会空间的重要表现形式和组成部分，是个人生存和发展的物质基础，是个体及家庭在城市生活状况的现实反映。住房和社区虽然在表现形式上是一种居住空间，但在本质上是人的生存场域。它的很多社会意义正是通过住房和社区中的居住格局来实现的，住房条件和社区环境正是居住格局的载体。因此，住房条件和社区环境的分异是居住空间分异的重要物质基础和社会表征。其次，居住隔离可以理解为社会不同阶层群体在居住空间不断分化的背景下住房条件和社区环境在空间上不断分异的过程。尤其是在城市人口流动速度加快和住房市场化程度加深的现实背景下，较高的经济成就将其转化为更高质量的住房条件和社区环境，这就使

① Massey D. S., and Denton N. A., "The Dimensions of Residential Segregation", *Social Forces*, 1988, Vol. 67, No. 2, 1988.

② 李志刚、吴缚龙、肖扬：《基于全国第六次人口普查数据的广州新移民居住分异研究》，《地理研究》2014 年第 11 期。

③ 卢楠、王毅杰：《居住隔离与流动人口精神健康研究》，《社会发展研究》2019 年第 2 期。

得不同社会阶层群体居于不同城市空间位置，体现的不仅是收入水平、经济地位的差异，更是社会阶层和身份的差异。经济社会地位差异必然带来群体间不同程度的居住隔离。

三 健康

（一）健康的概念

健康不仅是人类的基本权利，而且是社会进步的潜在动力和重要标志。健康是一个不断发展的综合性概念。在不同的历史发展时期，不同个人和组织对健康的概念有不同的理解。[①] 随着经济的发展和社会的进步，人们对健康的概念有了更深和较全面的认识，不断赋予新的内涵，融入了更多的心理和社会因素，甚至文化因素，现在健康的定义已经远远超出了生物医学范畴。1948年世界卫生组织将健康定义为“身体、心理和社会适应的良好状态，而不仅仅是没有损伤、疾病或虚弱的状态”。[②] 只有个体三者均处于良好且彼此平衡时才能判断其为健康状态。身体健康指机体各部分结构和功能的正常状态，可依据一系列医学标准判定；心理健康指人的身心协调和谐的状态，即精神心理过程的正常状态；社会健康指人在社会生活中的适应与满足的状态。社会存在的状态，是对社会成员在社会活动过程中的行为及其结果的总评价，即对需求满足过程和满足程度的评价。该定义从此成为最具全面性、使用最为广泛、引用最多、最具权威性的定义。这种新的观念使人们对健康的认识从简单的生物学模式演变为生物—心理—社会医学模式。1990年，世界卫生组织又对健康的概念内涵进行了拓展和深化，指出健康是在心理健康、躯体健康、社会适应和道德健康四个方面皆为健全的状态。道德健康是指不能以损害他人的利益来满足自己的需要，按照社会制定或认可的道德行为准则来约束自己及支配自己的思维和行动，具有辨别和选择善恶、荣辱、真伪、美丑的认知能力和行为能力。

（二）健康的测量

从健康的定义可以看出，健康是一个多维、复杂、动态的概念，且难

① 杜维婧：《我国农村居民健康的社会决定因素研究》，博士学位论文，中国疾病预防控制中心，2012年，第13页。

② WHO, *Constitution of the World Health Organization*, Geneva, 1994, p. 71.

以准确量化。到目前为止，尚未形成统一的度量标准，在实际研究中很难借助某项单一的指标来衡量个体健康的所有维度。在国内外大量关于健康的研究中，健康指标的选取并不是单一的，健康在宏观层面上和微观层面上所选取的指标也不尽相同。

在宏观层面上，衡量个体健康状况常用的指标有孕妇死亡率、婴儿死亡率、传染病患病率、预期寿命和发病率等。[①] 这些指标主要针对群体的测量，由于计算较为简单，能够较为客观地反映现实，易于统计且可实现在国家、地区之间的比较，因此被广泛地应用。

在微观层面上，大部分学者主要采用“自评健康状况”（Self-reported Health Status）、“自我报告疾病及日常生活状况”（Activities of Daily Life，ADL）、“慢性病患病率”、“身体质量指数”（Body Mass Index，BMI）作为健康衡量指标。自评健康状况是指调查者主观评价自己的健康状况。这个方法运用起来相对较简单，易于被调查者接受，能够有效反映受访者自我感知的各种健康状态和个体既有的关于自身健康的知识，[②] 在指标综合性和稳健性上具有显著优势，且能够有效预测死亡率、患病率等客观健康指标，整体上能较好地反映受访者的实际健康状况。[③] 在*Health & Place*、*Social Science & Medicine* 等社会科学领域主流期刊中运用较为广泛。但是这种方法也有局限性，例如受调查者的主观影响较大，在测量时可能存在偏差。慢性病患病率是反映健康状况的重要客观指标，也是测量健康预期寿命和疾病负担的重要现实依据。心理健康的测量目前也没有统一的测量标准，常用的有简要症状量表（BSI）[④]、精神症状自评量表（SCL-90）[⑤]、GHQ-12 精神健康量表[⑥]等。

综上所述，在对健康进行度量时，最好是各类健康指标共同使用，既要考虑健康的客观指标，也要考虑健康的主观评价。本书所使用的健康指

---

① Gerdtham U. G., and Johannesson M., “Absolute Income, Relative Income, Income Inequality, and Mortality”, *Journal of Human Resources*, Vol. 15, No. 1, 2004.

② 齐亚强：《自评一般健康的信度和效度分析》，《社会》2014 年第 6 期。

③ 齐良书、李子奈：《与收入相关的健康和医疗服务利用流动性》，《经济研究》2011 年第 9 期。

④ 何雪松、黄富强、曾守锤：《城乡迁移与精神健康：基于上海的实证研究》，《社会学研究》2010 年第 1 期。

⑤ 胡荣、陈斯诗：《影响农民工精神健康的社会因素分析》，《社会》2012 年第 6 期。

⑥ 梁宏：《代际差异视角下的农民工精神健康状况》，《人口研究》2014 年第 4 期。

标有自评健康、慢性病患病率和心理健康，其中自评健康状况运用国际通用的五分量表；[①] 慢性病患病率主要采用询问受访者是否被医生诊断告知患有各类慢性病情况；心理健康状况则采用心理健康 K6 量表，该量表在美国国家健康访问调查（National Health Interview Survey）和世界卫生组织国际心理健康调查联盟中得到广泛应用，[②] 其中中文版在上海、深圳等一线城市的外来人口健康调查中被证明也有很好的适用性。[③]

第二节 相关理论基础

从本质上来说，居住条件与健康的关系属于环境与健康的关系。我国古代早已认识到地理环境与居民健康之间存在内在联系，不同地区居民的身体状况往往因地理环境的差异而不同，现阶段居住条件与健康关系的研究已经得到学界的广泛关注。不同学科的学者在研究领域、研究方法以及研究内容等方面不断探索，积累了丰富的研究成果，如早期的地理环境决定论就强调物质环境的布局形态影响人们的生活方式和质量。本节通过对经典理论的梳理，加深对两者关系的理解，为后续的实证研究提供理论基础，为解释影响机制提供理论框架。

一 健康社会决定因素理论

健康社会决定因素主要是指除那些直接导致疾病的因素之外，由人们工作和居住环境中社会决定性条件和基本结构所产生的影响健康的“背后因素”，包括社会排斥、贫困、工作环境和居住条件恶劣、儿童早期发育方面保障的缺陷、不安全的就业条件和高质量医疗系统的缺乏等。[④] 健康社会决定因素对包含身体健康在内的生活质量及预期健康寿命都有重要的影响，

---

① Wen M., Fan J., and Jin L., et al., “Neighborhood Effects on Health among Migrants and Natives in Shanghai, China”, *Health & Place*, Vol. 16, No. 3, 2010.

② Jin L., Wen M., and Fan J. X., et al., “Trans-Local Ties, Local Ties and Psychological Well-being among Rural-to-Urban Migrants in Shanghai”, *Social Science & Medicine*, Vol. 75, No. 2, 2012.

③ 牛建林、郑真真、张玲华等：《城市外来务工人员的工作和居住环境及其健康效应——以深圳为例》，《人口研究》2011 年第 3 期。

④ WHO, *Report of the WHO Technical Meeting on Quantifying Disease from Inadequate Housing*, 2005, p. 89.

因此，健康社会决定因素也被认为是造成卫生不公平现象的主要因素。

随着生物医学模式向生物—心理—社会医学模式的转变，社会因素对健康影响的重要性越来越凸显。世界各国的研究均表明，传统生物医学模式单纯强调导致疾病的生物因素是远远不够的，促进健康更需要从社会决定因素着手。世界卫生组织的《渥太华健康促进宪章》及其附件《实现全人类的健康》提出了影响人类健康多方面因素的理论框架。[①] 加拿大高级研究所人口健康计划开发的这一理论框架作为一种研究和报告人口健康的方法得到了广泛的认可。[②] 该理论框架认为影响人口健康的决定因素主要由以下几部分组成：①生物学和基因遗传占15%；②社会和经济环境占50%；③物质环境占10%；④医疗体系占25%。除了基因遗传外，其余的都是社会决定因素。影响人口健康的社会决定因素包括生活环境、受教育程度、工作环境、居住条件、就业保障及社会支持网络（家庭亲属的亲情，同事朋友的友情及其他社会关系的可依靠性，以及社会服务设施的有效性和可及性）。而根据联合国世界卫生组织的研究，健康由4个因素决定：父母遗传（15%）、环境（17%）、医疗技术与设施（8%）以及个人生活方式与生活行为（60%）。其中，环境、医疗技术与设施、个人的生活行为方式都与居民生活的邻里环境紧密相关。[③]

健康社会决定因素的彩虹模型是健康社会决定因素理论的重要一部分，于1991年由Whitehead等学者提出。该模型（见图1-2）认为影响个体健康的因素不仅包括微观层面的个人先天遗传因素（如年龄、性别和结构性因素）、个人健康生活方式（如锻炼、饮食习惯、作息规律等），还包括个体所处的中观层面的社会与社区网络（如家庭网络、朋友支持、社区安全等）和宏观层面的生活与工作条件（如工作环境、教育、卫生保健服务等），以及社会经济、文化和环境（如贫困与不平等、社会歧视、环境污染等）等因素。[④] 这些因素逐层由外向内产生影响，并最终作用于个人的健康状况。第一层是个人生活方式，其受到所处的工作与生活

---

① WHO, *Ottawa Charter for Health Promotion*, Health Promot. Geneva, 1986, p. 26.

② 董维真：《公共健康学》，中国人民大学出版社2009年版，第8页。

③ WHO, *World Health report in 1997: Conquering Suffering and Enriching Humanity*, 1997, p. 87.

④ Whitehead M., and Dahlgren G., "What Can be done about Inequalities in Health?" *Lancet*, Vol. 338, No. 4, 1991.

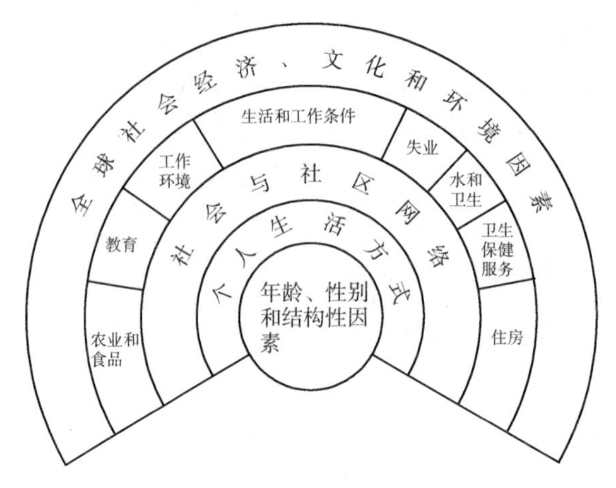

图 1-2 健康社会决定因素的彩虹模型

资料来源：Whitehead M., and Dahlgren G., “What can be done about Inequalities in Health?” *Lancet*, Vol. 338, No. 4, 1991。

条件、社会与社区网络的调控，如住区环境、工作环境、邻里关系、社会交往等，同时，人们所处的社区会无形之中提供各种行为规范。第二层是社会与社区网络，决定人们能否获得社会支持，这部分取决于社会、社区削弱还是促进人们之间的相互交往。第三层是工作与生活条件层面，涵盖了众多的因素，这些因素不仅会直接作用并体现为个人的健康状况，而且会对其内层的个人生活方式、社会与社区网络以及遗传等因素产生决定性作用，如受教育程度和就业状况，这些因素决定收入，进而决定人们会嵌入何种社区和社会网络中，于是对其后续的层级产生连锁式的影响。第四层是指其他各层因素产生与作用的总体背景，同时决定其内层因素的标准水平。总体而看，这些影响健康的因素逐层向内产生影响作用，并最终表现为个人的健康状况。[①] 按照上述分类，居住条件属于第二层和第三层的环境要素，是个体健康的重要社会决定因素，也是决定健康服务获得和影响生活方式选择的首要因素。[②] 居住环境不佳，缺乏最基本的通风、卫生采光、凝聚力、安全、社区社会支持以及污染暴露等，都是健康危险因素。

① 杜维婧：《我国农村居民健康的社会决定因素研究》，博士学位论文，中国疾病预防控制中心，2012 年，第 21 页。

② 杜维婧、陶茂萱：《健康的社会决定因素》，《中华预防医学杂志》2011 年第 6 期。

2005年世界卫生组织成立了健康社会决定因素委员会，希望通过重点关注人们生活和工作的社会环境，从而可以采取最有效的方法改善全人类的健康和减少不公平。[①] 2008年，世界卫生组织发表了《健康问题的社会决定因素报告：用一代人时间弥合差距》，指出要改善健康不公平，提高健康水平，就要对健康的社会决定因素采取切实有效的行动，并提出了影响健康的社会决定因素概念行动框架，该框架模型整合了众多先前研究框架的元素，其核心部分包括：①政治环境和社会经济；②健康决定因素的中间媒介；③决定健康的结构性因素。报告呼吁用一代人的时间去弥合卫生不公平造成的健康差距。[②] 现在越来越多的国家和地区开始注意到不同的社会经济地位会带来健康不平等现象，并把影响健康的社会决定因素作为一个重要的政策着眼点来考虑，倡导通过对健康社会决定因素的政策干预来提高国民健康水平。世界卫生组织针对改善居住条件也提出"让我们共同创造促进健康的住房条件""为可持续的未来提供健康住房"等行动框架。

二　健康生态学理论

健康生态学（Health Ecology）的思想最早可以追溯到古希腊，当时希波克拉底阐述了环境因素在预防保健中的作用以及社会健康问题，他认为要关注个体特征、环境因素和生活方式对个体患病的影响。到20世纪70年代，美国学者Blum首次提出环境健康医学模式，指出影响人口健康的因素可以分为生物遗传、行为生活方式、环境和保健服务四大类，强调环境因素是健康的重要决定因素。[③] Richard于1996年正式提出健康生态学模式（Health Ecological Model），他认为人群健康是个体先天因素、医疗卫生服务、物质以及社会环境相互作用、相互依存和相互制约的结果，通过多层面上交互作用来影响群体的健康水平。[④]

---

① 韩秀霞、陆如山：《全球健康问题社会决定因素委员会正式启动》，《国外医学情报》2005年第10期。

② 郭岩、谢铮：《用一代人时间弥合差距——健康社会决定因素理论及其国际经验》，《北京大学学报》（医学版）2009年第2期。

③ 毕秋灵：《中国成年人健康的分层研究》，社会科学文献出版社2011年版，第13页。

④ Richard L., Potvin L., and Kishchuk N., et al., "Assessment of the Integration of the Ecological Approach in Health Promotion Programs", *American Journal of Health Promotion*, Vol. 10, No. 4, 1996.

健康生态学理论是在社会生态学理论的基础上，将生态学的思想运用于健康领域，从本质特征来看，两者都是一样的，都强调环境对个体及行为影响因素的复杂性和影响的多层次性，即健康是个体因素以及物质和社会环境因素共同作用的结果。① 该理论认为，健康的决定因素包括行为生活方式、生物学因素和卫生服务因素、心理因素以及物质和社会环境因素，强调人口健康是上述因素相互依赖和共同作用的结果，并在多个层面上交互作用来影响健康。② 该模型结构可分为五层：核心层是先天的生物遗传学因素，如性别、年龄、种族和其他生物学因素以及与一些疾病有关的易感基因等；第二层是个体的行为生活方式及特征，如不合理的饮食结构、不健康的生活行为和习惯、体育运动少、吸烟、酗酒等；第三层是社会、社区和家庭的人际网络；第四层是工作和生活条件，包括是否有工作以及职业因素、心理社会因素、社会经济地位（教育、职业、收入）、自然环境（物理因素、化学因素和生物因素）和人造环境（如住房、交通、供水和卫生设施以及城市规划等其他方面）、医疗保健服务、公共卫生服务等；第五层是全球、国家乃至当地的经济、社会、文化、卫生和环境条件以及相关公共政策等。物质环境和社会经济是对人群健康起着根本决定性作用的环境背景因素（上游因素），这些因素又间接影响着个体生活方式和心理行为（中游因素）和生物学方面的因素（下游因素），成为“原因背后的原因”。按照上述分类，居住条件属于第三层和第四层的微观生态环境要素，是人口健康的重要决定因素之一。

健康生态学理论模型应用生态学的思想和观点，将所在的社区视为位于一定地域的“人类生态系统”，研究人的行为方式及其周围各层物质环境和社会文化环境与健康的相互关系，即健康生态学模型，该模型强调了健康是多个因素共同作用的结局。

三 社会资本理论

社会资本的思想起源于19世纪的西方社会学研究，法国社会学家埃

① Rapport D. J., Howard J., and Lannigan R., et al., “Linking Health and Ecology in the Medical Curriculum”, *Environment International*, Vol. 29, No. 2, 2003.

② 郑晓瑛、宋新明：《人口健康与健康生态学模式》，《世界环境》2010年第4期。

米尔·杜尔凯姆（Emile Durkheim）在其著作中首次使用了社会资本的概念，[①] 认为内部联系的紧密或松散程度决定着一个人群自杀率的高低。社会资本作为一个正式概念是在 20 世纪 80 年代由法国社会学家布迪厄（Pierre Bourdieu）在其社会学著作《区隔：品位判断的社会批判》一书中提出，他认为社会资本是资本（经济资本、文化资本、社会资本等）的诸多形态之一，它是一种通过对体制化关系网络的占有而获得的实际或潜在的资源集合体。[②] 后来美国社会学家詹姆斯·科尔曼（James Coleman）从微观和宏观的角度对社会资本做了系统的研究，他认为社会资本镶嵌在复杂的社会人际关系的结构中，在实际操作中定义为个人所拥有的社会结构资源的总和。社会资本不是某些单独的实体，而是具有各种形式的不同实体。[③] 詹姆斯·科尔曼对社会资本理论的诠释和运用使得社会资本理论的现代意义更加丰富。罗伯特·普特南（Putnam）在科尔曼的基础上，将社会资本的概念从个人层面上升到集体层面，并将其运用到政治学研究中，从自愿群体参与程度的视角来研究社会资本。[④] 他认为社会资本是指那些社会组织可通过促进协调行动进而提高社会效能的特征，例如规范、信任和网络等，它能够通过推动协调行动来达到提高社会效率的效果。[⑤]

最早关于社会资本与健康关系的研究可以追溯到 Wilkinson 对收入不平等与健康的研究。他通过研究发现，在收入不平等现象不明显的人群中，其健康水平就相对较高，因此，收入平等有利于创造一个良好的社会环境，包容度和人际信任也相对较高，也有利于减缓社会焦虑和减少犯罪发生率。[⑥] 随着人们对社会决定因素在个体健康方面所起作用的认识不断加深，国内外学者不断尝试将社会资本理论引入公共健康领域。有关微观

---

① Emile D., ed., *The Social Element of Suicide*, New Yok: Free Press, 1897, p. 68.

② Grootaert C., and Van Bastelaer T., eds., *Understanding and Measuring Social Capital*, New Yok: World Bank, 2002, p. 123.

③ Coleman J. S., "Social Capital in the Creation of Human Capital", *American Journal of Sociology*, Vol. 94, 1988.

④ Putnam R. D., "Making Democracy Work: Civic Traditions in Modem Italy", *Contemporary Sociology*, Vol. 23, No. 3, 1993.

⑤ Putnam R. D., "Bowling Alone: America's Declining Social Capital", Journal of *Democracy*, Vol. 6, No. 1, 1995.

⑥ Wilkinson R. G., *Unhealthy Societies: The Afflictions of Inequality*, New York: Routledge, 1996, p. 45.

社会资本（个人层面）以及宏观社会资本（社区、国家层面）与人口健康关系的研究如雨后春笋般地涌现出来。相关研究发现社会资本与一系列健康指标相关，包括精神健康状态、自评健康状况、健康行为、预期寿命损失、身体功能、长期带病、死亡等。[①] 众多研究显示，社会资本（网络、信任和互惠）对婴儿死亡率、心理健康、主观健康、心血管疾病和长寿等诸多方面具有重要影响，即便在控制收入等干扰变量后这种影响关系依然存在。[②] 甚至在分析有关地区、国家个人或群体的疾病发生率、死亡率等不同类型的健康差异时，社会资本展现出极强的解释能力。[③] 社区社会资本对个体健康结局的影响机制如图 1-3 所示。

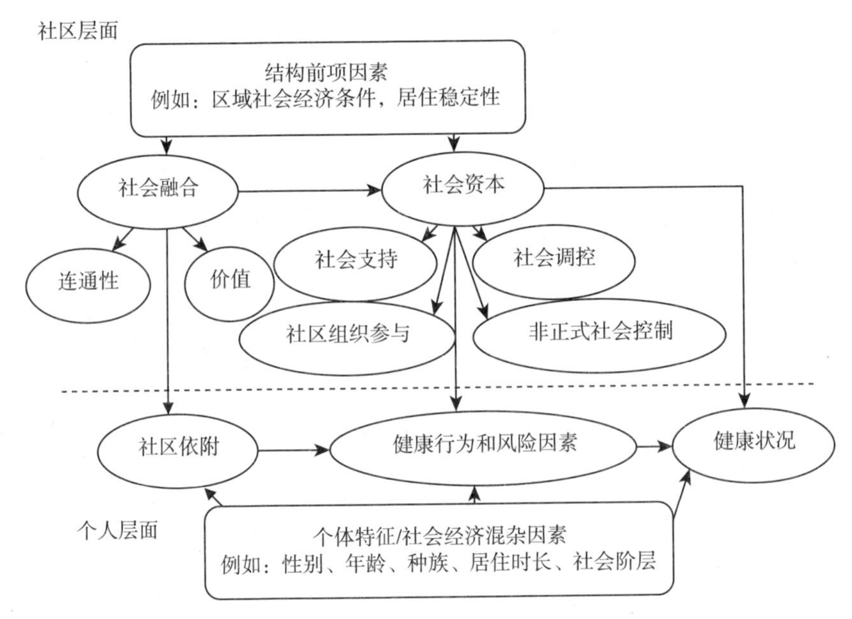

图 1-3 社区社会资本对个体健康影响的概念模型

资料来源：Kawachi I.，Subramanian S. V.，and Kim D.，*Social Capital and Health*，New York：Springer，2008，p. 41。

① Aneshensel C. S.，and Sucoff C. A.，"The Neighborhood Context of Adolescent Mental Health"，*Journal of Health & Social Behavior*，Vol. 37，No. 4，1996.

② Siahpush M.，and Singh G. K.，"Social Integration and Mortality in Australia"，*Australian & New Zealand Journal of Public Health*，Vol. 23，No. 6，1999.

③ 朱荟：《社会资本与心理健康：因果方向检定和作用路径构建》，《人口与发展》2015 年第 6 期。

社区社会资本是居住条件的重要组成部分，社区社会关系网络、社会信任、互惠、规范、社会控制等社会资本对健康有重要的影响。Kawachi等人对社区社会资本如何影响健康的作用路径进行了系统阐述，他们的研究发现社区社会资本影响健康的五种作用机制：①促进健康信息更快扩散和传播（加快健康信息在邻里间扩散和传播）；②健康行为与规范被采纳的可能性增加（居民更有可能接受并遵循一些有利于健康的行为规范，抑制相关不利于健康的行为发生）；③通过非正式的社会控制对不利健康行为的规范；④有更好的本地服务和设施的可及性（居民有更多机会接触到本地的设施和服务来实现健康促进）；⑤诸如自尊、情感支持和相互尊重等社会心理咨询过程（通过自尊和互相尊重等社会心理过程为居民提供情感支持来促进健康）。[①]

四 生活压力理论

生活压力理论最初是由心理学家Hans Selye在动物实验的基础上提出的。[②] 美国精神病学专家詹姆斯·S. 霍姆斯（James S. Holmes）和理查德·拉赫（Richard Rahe），于20世纪60年代在研究生活事件与疾病的关系中提出社会压力的概念，他们将生活中对人的情绪和机体产生不同影响的事件称为生活事件，这些生活事件需要生理和心理方面进行行为调整与适应。一旦行为调整对人的适应或应激超出负荷，将导致人们需要面临更多来自躯体疾病、受伤甚至死亡的威胁。生活压力理论主要聚焦于人们日常生活压力的生态背景场域。因为个体不是孤立存在的，而是嵌入多种交错复杂的生活场域中。人们所居住的邻里社区包括更小范围的住房环境都可以被视作中观水平的结构性场域，构成了个体所有生活压力来源的社会背景，将直接或间接地影响人们的心理健康。在压力与应激理论模式中，不平等的社会结构伴随着不同的社会角色而带来的种种生活压力，若长期的应激反应得不到缓解，便引起整个机体紊乱，激起人体的各种疾病。不平等的社会结构主要包含两层含义：一方面，不平等的社会结构和所承担

① Kawachi I., and Bruce P. Kenndy and Roberta, "Social Capital and Self-rated Health: A Contextual Analysis", *American Journal of Public Health*, Vol. 89, No. 8, 1999.

② 孙薇薇：《亲人的力量：中国城市亲属关系与精神健康研究》，中国社会科学出版社2014年版，第8页。

不同的角色定位将导致个体在日常生活中经历不同的应激事件。例如，处于不利社会经济地位的女性、贫人、老人等弱势群体更容易在日常生活遭遇各类应激事件，而这些都是应激源，与心理痛苦和负面情绪的体验直接相关；另一方面，并不是每个人对诸如金钱、权力、受教育等有价值的社会资源都有相等的机会，不平等的结果是当日常生活的平衡受到威胁时，某些人比其他人拥有更多、更广的社会资源去应对这些威胁。因此，心理紧张与一些精神疾病都被认为是应对和处理负面生活事件失败而导致的结果。[①]

有关生活压力理论的解释在威尔逊1987年所著的《真正的穷人》中得到大量体现：贫困社区中诸如犯罪率居高不下、社会信誉丧失、生活改善无望、悲观气氛弥漫等负面因素使社区居民的生活压力剧增。而且，相对于那些条件优越的居民而言，贫困社区的居民在紧张性刺激面前常常无力还击。这不仅是因为他们可用于应对风险的个人资源（如自我控制和家庭财产）相对更少，更因为他们缺乏集体性的社会资源（如社区社会资本）来缓冲外界环境给予的压力。有研究显示，生活变故与长期积累的压力对身体健康与心理健康造成极大的伤害。[②] Pearlin等学者从社会经济地位的角度来解释压力过程模型，[③] 指出压力过程模型有三种可能的路径作用于精神健康问题：第一，低社会经济地位者被暴露于各种压力源的可能性更大，更容易感知各种压力状态；第二，低社会经济地位者不容易获取各种社会支持资源，对精神问题的应对能力不足；第三，不同支持资源的效用存在群体差异。

五　地点理论

地点理论也称为场所理论，源于人本主义哲学方法论和存在主义现象学。地点理论以人地关系为研究的着眼点，强调从人本主义和结构主义建构视角来探讨空间（环境）的地点性建构与人（社会）的地点感生产之

① Tosevski D. L., and Milovancevic M. P., "Stressful Life Events and Physical Health", *Current Opinion in Psychiatry*, Vol. 19, No. 2, 2006.

② Cohen S., Williamson G. M., "Stress and Infectious Disease in Humans", *Psychological Bulletin*, Vol. 109, No. 1, 1991.

③ Pearlin L. I., Menaghan E. G., and Lieberman M. A., et al., "The Stress Process", *Journal of Health & Social Behavior*, Vol. 22, No. 4, 1981.

间的关联。[①] 地点不仅是一个客观的物质环境空间，诸如城市中居住社区及其附属的相关服务设施，而且包含物质空间形态的大小、结构、范围、位置等客观特征，又被若干个体称为一个具有“意向”“意义”或“感觉价值”的中心，是不同人所生活的空间场域，是一个有情感附着的价值焦点，是一个令人感觉充满意义的地理空间。因此，地点一方面包含物理环境特征，另一方面表现为人体对局地环境的地方经历、主观感知、身体实践以及情感体验，即“地方感”。地点理论也被认为是透视城市社会—文化体系（质量）的重要理论之一。

在对近年国外文献梳理中发现，对地点的关注是健康地理学的一个重要特征。[②] 地点作为一种社会建构及复杂现象得到健康地理学研究领域的重视。地点、地方或空间等概念先后被引入健康地理学，关注健康研究中的“地点问题”和“地方问题”，尤其是地点本身的特征（社会环境特征）对健康产生的影响作用。“地点”也孕育并且承载着城市的各种社会关系和各类健康资源。近年来，越来越多的研究逐渐认识到“地点”和“空间”对健康影响的复杂性。[③] 同时，作为“地点”所承载的城市物质空间与社会空间的交互作用对健康公平产生深远影响。住房、社区作为城市社会区域的基本空间单元，是以城市居民为主体的各类日常生活场所，是具有多元化价值和意义的地点。住房、社区作为与个体最具强烈而亲密联系的“地点”，具有“地点”的全部内涵；住房、社区的本质价值在于它为人们提供了身份认同感、地点归属感以及舒适感。[④] 这是将个体整合进入其所属共同体的重要纽带，是个体获得生存意义的重要途径，因而也与个体健康建立起紧密的联系。

---

① 王兴中：《中国城市社会空间结构研究》，科学出版社 2000 年版，第 18 页。

② Kearns R. A.，“Place and Health：towards A Reformed Medical Geography”，*Professional Geographer*，Vol. 45，No. 2，2010.

③ 胡宏、徐建刚：《复杂理论视角下城市健康地理学探析》，《人文地理》2018 年第 6 期。

④ 朱磊：《农民工的“无根性居住”概念建构与解释逻辑》，《山东社会科学》2014 年第 1 期。

第二章

流动人口的居住条件和健康状况

为了更好地探讨居住条件对流动人口健康的影响，需要对包括住房条件、社区环境和居住隔离在内的居住条件和健康状况有全面的认识和系统的把握。本章首先从住房条件、社区环境和居住隔离三方面入手，系统描述流动人口居住条件的基本状况与主要特点，比较流动人口和本地居民居住条件的差异，剖析其居住问题产生的主要原因，在此基础上重点关注流动人口居住隔离的影响因素及其背后的机制。其次从自评健康、慢性病患病率和心理健康三个方面评估流动人口的健康状况，比较流动人口与本地居民的健康差异，在控制其他重要因素的条件下，厘清和识别影响流动人口健康的主要社会决定因素。

第一节　流动人口的居住条件

居住条件是人类赖以生存的刚性需求和安居必需的生活资料。对流动人口来说，它更是其在城市的“栖身之所”，甚至在城市生活中发挥弥合社会分割和加速社会融合的中间作用机制，[1] 在城市融合过程中具有其他因素不可代替的作用。已有研究通常将住房条件作为居住条件测量的唯一指标，这种替代做法虽然带来研究上的简便，却忽视了居住条件的其他维度。[2] 实际上，居住条件是一个复杂的多维度、多层次的概念，居住条件不仅包括个人（家庭）住房及其所属的社区环境，而且不同社会群体在居住空间上

---

① 郑思齐、廖俊平、任荣荣等：《农民工住房政策与经济增长》，《经济研究》2011 年第 2 期。

② Li J., and Liu Z., “Housing Stress and Mental Health of Migrant Populations in Urban China”, *Cities*, No. 81, 2018.

分割的居住模式也是其内涵的重要部分。[①] 因此，本节从住房条件、社区环境和居住隔离三个维度深入考察流动人口居住条件的基本特征。

一　流动人口的住房条件

（一）住房条件的基本特征

1. 住房来源

住房来源反映了流动人口住房结构和解决住房的途径，不同住房来源带来有差异的保障心态和生活形态，对流动人口群体的意义更为特殊。如表 2-1 所示，温州市流动人口的住房来源主要分为自购房、租赁房、借住亲友家、单位宿舍、政府的廉租房/公租房和其他。卡方统计检验显示，流动人口和本地居民在住房来源上的差异具有统计学意义（$\chi^2=878.451$，$P=0.000<0.001$）。租赁房和单位宿舍是流动人口两种主要的住房来源，两者分别占 78.11%和 15.24%，而住房拥有率却极低，比例仅占 5.08%。恰恰相反的是，本地居民自购房的比例高达 91.20%。流动人口住房来源中来自国家或政府的渠道非常少，说明大多数流动人口被排斥在基于户籍制度的城镇住房保障体系之外，在流入地城市的住房选择范围非常有限，保障性住房对绝大多数流动人口而言，依旧遥不可及，流动人口在流入地虽有一席立锥之地，但安居之梦仍长路漫漫。

表 2-1　温州市流动人口住房的来源情况

房屋来源	流动人口		本地居民	
	频数（N）	百分比（%）	频数（N）	百分比（%）
自购房	29	5.08	518	91.20
租赁房	446	78.11	30	5.28
借住亲友家	7	1.23	15	2.64
单位宿舍	87	15.24	0	0
廉租房/公租房	2	0.35	3	0.53
其他	0	0	2	0.35
合计	571	100.00	568	100.00

资料来源：2017 年温州市流动人口调查数据。

① Bonnefoy X.，"Inadequate Housing and Health：An Overview"，*International Journal Environment & Pollution*，Vol. 30，No. 3/4，2007.

流动人口住房产权拥有率极低的现状客观上说明了其“临时性”的特征凸显。一方面，因为由于城乡二元的户籍制度和城市住房政策的限制，导致流动人口基本上被排斥在城市住房保障体系之外。不仅享受不到福利分房的待遇，也没有享有廉租房或经济适用房的权利，只能被迫通过非正规住房来满足自己的居住诉求；另一方面，由于身份限制和人力资本有限，导致流动人口生计方面呈现收入水平低、流动性强和就业不稳定性等特征，不愿意更没有能力进入正规的商品房市场中去，于是去市场上租房或者蜗居在单位提供的简陋宿舍里成为大多数流动人口住房来源的无奈选择，① 且居住区位大多位于农村、城郊接合部等边缘地区，再加上现行房屋租赁行业的不成熟，租房者的权利和安全无法得到法律的保护，临时终止租房协议、驱逐租客的现象时有发生，造成流动人口的居住权难以得到有效保证。②

有别于其他国家的住房保障制度，中国的住房供给和住房政策都是针对城市户籍人口而设计的（见表 2-2）。具有本地户籍的城镇居民可以从市场上购买已分配的公房或商品房；具备一定条件的城镇居民可以参加政府摇号而购买低于市场价格的限价房或经济适用房；无房户还可自行租赁商品房，收入和人均住房低于当地政府设定的最低标准的城市贫困家庭可以申请政府的廉租房。以上这些住房类型中，除了租赁和购买商品房之外，其他住房类型都在一定程度上获得了政府的税收减免或财政优惠政策，但是这种获取资格往往是以本地户籍身份为基础的。③ 对流动人口而言，因户籍限制显然是不可能享有这种待遇的。因此，基于理性选择和现实考量，流动人口往往做出有别于城市本地居民的住房选择，倾向于尽量缩减在城市的住房消费，仅选择低成本的居住方式，缺乏改进居住条件的动力和积极性，对住房质量、居住环境的要求较低，更很少拥有住房产权。

表 2-2　　城市住房类型和获得资格

住房类型	资格条件
商品房	通过住房市场购买，价格较高，一般只有本地户口、具有稳定经济收入的个体或家庭才可以申请到银行抵押贷款

① 柯兰君：《都市里的村民》，中央编译出版社 2001 年版，第 222 页。

② 赵晔琴：《“居住权”与市民待遇：城市改造中的“第四方群体”》，《社会学研究》2008 年第 2 期。

③ 袁媛：《中国城市贫困的空间分异研究》，科学出版社 2014 年版，第 145 页。

续表

住房类型	资格条件
经济适用房	只有城市收入困难家庭才能够以低于市场价格购买
拆迁安置房	城市当地居民原有房屋被拆迁后得到重新安置，可以以低于市场价格购买，但往往是位于城市郊区，区位和质量较差的房屋
单位公共住房	一般是城市企事业单位长期工作的城市居民从单位（一般是国有企业）购买，允许在二手房市场转让，也可以出租
政府公共住房	城市长期居住在此，且有住房困难居民才可以购买使用权或者产权，城市其他居民可以在二手房市场购买，经允许也可以出租
廉租房	收入和人均住房低于当地政府设定的最低标准的城市贫困个人或家庭才能申请租住
私房	通过家庭内部继承的房屋，也包括在农村地区自行修建的房屋，农村居民可以在自己的宅基地上新建私房
租房	市场上公开出租的商品房、出售的安置房等

资料来源：Wu W.，“Sources of Migrant Housing Disadvantage in Urban China”，*Environment & Planning A*，Vol. 36，No. 7，2004。

2. 住房类型

如表 2-3 所示，从住房类型来看，虽然大部分流动人口居住在楼房里，但仍有小部分流动人口居住在临时的工棚或地下室。卡方统计分析结果显示，流动人口和本地居民在住房类型上的差异具有显著统计学意义（$\chi^2=28.646$，$P=0.000<0.001$），有 81.09%的流动人口居住在楼房里，其中 31.21%居住在当地农民所盖的楼房里，而本地居民居住在楼房的比例则高达 91.90%；另有 16.81%的流动人口居住在平房里，值得注意的是，还有 1.40%的流动人口居住在工棚等临时性建筑内，另外还有 0.18%的人居住在地下室。

表 2-3　　温州市流动人口住房的类型情况

住房类型	流动人口		本地居民	
	频数（N）	百分比（%）	频数（N）	百分比（%）
楼房	463	81.09	522	91.90
平房	96	16.81	42	7.39
地下室	1	0.18	1	0.18
工棚	8	1.40	1	0.18
其他	3	0.53	2	0.35
合计	571	100.00	568	100.00

资料来源：2017 年温州市流动人口调查数据。

就业性质决定了部分流动人口居住在单位提供的居住场所内。其中，企业提供的宿舍或平房仅仅是一个供工人休息的场所，其目的是以最小的成本换取最大利益，即让工人最快地恢复生产能力，而很少考虑工人的实际需求。[①] 单位宿舍内安置人数较多，空间拥挤不堪，人均住房面积小，除了床铺之外基本上没有任何属于自己的私人空间，更不用提夫妻或家庭团聚，导致流动人口的工作、生活、社会交往都被局限在高密度、共享且无私密性的空间范围内，这实际上是用人单位对流动人口的控制由工作场所延伸至日常生活。这对于正处于情感交流、恋爱婚嫁年龄阶段的青年流动人口而言，无异于是对其个人生活的残忍剥夺。[②] 尽管工厂宿舍制的住房模式有利于在短期内解决大量工人的住房问题，也解决了流动人口职住分离和企业用工问题，却迫使流动人口远离城市社会，削弱了他们积累城市社会资本和拓展社会关系的能力，变相剥夺其社会生活和家庭生活的可能性，也不利于流动人口与城市社会融合。工棚实际上属于过渡性的临时活动板房，没有配备厨房、卫浴等基本生活设施，非常不适宜居住。这些房屋大部分是流动人口用泥砖、帆布、木材等简易材料私自搭建，房屋的安全系数和牢固程度较低，遮风挡雨效果较差，非常缺乏宜居性。

3. 住房面积

住房面积是衡量住房状况的一个重要指标。人均住房面积不仅反映出住房空间的拥挤程度，也说明了个人隐私被保护的程度。本次调查中，流动人口平均住房面积仅为 18. 31 平方米，接近《2016 年农民工监测调查报告》报道的进城农民工人均住房面积 19. 40 平方米，中位数为 13. 33 平方米，即有一半的流动人口人均住房面积小于 13. 33 平方米。与本次调查中的本地居民相比，流动人口人均住房面积不到本地居民的 1/2，也远远低于 2016 年温州市居民人均住房建筑面积的 43. 10 平方米，很显然，流动人口的人均住房面积离温州市平均水平相距甚远。从住房面积分段情况看（如图 2 - 1 所示），流动人口人均住房面积不足 10 平方米的占到 42. 73%，而本地居民则只占 2. 11%，甚至还有 11. 78%的流动人口人均住

① 任焰、梁宏：《资本主导与社会主导——“珠三角”农民工居住状况分析》，《人口研究》2009 年第 2 期。

② 熊景维：《我国进城农民工城市住房问题研究》，博士学位论文，武汉大学，2013 年，第 81 页。

房面积不足5平方米，另有59.54%的流动人口仅有一室可供居住。较低的收入水平和房租支付能力限制了流动人口对住房的选择，城市的高租金使他们在住房中会尽量挤进更多的人，以平摊降低租房费用。

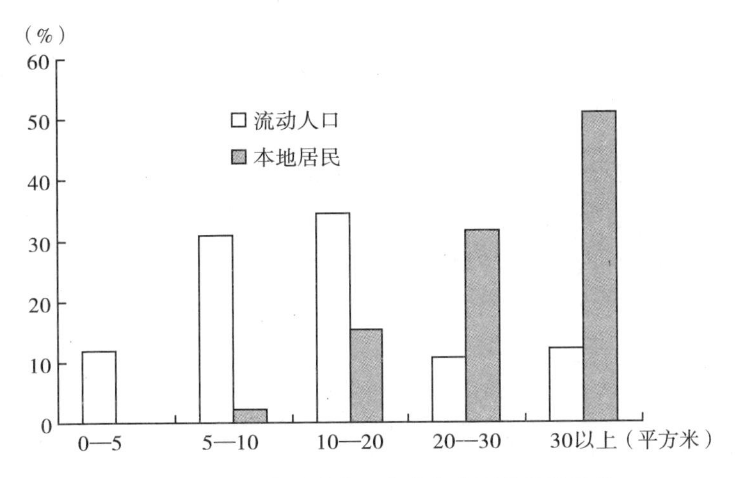

图2-1　温州市流动人口人均住房面积分段情况

住房面积小、空间拥挤是流动人口住房的一个重要特征。流动人口的工作空间、居住空间和大部分生活空间都在狭小的空间中完成。在实际调研中发现，很多流动人口家庭的房屋既是卧室又是厨房。煤气灶、衣柜、床等生活必需品堆积在十几平方米的空间内，一家人挤在一间狭小的房间里，不仅造成室内空间拥挤，也充满各种安全和消防隐患。甚至有一部分流动人口为节约房屋租金，在租住的店面或商铺内勉强用窗帘、木板等材料分割出很小的部分作为日常起居的活动空间。严格意义上讲，这样的场所不能算作住房，因为它并不具备住房应有的基本条件和功能，而且容易引发火灾等安全事故，也是消防部门重点清理的“三合一”（生产作业、物资存放和员工宿舍合在一起的作业单位）对象。

改革开放以来，住房制度的市场化改革显著改善了我国城镇居民的住房条件。仅从住房面积看，全国城镇居民人均住房面积大幅提高，1978年城镇居民的人均住房面积仅为3.60平方米，1995年达到8.10平方米，2002年就已突破20.00平方米，到了2015年，城镇人均住房面积超过36.00平方米。但是流动人口住房条件并未随城镇居民居住状况的改善而改善，他们的住房状况仍处于较低的水平。这种高密度的居住空间不可避免地会造成人际关系紧张和攻击性行为的增加，因为人与人之间的生活习惯、个人利益、个性特征等各不相同，往往容易导致矛盾冲突，个人的隐私性、生活的舒适性更是无从谈起，无形之中损害了流动人口的身心健康。

4. 住房室内基本设施

住房室内基本设施拥有情况反映房屋居住质量，决定着住房基本生活功能的实现程度。有研究发现，改善住房室内基本设施可能是提升流动人口住房满意度的最有效途径。本调查共涉及是否有厨房、卫生间、煤气/天然气、电视机、空调、热水器等 11 项基本设施，有计 1 分，没有计 0 分，累加后计总分，得分越高，代表住房质量越好。独立样本 t 检验发现流动人口和本地居民在住房室内基本设施拥有情况的差异具有显著统计学意义（t 值 = -25. 56，$P = 0.000 < 0.001$）。流动人口住房室内基本设施拥有情况得分为 7. 24 分，本地居民则为 10. 75 分，两者相差 3. 51 分。表明流动人口住房室内基本设施拥有率明显不及本地居民，这与蒋耒文、庞丽华等利用 2000 年全国人口普查数据分析的结论不一致。[①] 在实际调研中，笔者发现流动人口大多利用院落或者楼道空地来洗衣做饭，卫生间多为几家租户共用，鲜有淋浴配套设施。由此说明流动人口住房室内基本设施处于比较困乏的状态。

自来水、卫生间、厨房等是维持住房功能的基本生活设施，如图 2-2 所示，流动人口住房有自来水、卫生间、厨房的比例分别为 90. 19%、86. 69%、64. 20%，而本地居民的比例分别为 98. 59%、99. 47%、99. 30%。尽管大部分流动人口的房屋拥有自来水等基本设施，但是高达四成的流动人口所在住房室内没有厨房和天然气，甚至部分流动人口的住房内连基本的卫生间都没有，像集体宿舍、建筑工地和工棚等非正规住房的卫生间和厨房，则是在原有空间内用一面墙、木板或窗帘布相隔而成，而有的只能共用卫生间或厨房。由此可见，流动人口住房基本生活设施简陋程度由此可见一斑。

从室内基本生活耐用设施拥有情况来看，流动人口室内基本生活耐用设施的拥有比例不高，电视机、电冰箱、洗衣机等家庭必备的生活设备比

① 蒋耒文、庞丽华、张志明：《中国城镇流动人口的住房状况研究》，《人口研究》2005 年第 4 期。

例不超过六成，分别仅为59.19%、53.06%和56.01%，与《2016年农民工监测调查报告》报道的农民工住房内配备电冰箱和洗衣机的比重57.20%和55.40%较为接近。但是，本地居民拥有以上设施的比例都在97.00%以上，可见，流动人口室内基本生活耐用设施拥有率明显不及本地居民，基本生活耐用设施非常不齐全。

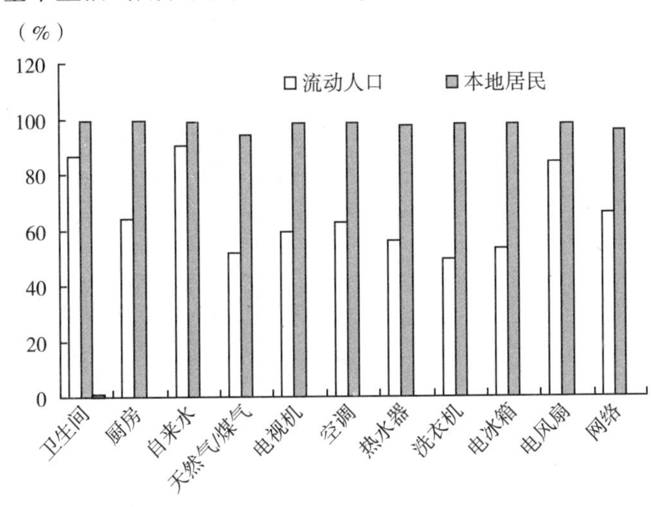

图2-2　温州市流动人口住房室内基本设施拥有情况

由于对未来的预期不确定，无论在现实还是期望中，绝大部分的流动人口觉得自己只是城市的匆匆过客，把现居住地看作临时的"安身之所"，对住房的定位仅仅满足于基本的日常生活及休息之所需，对居住的要求甚低，只要求能遮风挡雨或存放简单的行李物品，因此不愿投入高成本在流入地购房或租住条件较好的住房，[①] 当然，这并不表示他们应该承受这种恶劣的居住环境。与本地居民相比，流动人口在城市中的消费欲望较低，消费行为更趋保守和谨慎。[②] 所以，他们会千方百计地压缩生活成本，以期获得更大的经济收益。在住房方面，他们首先顾及的不是住房质量和舒适度，而是工作的方便程度和房屋租金的多少。因此，流动人口只会选择低成本的居住方式，在改进住房室内基本设施方面的投入寥寥无

① Zhu Y.,"China's Floating Population and Their Settlement Intention in the Cities: Beyond the Hukou Reform", *Habitat International*, Vol. 31, No. 1, 2007.

② 吕萍:《农民工住房理论、实践与政策》，中国建筑工业出版社2012年版，第99页。

儿，对住房服务设施和居住舒适程度的要求比较低。[①]

5. 住房负担

住房支出是流动人口在流入地最主要的日常生活支出之一，特别是近年来我国主要城市房价和房租的快速上涨，住房支出已成为流动人口最大的一笔生活消费支出。《中国流动人口发展报告 2011》曾指出流动人口房租负担过重是其生存和发展所需关注的六大问题之一。本次调查发现流动人口租赁房屋的平均月租金为 783.17 元，占其每月工资收入的 17.85%，接近于低收入群体住房负担的警戒线。[②] 但是流动人口每月住房支出范围区间较广，不仅有 200 元以下的，也有超过 1600 元的，分别占到 19.44% 和 15.24%。这说明流动人口群体内部的住房状况出现了分化。大部分流动人口的月房屋租金在 200—1200 元，占总数的 58.38%。当面临不断上涨的租房价格，基于理性选择的考量，流动人口，尤其是城乡流动人口通常会出于“节流”考虑而租住条件较差的住房。

不同社区类型的流动人口月房租支出存在明显差异，商品房社区月房租支出最高，为 1102.14 元。其次是未经改造的老城区，月房租支出为 943.80 元，由于老城区区位优势较为明显，周围配套设施较为齐全，生活较为便利，因此租金相对较高。企业单位制社区的月房租支出最低，为 334.38 元，许多单位提供的宿舍仅仅是一个床铺，居住空间十分有限，房屋月租金相对较低，甚至很多是免费供员工居住，或者仅需要缴纳水电等基础设施费用。城中村的月房租支出为 798.34 元，接近平均水平，由于政府没有相应廉租房供给，城中村凭借其特殊的地理位置和区位优势，往往成为低收入外来流动人口的主要居住场所。这在一定程度上反而填补了政府在住房保障制度方面的缺陷，满足了流动人口对廉价住房的迫切需求。

（二）住房条件的其他特征

1. 迁居状况

居住时间和流动次数在一定程度上可以反映流动人口在城市居住的稳定性情况。从居住时间来看，大部分流动人口在目前的房屋居住时间较

---

① 王春光：《农村流动人口的“半城市化”问题研究》，《社会学研究》2006 年第 5 期。

② 熊景维、季俊含：《农民工城市住房的流动性约束及其理性选择——来自武汉市 628 个家庭户样本的证据》，《经济体制改革》2018 年第 1 期。

长，平均居住时间为5.29年，标准差为5.03，说明流动人口在目前的房屋居住时间差异较大。由表2-4可知，84.76%的流动人口在目前的房屋居住时间超过一年以上，居住时间超过5年的比例达到34.33%。流动人口在温州平均居住时间为11.48年，标准差为6.91，有超过一半的流动人口在温州居住时间超过10年，29.42%的人在温州居住时间超过15年。说明流动人口呈现在流入地长期居住的明显趋势，这种新特征预示着流动人口可能对自己居住现状的环境和质量将会更加关注，对改善居住状况的要求可能也会更加迫切。

表2-4 温州市流动人口居住流动情况

历次居住流动次数	比例（%）	在温居住流动次数	比例（%）	当前住房居住时间	比例（%）
0次	18.91	0次	19.96	1年以下	15.24
1次	17.51	1次	18.04	1—3年	36.60
2次	16.81	2次	21.72	3—5年	13.84
3次	15.76	3次	16.99	5年以上	34.33
4次	9.98	4次	8.23	合计	100.00
5次及以上	21.02	5次及以上	15.06		
合计	100.00	合计	100.00		

资料来源：2017年温州市流动人口调查数据。

但是，居住时间长期化并不代表流动人口居住场所的稳定化。对绝大多数流动人口而言，在城市安居还只是一个梦想。以租赁住房为主的居住模式决定流动人口在城市居住是极不稳定的。对于大多数流动人口来说，搬家往往成了家常便饭。如表2-4可知有81.09%的流动人口在外务工期间搬过家，搬家1—4次的比重依次为17.51%、16.81%、15.76%、9.98%，搬家5次及以上的甚至占21.02%，人均经历搬家3.60次，房屋平均居住时长为5.42年。仅在温州打工期间，搬过家的比例也高达80.04%，人均经历搬家次数为2.54次，房屋平均居住时长为2.81年，即平均每2.81年左右换一次居住地点。频繁迁居是流动人口居住问题的突出特征。流动人口以务工为目的，受时间和租金约束大，信息渠道少，工作不稳定，迁居决策仓促，结果上呈现出高频率、短距离，不充分的迁居特征。频繁的迁居并没有使流动人口的居住状况得到较大改善，反而始终处于一种“低水平均衡”的状态，导致流动人口不断通过调整日常行为、重构社会网络等方式以适应新的居住环境和工作环境。同时，居住不稳定也造成流动人口难以积累亲缘、地缘以外的社会网络、信任以及社会支持等有价值的资源，更难以实现社区融入并获得社区认同感。“居无定所”使流动人口在城市里长期处于漂泊、悬浮的生存状态，折射出他们在城市居住的无奈。

表 2-5 温州市流动人口居住流动的原因

居住流动原因	百分比（%）	居住流动原因	百分比（%）
工作地点更换	39.75	房东收回	7.01
房租不合适	11.21	拆迁改造	14.19
周边环境不好	6.83	购买新住房	0.88
家人随迁，面积太小	7.36	与房主或邻居不和	0.00
小孩上学	5.08	老乡熟人少	0.53
上班不便	4.03	其他	7.71

资料来源：2017 年温州市流动人口调查数据。

根据迁居的原因，可以分为被动式迁居和主动式迁居，其中被动式迁居主要因为工作地点更换、房东收回、拆迁改造等原因被迫迁居，主动式迁居是指为改善居住质量、购房、寻求更好的居住环境而迁居。本次调查中被动式迁居占 71.63%，主动式迁居仅占 24.62%，说明大部分流动人口的迁居是被动或者不得已而为之的行为。从迁居的主要原因来看，排在首位的原因是工作地点更换，占 39.75%，因为就业地点对流动人口住房区位选择具有决定性作用，流动人口居住地具有明显“职住临近”或“职住一体”的特征。[①]“临厂而居”“以工定居”是流动人口普遍的居住模式。由于从事行业的多样性、不稳定性和复杂性导致流动人口的职业特点呈现明显的多变性。频繁的职业变动随之带来其住房行为具有明显的不稳定性、高流动性等特点。职业的不稳定性、收入水平有限以及缺乏拥有产权的住房使流动人口很容易因为工作变动而迁居，甚至出现不少人更换一次工作就搬一次家的现象。

---

① 刘涛、曹广忠：《大都市区外来人口居住地选择的区域差异与尺度效应——基于北京市村级数据的实证分析》，《管理世界》2015 年第 1 期。

第二位的原因是拆迁改造，占14.19%，由于流动人口大多聚居于城中村、城乡接合部等租金低廉、管制松散、违章建筑泛滥的地带。这些地方往往被视为城市的伤疤和政府的“眼中钉”“肉中刺”，欲除之而后快。因此，更容易成为城市政府拆迁改造的目标。因此，拆迁改造成为流动人口频繁迁居的重要原因之一，由于城中村的拆迁和改造，导致廉价住房供应量急剧缩减，越来越多的外来人口被迫搬离原住所，也意味着又一次流离失所。原寄居于城中村的大多数租户难以负担起改造后高额的租金，不得不迁移至更远的城中村或城乡接合部居住，人均居住面积极小的“群租”成为其新的落脚处。流动人口不得不面临“买不起房—租不起房—租不到房”的尴尬境地。值得注意的是，当前对城中村的改造很少考虑流动人口的居住利益和居住需求，大量因房屋拆迁、棚户区改造、“消防安全”或“环境整治”为名的行政命令而被迫搬迁的流动人口成了“沉默的第四方群体”。[①] 居无定所、饱受着迁居的愁苦成了他们在城市生活中最真实的居住状态。大多数城中村改造的结果是社会阶层的更替，导致收入困难的流动人口在城市中的生存和立足变得越发困难。[②]

第三位的原因是房租不合适，占11.21%，主要是房租过高，超过流动人口经济承受能力而被迫另寻住所。由于家庭原因而迁居的比例较少，其中家人随迁，面积太小导致迁居占7.36%，由孩子上学而迁居的仅占5.08%。

2. 住房室内环境

住房空气质量可以从一个侧面反映其居住空间的狭小和拥挤状况。[③] 从住房室内空气质量来看，由表2-6可知流动人口认为目前所在住房室内空气质量较好的仅占24.69%，而本地居民认为目前住房内空气质量较好的比例为32.75%。流动人口和本地居民在室内空气质量评价方面存在显著差异（$\chi^2=8.838$，$P=0.012<0.05$）。流动人口的住房空间拥挤、通风条件差已是不争的事实，住房室内空气的质量可想而知，甚至有些住房

① 赵晔琴：《“居住权”与市民待遇：城市改造中的“第四方群体”》，《社会学研究》2008年第2期。

② 刘晔、刘于琪、李志刚：《“后城中村”时代村民的市民化研究——以广州猎德为例》，《城市规划》2012年第7期。

③ 牛建林、郑真真、张玲华等：《城市外来务工人员的工作和居住环境及其健康效应——以深圳为例》，《人口研究》2011年第3期。

夹杂着刺鼻的气味。

表 2-6　温州市流动人口住房的来源情况

室内空气质量	流动人口		本地居民	
	频数（N）	百分比（%）	频数（N）	百分比（%）
较好	141	24.69	186	32.75
一般	382	66.90	338	59.51
较差	48	8.41	44	7.74
合计	571	100.00	568	100.00

资料来源：2017 年温州市流动人口调查数据。

流动人口住房普遍存在着建筑密度大、容积率高、通风采光条件不理想、配套设施少的问题，公共卫生"脏、乱、差"现象突出，并存在用电用火等安全隐患。从调查结果看，流动人口目前的住房存在很多问题，如图 2-3 可知，排在第一位是"老鼠蟑螂很多"，占 26.27%，第二位是"雨天漏水"，占 24.69%，第三位是"隔音效果很差"，占 20.32%，第四位是"室内很潮湿"，占 19.61%。流动人口住房存在的各类问题直接给他们身体健康带来了各种困扰，比如阴冷、潮湿、发霉的环境容易诱发过敏、哮喘病和其他呼吸道疾病；蟑螂、老鼠会携带众多传染性疾病；太热或太冷的环境会导致心脑血管疾病的发病率升高。另外，洗澡不方便、上

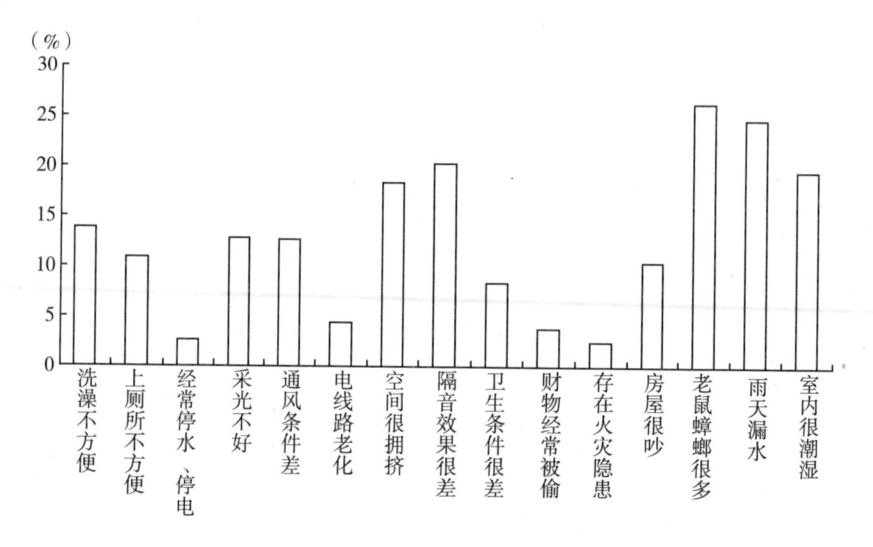

图 2-3　温州市流动人口住房主要问题情况

厕所不方便等也成为困扰流动人口的主要住房问题，因为很多居住在单位宿舍的流动人口公用卫生间的比例很高，经常是整个楼层只设有一个卫生间，这使得卫生设施在使用高峰时段非常拥挤，甚至出现混乱不堪的局面。

二　流动人口的社区环境

社区是城市经济和社会生活的基本构成单元。社区资源、社区空间是城市社会地理学的重点研究内容。[①] 社区环境在流动人口融入城市社会中具有重要的作用。杨菊华曾研究指出良好的社区环境对流动人口的城市融合有重要促进作用，特别是社区活动和社区公共服务对流动人口的包容程度会显著改善其社会适应和融合程度。[②] 流动人口的社区环境主要由社区物理环境和社区社会环境组成。社区物理环境关注社区客观存在的一些物质环境特征。社区社会环境则指社区中的各种社会关系。

（一）流动人口社区物理环境

1. 社区类型

随着城市人口密度的上升，住房需求不断膨胀，为适应这一趋势，不少城市迅速涌现了不同类型、不同规格和不同质量的社区。由表 2-7 可知，城中村是其主要的社区类型，占 64.45%，城中村是我国快速城镇化地区在城市范围内由农村村落演变而来的一类特殊社区，亦称为“都市里的村庄”。[③] 可以说，城中村实际上是一种特殊的住房消费方式，是满足外来人口的住房需求和居住成本最小化的产物。因为房租价格相对便宜、良好的居住区位、靠近就业岗位和公共服务配套齐全等特点，使城中村成为流动人口住房来源的首选，符合流动人口长期租住的需求。

表 2-7　　温州市流动人口住房所在社区的分布情况

	流动人口		本地居民	
	频数（N）	百分比（%）	频数（N）	百分比（%）
商品房社区	136	23.82	191	33.62

① 王兴中、王立、谢利娟等：《国外对空间剥夺及其城市社区资源剥夺水平研究的现状与趋势》，《人文地理》2008 年第 6 期。

② 杨菊华：《中国流动人口的社会融入研究》，《中国社会科学》2015 年第 2 期。

③ 李培林：《巨变：村落的终结——都市里的村庄研究》，《中国社会科学》2002 年第 1 期。

续表

	流动人口		本地居民	
	频数（N）	百分比（%）	频数（N）	百分比（%）
企业单位制社区	16	2.80	1	0.18
未经改造的老旧城区	51	8.93	44	7.75
城中村	368	64.45	332	58.45
合计	571	100.00	568	100.00

资料来源：2017年温州市流动人口调查数据。

但不可忽视的是，城中村建筑密度高、违法建设泛滥、公共服务设施缺乏、卫生状况差、人员混杂是普遍现象。房屋往往以单间出租为主，生活配套设施不足，基本上只能满足临时性或短期性的居住需求。城中村同时也带来了环境破败、治安暴力、租住权缺乏保障、收入分配不均、政府财政流失等诸多社会问题，[①] 经常面临被政府拆迁改造的风险。但是，城中村地理位置比较优越，交通便利，方便流动人口在居住地和工作地之间往返。因此，城中村为刚到城市打拼的流动人口提供暂时落脚地和就业机会，还成为其实现向上流动的重要"跳板"。[②] 虽然城中村居住环境恶劣，但为流动人口提供了廉价的住房来源，起到了社会缓冲的作用，一定程度上减轻了地方政府的财政压力。正因为如此，不少学者呼吁在政府还未有效地解决流动人口住房问题的前提下，应重视城中村存在的长期性和合理性。[③]

流动人口社区中数量位列第二位的是商品房社区，占23.82%，这些商品房社区的居住条件一般较好，生活配套设施齐全，社区管理也相对完善，具有较好的宜居性，但是存在一定的经济门槛，租金往往较高。居住在未经改造的老旧城区和企业单位制社区比例较少，分别仅占8.93%和2.80%。在未经改造的老城区里房屋建造年代久远、建筑质量较差、户型较小，基础配套设施落后且缺乏维护，经济条件较好的本地居民纷纷搬离，普遍存在人户分离现象。但由于周边公共配套服务较为完善、临近就

① 李志刚、吴缚龙：《转型期上海社会空间分异研究》，《地理学报》2006年第2期。

② 项飚：《跨越边界的社区：北京"浙江村"的生活史》，生活·读书·新知三联书店2000年版，第123页。

③ 吴缚龙、宁越敏：《转型期中国城市的社会融合》，科学出版社2018年版，第122页。

业地等区位优势吸引大量流动人口聚居。房东大多通过房屋中介，将房屋租给在附近就业的流动人口，业主从中介收取租金，一般不与租客发生直接的接触。居住人员的信息往往难以及时掌握。企业单位制社区主要是企业为员工配建的公寓宿舍，社区内配套设施和空间十分有限，以企业招聘的外来流动人口为主。

2. 社区服务设施

社区服务设施主要指影响并提供给社区居民的社会、自然环境及设施或场所，[①] 通常包括购物与商业服务设施、医疗卫生设施、体育与娱乐设施、公共交通与通信设施、教育设施、社会与文化服务设施六大类型。其中与居民日常生活密切相关的社区服务设施的配置与布局不但体现城市社区生活的空间质量，还是评价一个社区生活环境社会公平与空间公正的标志，是构成生活空间的社区资源体系。完善的社区服务设施不仅能够满足居民的各种生活需求，而且能提高居民的满意度，有利于增强居民的归属感。

由图 2-4 可知，流动人口社区拥有的社区服务设施相对于本地居民呈现明显不足，甚至还有 6.24%的流动人口居住地附近没有以上任何服务设施。经 t 统计检验分析发现本地居民社区服务设施拥有率明显高于流动人口（t 值=1.412，$P=0.023<0.05$），在超市/便利店、图书馆、公交站、学校等社区服务设施的拥有率方面，流动人口和本地居民相差较大。从具体情况来看，流动人口居住社区拥有比例最高的是超市/便利店，约为 81.85%，其次是幼儿园/小学/中学和公交/地铁站，分别为 69.92%和 69.47%，而流动人口所在社区拥有图书馆、电影院和健身房等娱乐消费设施较少，分别仅占 10.16%、15.23%和 14.84%。这可能与流动人口十分有限的收入和消费水平有关。因为接近各种教育、医疗、购物和娱乐等生活服务设施往往意味着高租金，再加上生活压力较大，劳动工作时间长，繁重的工作几乎占据了流动人口生活的全部，没有太多闲暇娱乐的时间，更没有经济实力去消费各类娱乐设施。另外，较低的社区服务设施可达性意味着社会资源和机会分配的不公平问题，导致流动人口和低收入弱势群体的空间剥夺，减少与本地居民接触的机会，进而影响两类人群之间

① 王兴中、王立、谢利娟等：《国外对空间剥夺及其城市社区资源剥夺水平研究的现状与趋势》，《人文地理》2008 年第 6 期。

的交流、互动与融合。因此，大部分流动人口社区还只能满足基本的“居住”需要，而无法满足其交流、休闲、娱乐、健身等更高层次的需求，客观上对流动人口日常生活和社会交往造成机会剥夺和空间限制。

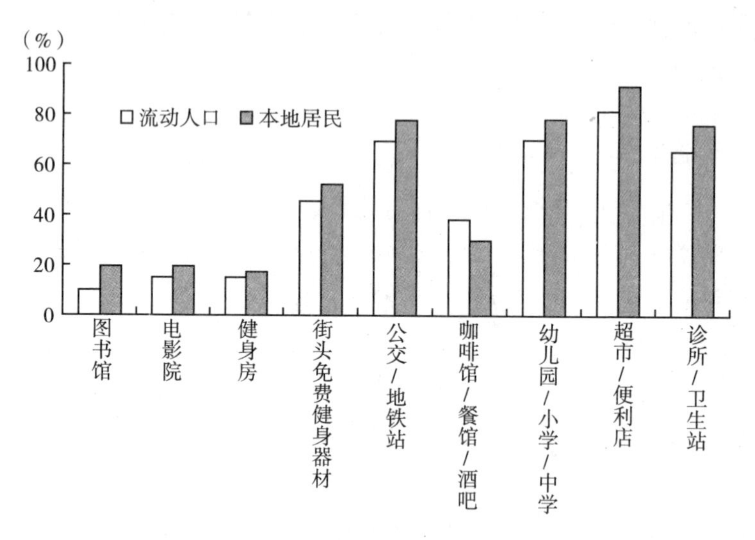

图 2-4 温州市流动人口社区服务设施情况

3. 社区公共空间

社区公共空间是衡量社区开放性的重要指标，它反映了社区能否为邻里交流活动提供足够的场所。同时，社区公共空间是否可以被社区居民利用，也可以反映社区的开放程度。对流动人口来说，社区公共空间能为其与本地居民提供接触和社会交往的可能性，为内在的交往需求转化为实际的邻里互动和社区参与提供保障。蔡禾和贺霞旭研究发现社区公共空间的供给会显著地增加居民邻里关系水平。① 本书以“社区附近是否有公园/运动场地或可供活动的空地”来表示社区公共空间，绿色宽敞的空间是最适宜进行社区邻里交往和促进户外健康活动的地方。流动人口社区拥有公园等可供活动的空地的比例为 72.73%，而本地居民则为 89.14%，两者相差 16.41 个百分点。经卡方检验发现，两者在社区公共空间上的差异有显著统计学意义（$\chi^2=0.257$，$P=0.002<0.01$）。社区公共空间为流动人口提供了与其他居民相互了解和交流的机会，有助于增强流动人口的社

① 蔡禾、贺霞旭：《城市社区异质性与社区凝聚力》，《中山大学学报》（社会科学版）2014 年第 2 期。

区归属感，从而塑造流动人口对流入地的身份认同,[①] 减少因居住隔离引发的负面影响。

4. 社区环境质量

社区环境质量是反映社区及周边环境污染情况的指标。随着我国工业化和城镇化进程中环境污染问题的日益凸显，流动人口不同程度地暴露于各类污染的环境中,[②] 且在流动人口数量越多的社区面临的环境暴露风险更高。[③] 从本次调查结果来看，流动人口所在社区附近有化工厂、印染厂等污染企业的比例明显高于本地居民（$\chi^2=3.812$，$P=0.041<0.05$），有超过 1/4 的流动人口居住区附近有化工厂、印染厂等污染企业。从社区空气质量来看，流动人口认为社区空气质量较好的仅占 16.64%，而本地居民的比例为 22.75%。从社区噪声质量来看，流动人口认为社区噪声污染严重的为 17.34%，而本地居民的比例为 12.25%。无论是社区空气质量还是噪声质量，两者社区环境质量评价的差异有显著的统计学意义（$\chi^2=18.975$，$P=0.000<0.05$；$\chi^2=9.036$，$P=0.011<0.05$）。由于流动人口大多聚居于城中村、城乡接合部等管制松散的地带，这里重工业密集、低小散等污染型企业多、人员构成复杂，来自环境的健康风险较高。由于在环境信息和健康风险知识上的获取不足及理解有限，流动人口可能还存在低估环境污染暴露水平、对环境污染严重性的感知程度偏低等问题。在一定程度上说，流动人口实际上承受了我国城镇化进程中整体环境质量恶化带来的各种潜在危害。

表 2-8　　温州市流动人口社区环境质量情况

	流动人口		本地居民	
	频数（N）	百分比（%）	频数（N）	百分比（%）
有化工厂、印染厂等污染型工厂	153	26.79	125	21.83

① Qian J., Zhu H., and Liu Y., "Investigating Urban Migrants' Sense of Place through A Multi-Scalar Perspective", *Journal of Environmental Psychology*, Vol. 31, No. 2, 2011.

② 陆文聪、李元龙：《农民工健康权益问题的理论分析：基于环境公平的视角》，《中国人口科学》2009 年第 3 期。

③ 孙秀林、施润华：《社区差异与环境正义——基于上海市社区调查的研究》，《国家行政学院学报》2016 年第 6 期。

续表

	流动人口		本地居民	
	频数（N）	百分比（%）	频数（N）	百分比（%）
社区空气质量评价				
较好	95	16.64	129	22.75
一般	424	74.26	354	62.43
较差	52	9.10	84	14.82
社区噪声污染情况				
不严重	95	16.64	91	28.31
一般	377	66.02	337	59.44
严重	99	17.34	139	12.25

资料来源：2017年温州市流动人口调查数据。

（二）流动人口社区社会环境

除了外在的物理表现形式外，社区还是一个嵌套于更广泛的社会背景下的深层次概念，和其他社会机制有着密切的自上而下、自下而上以及横向之间的内部联系，也就是社区社会环境。社区社会环境不仅是外来流动人口融入流入地社会文化系统的直接场域，而且还能有效修补流动人口在流入地的社会关系。[①] 本部分将从社区凝聚力、社区交往、社区安全感、社区参与、社区归属感等方面分析流动人口的社区社会环境情况。

1. 社区凝聚力

社区凝聚力是指社区居民之间相互联系、相互信任、相互认同的存在状态，是社区整合的一种表现，[②] 也是社区发展的内在动力，更是流动人口社区融入的关键因素之一。参照前人的研究设计，[③] 社区凝聚力共有4个指标，分别是“居住社区的居民通常相处融洽”“居住社区的居民相互信赖”“居住社区的居民大多相互认识” “居住社区的居民乐于相互帮助”，4个指标依次递进来测量社区凝聚力，选项有“非常不同意”“不同意”“同意”和“非常同意”四个等级，分别取值1—4。本次调查所

---

① Shen J., “Struck in the Suburbs? Socio-Spatial Exclusion of Migrants in Shanghai”, *Cities*, No. 60, 2017.

② 蔡禾、贺霞旭：《城市社区异质性与社区凝聚力》，《中山大学学报》（社会科学版）2014年第2期。

③ Wen M., Fan J., and Jin L., et al., “Neighborhood Effects on Health among Migrants and Natives in Shanghai, China”, *Health & Place*, Vol. 16, No. 3, 2010.

得问卷中相关问题的 Cronbachα 系数分别为 0.924，说明内部一致性信度较好。计算以上各量表问题的平均分，得分越高，代表社区凝聚力越好。由表 2-9 可知，流动人口社区凝聚力得分达到 2.96，标准差为 0.51，而本地居民的社区凝聚力得分为 3.13，标准差为 0.55。独立样本 t 检验统计结果表明，两者在社区凝聚力上存在显著差异（t 值 = -5.332，P = 0.000<0.001），流动人口的社区凝聚力明显低于本地居民的社区凝聚力。

从社区凝聚力的 4 个分项指标来看，不管是流动人口还是本地居民，"相处融洽" 指标得分最高，"相互信赖" 指标得分最低。流动人口和本地居民在 4 个分项指标上也存在显著差异（P = 0.000<0.001）。尽管流动人口和本地居民能够相处融洽和相互信赖，但是两者在相互认识和相互帮助这两项指标差异较大，说明流动人口和本地居民之间还处于主观认知层面的 "信赖" 和 "融洽" 状态，邻里关系更多流于表面化、肤浅化和形式化，深层次的接触、认识和相互帮助还较少，互动关系尤显不足。另外也说明，流动人口与城市居民之间依然存在明显的社会隔阂，[①] 基于血缘、地缘的差序格局仍是流动人口界定网络成员身份的重要准则。[②]

表 2-9　　温州市流动人口社区凝聚力分布情况　　(%)

	相互认识		相互帮助		相处融洽		相互信赖	
	流动人口	本地居民	流动人口	本地居民	流动人口	本地居民	流动人口	本地居民
非常同意	15.76	29.81	13.13	23.46	13.84	23.46	21.69	11.56
同意	64.45	57.32	70.75	66.84	75.83	70.19	62.61	68.48
不同意	19.09	11.46	15.41	8.82	9.63	5.64	14.81	19.09
非常不同意	0.70	1.41	0.70	0.88	0.70	0.71	0.88	0.88
合计	100.00	100.00	100.00	100.00	100.00	100.00	100.00	100.00
平均得分	2.95	3.15	2.96	3.13	3.03	3.16	2.91	3.05

资料来源：2017 年温州市流动人口调查数据。

① Zhu Y., and Chen W., "The Settlement Intention of China's Floating Population in the Cities: Recent Changes and Multifaceted Individual-Level Determinants", *Population Space & Place*, Vol. 16, No. 4, 2010.

② 李志刚：《中国城市 "新移民" 聚居区居住满意度研究——以北京、上海、广州为例》，《城市规划》2011 年第 12 期。

目前，流动人口虽然进入城市工作生活，却由于自身经济状况、社会身份等主客观因素的制约，使得他们日常交往对象主要限于“亲戚”“老乡”等群体，难以与本地居民进行社会交往与互动。无法凭借与本地居民的人际互动和社会交往培养起城市文明所需要的现代思维和意识，本地社会关系的不足也导致他们只有家乡意识而缺乏所在城市的社区情结，对所生活的城市社区没有认同感和归属感，更无法产生主人翁意识。反而因社会排斥对社区社会活动不参与或漠不关心，加大了对社区的冷漠和疏离感，无法真正融入城市社区。①

笔者在访谈中发现，不少流动人口连隔壁邻居的姓名都不知道，更不要提其职业和对参与其中的社会关系的了解，甚至还有个别人不知道隔壁屋子是否有居住者。被问及遇到困难是否会向邻居求助时，受访者大多表示否定的态度，少部分表示即使内心有这个想法，但与周围邻居并不认识，只好放弃。这种冷漠的邻里关系拉大了流动人口邻里间的社会距离，社区凝聚力也就无从谈起。

2. 社区交往

流动人口进入城市后面临寻找居住的场所，以及由此而衍生开来的社区交往等问题，社区交往是指居民在社区范围内的日常联系、社会互动以及由此形成的关系。它反映了居民的社会性活动和邻里关系，以及由此可获得的功利性和情感性社会支持。② 社区交往包括居民之间公共场合交谈、见面打招呼、用手机、电话、网络等通信手段的联络、相互登门拜访以及共同参加聚会等多种形式。由于人口流动、居住方式、社区结构与环境不同，带来人们关系互动的差异和社区参与程度的高低。③

鉴于与邻居熟悉程度、交往频繁程度等要素对促进流动人口社会融入具有重要作用。本书主要通过邻里打招呼、相互串门和相互帮助三个方面来分析，由远及近逐级递进反映社区交往的亲密程度。在现代城市社会中，只有在关系非常密切的居民之间才会相互登门拜访。问卷设置了

① 刘传江：《新生代农民工的特点、挑战与市民化》，《人口研究》2010 年第 2 期。

② 黎熙元、陈福平：《社区论辩：转型期中国城市社区的形态转变》，《社会学研究》2008 年第 2 期。

③ Haines V. A., Hurlbert J. S., and Beggs J. J., “Exploring the Determinants of Support Provision: Provider Characteristics, Personal Networks, Community Contexts, and Support following Life Events”, *Journal of Health & Social Behavior*, Vol. 37, No. 3, 1996.

"与附近居民相互打招呼问候""与附近居民相互串门问候"及"与附近居民相互帮助支持"三项指标，选项有"从未""很少""有时"和"经常"四个等级，分别取值 1—4。本次调查所得问卷中相关问题的 Cronbachα 系数分别为 0.806，说明内部一致性信度较好。计算以上各量表问题的平均分，得分越高，代表社区交往越紧密。流动人口社区交往得分达到 2.89，标准差为 0.79，而本地居民的得分为 3.22，标准差为 0.72。独立样本 t 检验统计结果表明，两者间存在显著差异（t 值 = 7.360，P=0.000<0.005），而流动人口的社区交往明显弱于本地居民。

从社区交往的分项指标看，流动人口和本地居民在 4 个分项指标上也存在显著差异（P=0.000<0.001）。由表 2-10 可知，流动人口"与附近居民相互打招呼问候"比例最高，选择"经常"和"有时"两项之和达到 85.82%，其次是"与附近居民相互帮助支持"，为 71.27%，比例最低的是"与附近居民相互串门问候"，仅占 58.67%。从调查结果来看，流动人口与附近居民的互动主要限于经济层面的业务往来，生活上的交往互动也主要是礼节性的表面性邻里交往，例如停留在知道姓名、打声招呼，至多是简单的家常聊天，而深层次的情感沟通和社会交往则较少。换句话说，两者之间的接触更多的是生活需要的工具性交往，而非情感性交流，交往的深度和广度都比较有限。这与郭星华、邢朝国的研究结果相一致[①]。短暂的、被动的和浅显的交往方式，无法引起流动人口在交往中产生认同感、归属感和依附感。甚至有些流动人口和本地居民相互之间仅限于房东和房客之间的经济来往，除了缴纳房租以外，日常与房主彼此间没有任何其他更为深入的互动。总之，流动人口社会交往关系主要呈现短期性、功利性、投机性因素。

表 2-10　温州市流动人口社区交往情况　（%）

	与附近居民打招呼问候		与附近居民串门问候		与附近居民帮助支持	
	流动人口	本地居民	流动人口	本地居民	流动人口	本地居民
经常	49.39	67.72	20.84	35.27	23.99	40.56
有时	36.43	26.28	37.83	36.33	47.28	38.80

① 郭星华、邢朝国：《高学历青年流动人口的社会认同状况及影响因素分析——以北京市为例》，《中州学刊》2009 年第 6 期。

续表

	与附近居民打招呼问候		与附近居民串门问候		与附近居民帮助支持	
	流动人口	本地居民	流动人口	本地居民	流动人口	本地居民
很少	12.26	5.29	29.42	24.69	18.05	15.35
从未	1.93	0.71	11.91	3.71	10.68	5.29
合计	100.00	100.00	100.00	100.00	100.00	100.00

资料来源：2017 年温州市流动人口调查数据。

值得注意的是，大多数流动人口内心只是将社区当成居住空间，而不是居民的利益共同体。流动人口与本地居民间的社会交往尚未突破基于经济层面区隔带来的文化差异，两者之间的交流仅限于“经济或工作”层面，尚未发生深层次的、情感性的社会联系，表现为以结构性排斥为特征的社会交往区隔，而这种区隔又进一步加剧流动人口对自身身份认知以及评价的模糊性和不确定性，主观上对城市的认同与现实生活中对流动人口的多重排斥形成鲜明的反差使他们在心理上更多地呈现出“漂泊不定”的状态。最终容易导致流动人口形成“半城镇化”的身份，容易陷入孤立和边缘化的状态。①

3. 社区安全感

社区安全感是个体对社区社会安全与否的整体认知，是对社会治安的控制力和破坏力的动态平衡特征的主观认知。从社区安全感来看，流动人口与本地居民的社区安全感差异存在显著统计学意义（$\chi^2 = 13.357$，$P = 0.004 < 0.01$）。本地居民对社区安全的正面评价要明显好于流动人口。由图 2-5 可知，“总是很安全”“大部分时间安全”的比例本地居民分别为 41.37%和 52.46%。而流动人口为 32.75%和 60.60%，“有时安全”和“从不安全”的比例分别占 6.13%和 0.52%。流动人口对社区安全的评价可以从流动人口生活的社区环境得到验证，流动人口居住地附近有网吧、游戏室、舞厅等各类参差不齐的娱乐场所比例高达 48.13%，因此，流动人口聚居地也成为各类治安犯罪事件的高发地、“黄赌毒”的温床和外来不法人员的“避风港”。受访者反映近期社区发生过治安犯罪事件的比例高达 27.85%，比例也明显高于本地居民所在社区，从社区治安事件类型

① 王春光：《农村流动人口的“半城市化”问题研究》，《社会学研究》2006 年第 5 期。

来看，“入室盗窃”发生比例最高，达到20.72%，其次是“非法赌博”，达到9.16%，“火灾”“打架斗殴”也占了不少比例。这些社区治安事件严重扰乱了流动人口的日常生活，甚至无形之中给他们带来不同程度的心理压力和社会形象的负面效应。

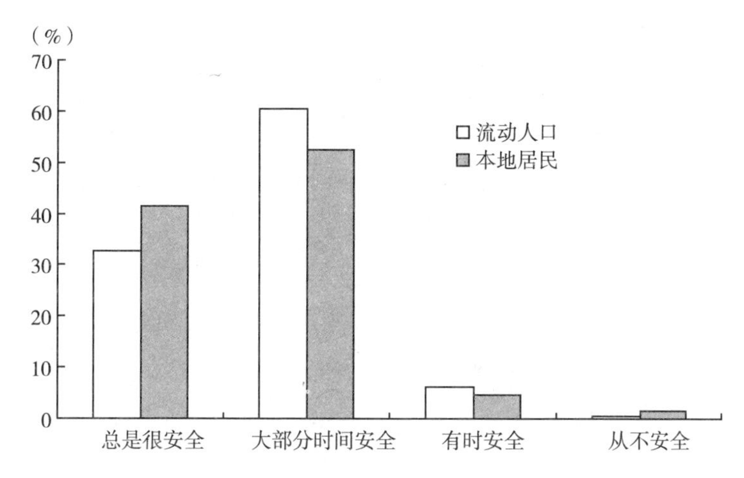

图2-5　温州市流动人口社区安全情况

4. 社区参与

社区参与是指社区居民参与社区政治、经济、文化和社会生活管理，增进社区福利的行为和过程。[①] 居民在社区参与过程中提升交际能力，增强社会适应，培养社会责任感和异质性包容力。社区参与是流动人口融入城市的重要方式，通过参与社区举办的一些志愿服务、娱乐、公益、选举等活动，不仅能增加城市认同感、归属感和安全感，同时也体现了他们在一定程度上被城市社会所包容接纳。本书从社区文娱活动参与、社区组织联系两方面进行分析，前者是消遣性的，后者则是正式社区事务。

从社区文娱活动参与来看（见表2-11），流动人口的社区参与性较差，近70%的流动人口从来没有参与过社区举办的各类文体活动，“经常”和“偶尔”参加的比例分别只有2.80%和28.37%。恰恰相反，本地居民参与社区文体活动的积极性明显高于流动人口，“经常”或“偶尔”

① Karien Dekker, "Social Capital, Neighborhood Attachment and Participation in Distressed Urban Areas. A Case Study in The Hague and Utrecht, the Netherlands", *Housing Studies*, Vol. 22, No. 3, 2007.

参加的比例分别有 17.60%和 49.30%。两者在社区文娱活动方面存在显著差异（$\chi^2=164.655$，$P=0.000<0.001$）。总体上，流动人口被视为城市里的外来者或陌生人，他们更多只是以打工者或劳动者的身份存在，社区居民的身份经常被忽视。即所谓的“身份在场，而关系不在场”。[①]

表 2-11　　温州市流动人口社区参与情况　　（%）

	社区文体活动		社区组织联系	
	流动人口	本地居民	流动人口	本地居民
经常	2.80	17.60	5.25	27.11
偶尔	28.37	49.30	32.75	47.71
从未	68.83	33.10	62.00	25.18
合计	100.00	100.00	100.00	100.00

资料来源：2017 年温州市流动人口调查数据。

从社区组织联系来看（见表 2-11），流动人口与社区组织的联系并不紧密，有 62.00%的流动人口从来没有跟社区组织联系过，“经常”和“偶尔”联系的比例之和也仅为 38.00%。相反，本地居民与当地社区组织的联系频率要明显高于流动人口，“经常”或“偶尔”参加的比例之和高达 74.82%。两者在社区组织联系方面存在显著差异（$\chi^2=188.544$，$P=0.000<0.001$）。

在调研访谈中笔者了解到，流动人口社区参与程度低主要有以下几方面原因：一是流动人口主要聚居于城中村和工厂宿舍，有组织的社会活动较少，即使有开展一些活动也都是在上班时间，流动人口根本无暇顾及。二是社区活动很少从流动人口的现实需求和利益考虑，造成流动人口对其认可度较低，觉得“没什么意思”，一些社区活动往往是为开展活动而开展活动，故而流于形式。三是由于信息沟通交流不畅，很多流动人口并不清楚社区正在举办哪些社区活动，而且错误地认为只有本地人才能参加。四是由于工作所占时间较长，缺乏参与社区活动的机会，长时间的劳作把人的精力、体力都推到疲劳的极限，不可能还有精力和时间参与社区活动，就像他们说的“连休息睡觉的时间都不够，哪有时间参加这些

① 田毅鹏、齐苗苗：《城乡接合部“社会样态”的再探讨》，《山东社会科学》2014 年第 6 期。

活动”。

由此可见，尽管社区是本地居民和流动人口共同居住和生活的场所，但是流动人口的社区参与程度非常低。居住形态上的共同在场并没有带来交往的共同在场，时间错位，身体位移、交往对象的分异也导致流动人口和本地居民的关系呈现离散性的状态，没有形成有效的交往和互动，难以形成对社区的认同与归属。同时，流动人口缺乏与社区的连接，是漂浮在城市社区中的外来者，仍然以地缘、血缘或业缘关系来构建自身的社会支持网络，并强化了乡土身份认同的内卷化倾向。[①] 反过来进一步减少了他们与本地居民的交往和交流，难以建立互信、互助的融洽关系。因此，对绝大多数流动人口而言，社区仅是一个临时性的安身之所，而非稳定长久的“生活栖息之所”，他们把社区当成临时的落脚点，并没有长期待下去的长远打算。

5. 社区归属感

社区归属感，又称为社区依恋或社区感，是指个体与其所在社区之间的感情联系。其主要表现为个体对社区具有产生亲密感的倾向。这种感情联系与亲密感来源于居民对社区自然环境和社会关系的喜爱。[②] 社区归属感不仅表现为居民在一定时期内对社区生活和环境的感受与评价，也可视为社区建设成效的重要指标。从内容上讲，社区归属感是人们所体验到的一种客观的社区存在。这种体验不是简单的个体情感反映，它还受到诸如文化规范、政治经济等宏观因素的影响。从形式上看，社区归属感是一种情感体验。这种体验不是转瞬即逝的心理状态，而是基于日常生活体验所获得的心理感受。

由于社区归属感是一个心理范畴的概念，难以直接量化，只能通过个体的行为、态度和看法去推断。根据相关理论与研究，[③] 本书的社区归属感从以下 4 个方面来测量：①社区有家的感觉；②喜欢居住在这个社区；③社区自豪感；④舍不得搬离社区。这几个问题是经国内研究检验并证实

① 唐有财、侯秋宇：《身份、场域和认同：流动人口的社区参与及其影响机制研究》，《华东理工大学学报》（社会科学版）2017 年第 3 期。

② 汪坤、刘臻、何深静：《广州封闭社区居民社区依恋及其影响因素》，《热带地理》2015 年第 3 期。

③ 刘臻、汪坤、何深静等：《广州封闭社区研究：社区环境分析及其对社区依恋的影响机制》，《现代城市研究》2017 年第 5 期。

能够有效测量中国的社区归属感，[①] 并将取值范围确定在1—4，分别表示“非常不同意”“不同意”“同意”和“非常同意”的不同等级。本次调查所得问卷中社区归属感相关问题的Cronbachα系数分别为0.864，说明内部一致性信度较好。计算以上各量表问题的平均分，得分越高，代表社区归属感越好。笔者用4级量表赋值法对上述统计结果进行数据分析，由表2-12可知，本地居民的社区归属感得分均值（2.99）要显著高于流动人口（2.71）（F值=0.973，P=0.018<0.05）。社区归属感反映的是社区居民对本社区的认同、喜爱和依恋等心理感受，这种基于互动熟悉和彼此信任基础上建立起来的情感联系和依存关系不是一朝一夕可以促成的，而是在长期的生活体验中逐渐培养起来的。但实际上，居所的频繁流动导致流动人口很难与社区周围的居民有长期和近距离接触、交流的机会，其社区归属感不如本地居民也在意料之中。

表2-12　温州市流动人口社区归属感分布情况　（%）

	社区有家的感觉		喜欢居住这个社区		社区自豪感		舍不得搬离社区	
	流动人口	本地居民	流动人口	本地居民	流动人口	本地居民	流动人口	本地居民
非常同意	9.91	25.93	9.90	22.72	6.03	16.65	6.54	15.21
同意	60.57	67.51	53.45	65.94	55.04	53.26	54.35	53.15
不同意	22.42	6.03	30.16	10.64	35.72	28.28	34.02	29.18
非常不同意	7.10	0.53	6.49	0.70	3.21	1.81	5.09	2.46
平均得分	2.88	3.19	2.67	3.11	2.64	2.85	2.63	2.81

资料来源：2017年温州市流动人口调查数据。

从社区归属感的分项指标来看，在对社区有家的感觉方面，分别有70.48%的流动人口和93.44%的本地居民对社区有家的感觉，其指标均值得分分别为2.88和3.19，表明本地居民对社区有家的感觉体验要明显好于流动人口。在对社区的喜爱方面，有63.35%的流动人口和88.66%的本地居民表现出对社区喜爱，其指标均值得分分别为2.67和3.11。在社区自豪感方面，有61.07%的流动人口和69.91%的本地居民表现出社区自豪感，其指标均值得分分别为2.64和2.85。在搬离社区时的感受方

① Wen M., Fan J., and Jin L., et al., “Neighborhood Effects on Health among Migrants and Natives in Shanghai, China”, *Health & Place*, Vol. 16, No. 3, 2010.

面，有 60.89%的流动人口和 68.36%的本地居民表现出对社区的不舍，其指标均值得分分别为 2.63 和 2.81。从四项指标比较来看，“社区有家的感觉”得分最高，第二位是“喜欢居住这个社区”，第三位是“社区自豪感”，第四位是“舍不得搬离社区”，流动人口社区归属感的各项指标都不如本地居民，说明流动人口由于没有本地户口，工作和居住的流动性强，过客心理较为强烈，缺乏发自内心的认同感或者依恋感。相反，本地居民由于长期居住在固定社区，与社区有着切身的利益关系，心理上自然而然把社区看作永久的家园，社区认同感和归属感都比较强。

三　流动人口的居住隔离

（一）温州市流动人口居住隔离的时空特征

根据温州市公安局流动人口数据显示，2017 年，温州市共有常住人口 921.5 万人，其中外来常住人口（非本地户籍人口）333.85 万人，占当年温州市常住人口的 36.23%，约为温州市户籍人口的一半，通俗地讲，目前温州市每 3 个人就有 1 个是流动人口。流动人口主要来自江西、贵州、安徽、湖北、四川、河南等省份。从绝对量来看，温州市流动人口主要集中在市区主城区和瑞安、乐清两市，其中，瑞安市的流动人口总量最大，有 59.8 万人，占总数的 20.31%，瓯海区、鹿城区、龙湾区等区域的流动人口数量也相对较高，温州各县市区流动人口的数量空间分布如图 2-6 所示。

从区域分布看，温州市流动人口主要分布在中心区和外部近郊区域，呈现点状和簇状的聚集形态，并且近郊区的流动人口比远郊区要更加密集，数量呈由中心向外递减趋势。不同区域的流动人口也存在明显的聚居现象。其中，流动人口数量最多的村居社区集中分布在四个区域，分别是：鹿城区西部的丰门街道、瓯海区中部的经济开发区、瑞安市的塘下街道和乐清市的柳市白象片区。从街道分布来看，温州市流动人口数量超过万人的街道有 72 个，占到街道总数的 38.9%，在这 38.9%的街道上居住了 93.7%的外来流动人口。流动人口数量最多（流动人口数量超过 5 万人）的街道分别为鹿城区的丰门街道、双屿街道和仰义街道，瓯海区的梧田街道、娄桥街道、郭溪街道和仙岩街道，龙湾区的永中街道和星海街道，瑞安市的塘下镇、莘塍街道和仙降街道，乐清市的柳市镇、北白象镇和虹桥镇，永嘉县的瓯北街道，这些地区都是温州主要产业的集聚地，也

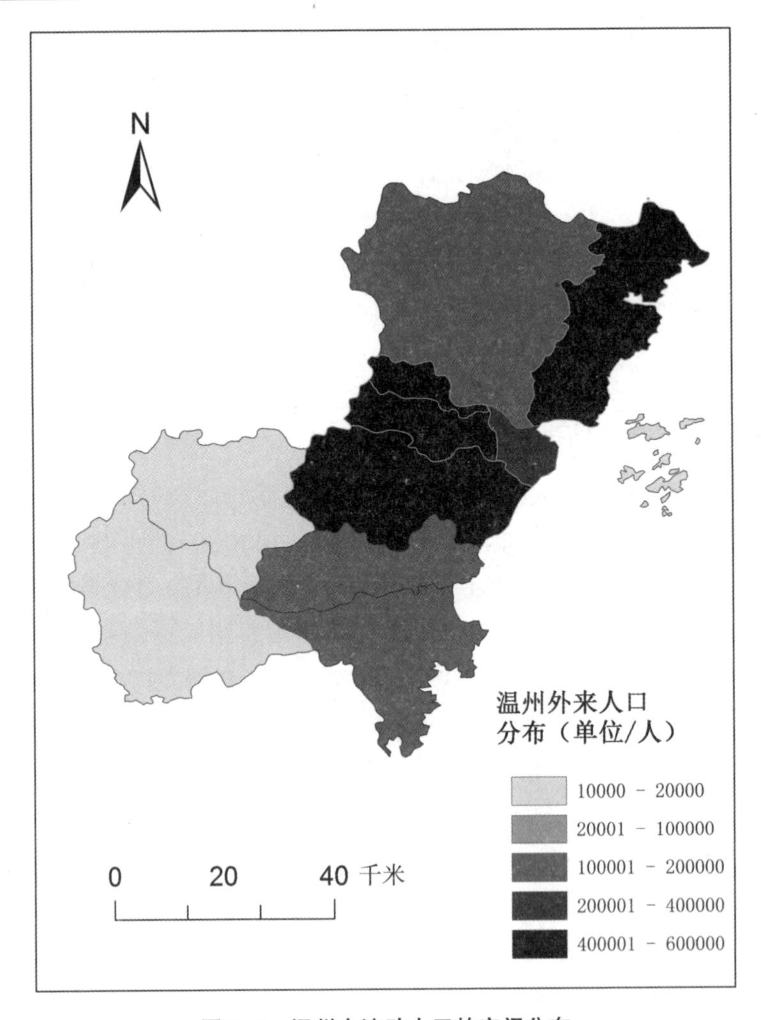

图 2-6 温州市流动人口的空间分布

是传统的外来人口聚居区，流动人口分布非常密集。此外，比较跨省流动人口和省内流动人口的分布情况，省内流动人口多集中在城市中心或近郊，而跨省流动人口分布多在远郊，且较为分散。总体上，流动人口在城市外围的空间分布呈现出由近郊到远郊，省内流动人口减少而跨省流动人口增加的趋势。

通过比较发现，温州的流动人口与北上广等一线城市有着不同的社会经济特征，超过70%从事制造业工作，导致温州流动人口的空间分布规律具有一定独特性，与温州工业集群的分布相吻合。温州流动人口主要分布在打火机、制鞋、服装、眼镜、电器等主要的劳动密集型产业。温州的流动人口不仅在市辖区范围内集聚，更在具有工业集聚的县、镇甚至村庄集聚。例如，鹿城区丰门街道和双屿街道是中国鞋都所在地，瑞安市塘下镇是全国汽摩配产业的重要基地，瑞安市莘塍街道是浙江经济百强镇、中国休闲鞋和塑料薄膜生产基地，乐清市柳市镇、北白象镇和虹桥镇是中国低压电器生产基地。这些劳动密集型产业最大的特点就是对劳动力的需求十分旺盛，为外来流动人员提供了众多就业机会。这些工业集群导致温州流动人口的分布呈簇状或点状的聚集形态。

居住隔离作为一个具有多维度、多尺度特征的复杂现象。由于人口聚居形态、居住质量和居住区位等方面的差异导致更进一步的分异状况及其空间效应，单一的隔离指数、相异指数等无法准确刻画相同的人口分布比例。[①] 因此，本书采用差异指数、分异指数和隔离指数来表示温州市流动人口居住隔离的总体情况。由表 2-13 可知，温州市流动人口差异指数为 0.34，略大于 0.3，表明温州市流动人口与本地常住人口的空间分异度处于中等水平，小于上海、广州等一线城市的流动人口差异指数水平。[②] 另外，流动人口的分异指数为 0.35，隔离指数为 0.39，说明流动人口的分异度也处于中等水平。分异指数、差异指数和隔离指数在不同地区之间存在较大差异。从分异指数来看，分异度最高的是瓯海区和龙湾区，其次是乐清市和瑞安市，其他区县的分异指数都在 0.4 以下，文成县和泰顺县分异度最低。类似地，对差异指数进行分析，可以得到，分异度最高的是瑞安市，差异指数达 0.53，其次是乐清市和龙湾区，差异指数分别为 0.45 和 0.41，瓯海区分异程度也较高，差异指数达 0.37，文成县的分异度最低，差异指数为 0.10。就隔离指数而言，隔离指数最高的是龙湾区和瓯海区，分别达 0.57 和 0.56，其次是瑞安市，隔离指数为 0.44，最低是泰顺县，隔离指数为 0.10。瓯海区和龙湾区位于主城区附近，分布有较多的城乡接合部区域，城中村数量庞大，区位优势明显，因其较多廉价可供出租的农民房、较多的就业机会和便捷的对外交通，社会管理较弱，吸引

---

① 张瑜、仝德、Ian MacLACHLAN：《非户籍与户籍人口居住空间分异的多维度解析——以深圳为例》，《地理研究》2018 年第 12 期。

② 孙秀林、施润华、顾艳霞：《居住隔离指数回顾：方法、计算、示例》，《山东社会科学》2017 年第 12 期。

了大量外来流动人口，流动人口的数量甚至数倍于本地居民。瑞安市和乐清市则是温州市民营企业的主要集聚地，分布着大量劳动力密集型的加工厂和工业园区，吸引了大量外来流动人口就业。

表 2-13　　温州市各县市区差异指数、分异指数、隔离指数

	差异指数（ID）	分异指数（IS）	隔离指数（Ⅱ）
全市	0.34	0.35	0.39
鹿城区	0.30	0.28	0.27
瓯海区	0.37	0.55	0.56
龙湾区	0.41	0.52	0.57
洞头区	0.25	0.28	0.17
瑞安市	0.53	0.43	0.44
乐清市	0.45	0.46	0.36
永嘉县	0.24	0.32	0.34
平阳县	0.29	0.25	0.22
苍南县	0.23	0.29	0.23
文成县	0.10	0.24	0.18
泰顺县	0.11	0.23	0.10

数据来源：2017 年温州市公安局流动人口数据。

（二）温州市流动人口居住隔离的社会特征

居住隔离在城市空间中表现为“物以类聚，人以群分”的聚居分异现象。从社区社会结构来看（见表 2-14），调查的流动人口有 19.75%居住在以本地居民为主的社区中，有 58.73%居住在本地居民与流动人口混合社区，在城市中心的老旧社区中，流动人口与本地居民虽然在物质空间上呈混居模式，但从内部社会空间来看，却表现为明显二元化结构，群体间差异日益悬殊，流动人口社会融合程度较低。有超过 1/5 居住在相对独立的外来人口聚居区，这些流动人口聚居区大多位于交通要道，由于交通便捷，大量人流、物流汇聚于此，缺乏明确的空间界定，几乎处于城乡管理的真空地带，人员复杂且流动性大，各种复杂的亲缘、地缘、业缘等社会关系的流动人口在此呈混居状态。并且有相当一部分兼具居住和工作的（下店上居、前店后居）的小作坊、小加工厂，也是治安事件高发地区，火灾、房屋倒塌等安全隐患最为严重。因此，这些聚居区难以成为流动人

口在城市中稳定而长久的安居之地，在居住空间和社会空间上容易落入双重边缘化陷阱。如鹿城区双屿街道的营楼桥村，由于流动人口大量集聚，出租房屋的价格行情不断上涨。在经济利益的驱动下，几乎家家户户都在宅基地上建满密密麻麻的“握手楼”“贴面楼”，甚至开始侵占附近绿地、河流、道路，交通空间狭窄、人员进出不便。而租客煤气钢瓶随意摆放、私接乱拉电线、违规使用电器等现象比比皆是，卫生设施严重缺乏，生活污水、垃圾随意倾倒，使得流动人口居住生活环境严重恶化。这种恶劣居住条件在一定程度上决定流动人口与本地居民的绝缘，容易形成“贫困文化”。①

表 2-14　　流动人口和本地居民周围邻居类型分布

	流动人口		本地居民	
	频数（N）	百分比（%）	频数（N）	百分比（%）
外地人	149	26.09	30	5.28
本地人	102	17.86	291	51.23
外地人和本地人数量差不多	292	51.14	241	42.43
不清楚	28	4.91	6	1.06
合计	571	100.00	568	100.00

资料来源：2017 年温州市流动人口调查数据。

从流动人口的视角来看，流动人口与本地居民总体上处于穿插错落式的混杂居住模式，但同时也表现出一定的聚居特征。具体来讲，流动人口居住周围都是外地人的比例为 26.09%，这说明相当一部分流动人口居住地人口组成以外来流动人口为主，流动人口与本地居民形成一定程度上的居住空间分异，导致流动人口社区的社会网络以血缘和地缘的初级网络为主，带有明显的同质性和乡土性。调查发现流动人口社区邻居中老乡“很多”的占 24.34%，“有几位”的占 56.93%，“没有”的占 18.73%。与自己的老乡住在一起，尽管可以获得一定的生活帮助和社会支持，② 但减少了流动人口与本地居民之间交流的机会，造成社会交往的内卷化，难以接触到城市

① 杨菊华、朱格：《心仪而行离：流动人口与本地市民居住隔离研究》，《山东社会科学》2016 年第 1 期。

② Liu Y., Dijst M., and Faber J., et al., “Healthy Urban Living: Residential Environment and Health of Older Adults in Shanghai”, *Health & Place*, No. 47, 2017.

的价值观念和文化习俗，造成社会排斥，最终强化了对原有身份的认同。

从本地居民的视角来看，本地居民与流动人口也存在一定程度的居住隔离情况，而且其程度要明显高于从流动人口角度考察的居住隔离。本地居民周围邻居都是本地人的比例为51.23%，这说明本地居民所居住的部分空间较为封闭，他们甚至还会通过住房筛选机制来选择自己喜欢的邻里类型，进而去维护自己的群体边界和利益，显示自己的社会地位和身份类别；加之新兴的封闭式住宅小区带有更加齐全的门禁等配套设施，在提供更加完善的安全保障的同时，也加速了居住隔离的生成，甚至很多是门卫式社区，外来流动人口很难或很少被允许进入。居住区位的临近不仅无助于阶层间的交流互动，相反却使流动人口与本地居民间生活水平差距形成鲜明对比，往往容易造成流动人口的心理失衡与仇富心理。更常见的是，很多本地居民从主观上就不愿意与流动人口混居在一起。本地居民只要有条件，就会搬离流动人口集中居住的地方，迁到本地居民集中的新社区，而把旧房子租给流动人口。在这种行为的背后，是对流动人口的不信任和不认同，透视出的是心理上的隔离。

（三）温州市流动人口居住隔离的影响因素

1. 变量的测量

（1）因变量

从政策含义上说，宏观尺度的居住均匀性往往只是表面现象且无法体现更多的微观信息，微观尺度的居住分化和分异更值得深入研究、探讨原因和寻找对策。居住隔离意味着不同社会经济地位的人群在地理空间分布上的不均衡性，邻居的构成存在着空间差异。而且，居住隔离的核心点在于不同群体在物质空间上的关系，无论是从更大的空间范围看，还是具体到更小的空间尺度。空间距离往往意味着社会距离，居住隔离具体反映到居住社区和交往群体空间分布上，与社区居民地域上的接近程度直接影响流动人口与本地居民的交往情况。[①] 同时，人群彼此和人群内部之间的社会阶层身份认同感也会直接或间接通过居住空间和邻里的选择而表现出

---

① 杨菊华、朱格：《心仪而行离：流动人口与本地市民居住隔离研究》，《山东社会科学》2016年第1期。

来，因此在更小地理空间尺度所展现出来的居住隔离更具有现实意义。[①] 基于以上认识，居住隔离可以定义为流动人口与本地居民之间形成的相对独立、集中、分化的居住空间分布格局，既可指物理上的区隔，也可指在同一空间中人群的相对集中度。在实际操作中，居住隔离具体可简化为“谁与谁为邻”的问题，也就是说邻里选择影响总体的邻里结构和社区景观，居住地周围的邻里类型一定程度上反映了居住隔离情况，可以被视为一种微观层次的居住隔离。[②]

基于上述考虑，考虑现有数据的可及性，借鉴杨菊华对居住隔离测量的方式，本书将因变量——居住隔离简化为流动人口主要邻里构成，将“本地居民”“流动人口和本地居民数量差不多”两项合并，表示非居住隔离；将“流动人口”“不清楚”两项合并，表示居住隔离。对居住隔离赋值为1，非居住隔离赋值为0。具体而言，若邻居是“流动人口”或“不清楚”，则说明存在明显的居住隔离。若邻里类型为“本地居民”，至少从居住空间的分布角度看，是一种居住融合的状态，不存在居住隔离现象；若流动人口邻居中“流动人口和本地居民数量差不多”，则可以认为这是一种较为均衡或理想的居住空间形态，可能更有利于彼此的接触和交往。当然，这里需要考虑以下情况：一是即使流动人口的邻居是本地居民，彼此可能没有相互接触或来往，笔者认为，这种情况并不算居住隔离，而是交往隔阂。当前，随着经济发展，城市的社会结构正发生深刻变革，传统生活方式渐行渐远，邻里关系因冰冷的钢筋混凝土森林的耸立而不断瓦解，因此地理毗邻和地缘接近可以说是进一步交往互动、消除居住隔离的基本前提。二是居住隔离现象其背后是城市居民作为“理性人”对邻里选择以及社区功能利益的追逐过程。本地居民尚未完全搬离，而随着时间的流逝，本地居民搬离的数量可能会越来越多，导致邻里的重新配置，带来新的群族飞地。美国的研究表明，少数族裔群体的不断聚集，会显著提高当地白人搬迁逃离的可能性，且邻近周边其他潜在的可能社区中少数群体的数量和规模也是白人迁居决策的重要考虑因素；如果少数群体

---

① Malmberg B., Nielsen M. M., and Andersson E., et al., *Residential Segregation of European and Non-european Migrants in Sweden: 1990-2012*, Stockholm University, 2016, pp. 205-206.

② 刘精明、李路路：《阶层化：居住空间、生活方式、社会交往与阶层认同——我国城镇社会阶层化问题的实证研究》，《社会学研究》2005年第3期。

分布集中，他们就可能产生搬离的念头;[①] 而流动人口和本地居民数量差不多至少可以认为是一种相对制衡的状态。

（2）自变量

自变量包括制度与结构要素、社区层面因素、主观态度因素和控制变量。具体来看，制度因素包括户籍类型和住房来源，按照户籍类型将流动人口分为城—城流动人口（赋值为0）和乡—城流动人口（赋值为1），住房来源中为拥有住房赋值为1，其他住房来源赋值为0。结构要素为流动的行政区域，分为跨省、省内跨市和市内跨县三种类型。社区层面因素包括以下变量：①社区类型：包括商品房社区、未经改造老城区、城中村三种类型；②居住区位：包括市中心、近郊、远郊三种类型；③居住区附近是否有污染型工厂；④居住区是否有活动空地。主观态度因素包括以下变量：①自我选择（对家乡风俗习惯、生活方式等的心理认同情况，赋值1—5，取值越高，表示自我选择性越强）；②歧视感受（有歧视感受赋值1，否则为0）；③居留意愿。

（3）控制变量

本研究同时控制个体的性别（男性为1，女性为0）、年龄（连续变量）、受教育程度（连续变量）、月收入（取对数）、居留时间等社会人口学特征变量。

2. 分析方法

鉴于本书因变量为二分类变量，故采用二元 Logisitc 回归模型。

3. 温州市流动人口居住隔离影响因素的实证分析

流动人口在流入地的居住隔离是由外来流动人口个人因素、流入地的制度环境和住房市场因素共同决定的。由表 2-15 可知，在模型 1 中，制度与结构因素对流动人口的居住隔离有重要的影响。袁媛、许学强研究指出“本地/外地”的户籍属地差别是导致流动人口居住隔离的根本原因，[②] 其影响作用超过了“城市/农村”所带来的户籍身份差别，本书的结论也证实了这一观点，即不同户籍身份者的隔离程度是有区别的。相比较于

① Crowder K., and South S. J., “Spatial Dynamics of White Flight: the Effects of Local and Extra-Local Racial Conditions on Neighborhood Out-Migration”, *American Sociological Review*, Vol. 73, No. 5, 2008.

② 袁媛、许学强：《广州市流动人口居住隔离及影响因素研究》，《人文地理》2008 年第 5 期。

城—城流动人口，乡—城流动人口的居住隔离程度更高，反映了乡—城流动人口群体在城乡二元结构、户籍制度等制度要素制约下的无能为力或束手无策，这也一定程度上反映出流动人口因户籍制度分割而带来社会阶层分化。居住隔离不仅表现为地理区位上的远近和社会空间上的距离，更深层上的隔离反映为住房属性上的差异和不平等，[①] 如果流动人口拥有住房，则其居住隔离显著减少，因为对于有能力购买商品房的流动人口来说，其往往具有较强的经济实力，可以说是流动人口群体中的佼佼者，也说明这部分流动人口在流入地具有较高的社会经济地位和社会融入能力，与本地居民为邻而居和接触的可能性更大。相对于跨省流动人口，省内跨市尤其是市内跨县的流动人口居住隔离程度较低。这是因为流动人口流动跨越的行政区域越大，各方的资源竞争越发剧烈，地方有关行政部门革除居住隔离的结构性、制度性的障碍和体制风险就会相应地增加。同时，市内跨县迁移流动范围相对较小，流动人口和当地户籍人口在语言环境、饮食文化、价值观念、生活方式等方面较为相近，对当地往往更为熟悉和了解，所遭受的迁移压力较小，群体间社会融合更容易。

表 2-15　　流动人口居住隔离 Logistic 模型分析结果（B 值）

变量	模型 1	模型 2	模型 3	模型 4
制度与结构要素				
乡—城流动人口	0.336*			0.311*
拥有住房	-0.258*			-0.178*
流动区域（跨省流动）				
省内跨市	-0.142*			-0.081+
市内跨县	-1.043**			-0.985**
社区因素				
社区类型（商品房社区）				
未经改造老城区		0.142*		0.132+
城中村		1.502***		1.377***
居住区位（市中心）				
近郊		0.898**		0.890**
远郊		1.332*		1.439*
居住区有污染型工厂		0.335*		0.290+

① Zhang L., and Wang G. X., "Urban Citizenship of Rural Migrants in Reform-era China", *Citizenship Studies*, Vol. 14, No. 2, 2010.

续表

变量	模型 1	模型 2	模型 3	模型 4
居住区有活动空地		-0.321		-0.333
主观态度				
自我选择			0.138*	0.132+
感受歧视			0.467**	0.398**
居留意愿			-0.343*	-0.302+
控制变量				
性别	0.088	0.083	0.045	0.037
年龄	-0.015	-0.013	-0.018	-0.012
受教育程度	-0.072**	-0.074**	-0.061**	-0.057*
月收入（对数）	0.081**	0.114**	0.169**	0.149*
居留时间	-0.024*	-0.023*	-0.022*	-0.025+
-2Log likelihood	680.667	664.038	685.048	646.272
Cox & Snell R^2	0.045	0.072	0.038	0.101
Nagelkerke R^2	0.063	0.102	0.053	0.142
N	571	571	571	571

注：括号内为参考变量，$^{+}p<0.1$，$^{*}p<0.05$，$^{**}p<0.01$，$^{***}p<0.001$。

模型 2 主要考察社区因素对流动人口居住隔离的影响，相对于商品房社区，城中村、未经改造老城区居住隔离程度更高，尤其是前者。这是因为城中村居住环境差，治安混乱，往往是本地居民不愿居住之地，导致本地居民纷纷搬离，出现人口倒挂现象，逐渐演变为流动人口聚集之所，甚至成为“不受欢迎的非正式移民居住区”，导致群体间的居住隔离不断加深。在国内很多大城市居住空间格局日益分异渐趋明显：高收入人群主要分布在豪华别墅区；中高收入人群居住于高档住宅社区；普通工薪阶层主要集中在中档商品房或经济适用房社区；低收入和贫困人群主要分布在破旧的老公房、传统老旧街区及低收入安置房社区；绝大多数流动人口则聚集于城乡接合部、城中村、工业园区集体宿舍及临时工棚。上述居住空间格局严重影响了城市空间资源的公平合理分配，导致流动人口等社会底层群体的弱势地位在空间层面被进一步放大，表现为空间的异化、剥夺以及隔离，进而带来城市空间与社会地位的双重剥夺。相对于市中心，居住在远郊和近郊的流动人口面临更大的居住隔离风险，由于郊区相对缺乏有前景的就业机会、优质的公共设施和服务，流动人口几乎无望实现“向上”社会流动，而且郊区生活的诸多限制或不便成为影响流动人口生活前景的极大桎梏，并进一步强化他们的边缘地位，导致流动人口的社会排斥问题在郊区越发突出。居住区附近有工厂也会显著增加流动人口的居住隔离程度，城市近郊和远郊因为产业发展、低廉的租金等因素吸引了大量流动人口的涌入，而居住区附近有工厂因污染问题无形之中导致本地居民逃离。

从模型3可知，主观态度变量对流动人口的居住隔离也有显著影响。按照地方分层论的解释，主流群体的心理歧视和社会偏见是导致居住隔离发生的重要社会因素，它限制了少数族群成员选择居住区的自由和权利，阻碍了他们将拥有的经济社会优势转化为居住空间的选择偏好。[①] 尽管制度性和结构性障碍可能会随着时间的推移而不断削弱，但更为微妙地以文化歧视形式出现的社会障碍则将持续存在，[②] 主要表现在主观心理层面上。若流动人口感受到歧视，居住隔离风险显著增加，尽管来自个人的歧视行为可能都很微弱，有些只是暂时的，但这些因素综合在一起，就产生了持久的居住隔离。而且，歧视往往从居住环境的选择和隔离中显露出来，在日常生活上与本地居民之间存在的巨大反差时时在提醒他们，他们并不是这个社区的一员，导致流动人口的生活环境更加封闭化，与本地居民间的居住隔离程度不断加深，同时遭遇本地人歧视的经历无疑使流动人口对城市的归属感下降，阻碍流动人口对城市的认同。与之相反的是，对流入地有较强的居留意愿和较低的自我选择性隔离，都会显著降低两者间的居住隔离风险。也就是说，流动人口对流入地城市有“现代性”需求和较高的归属感必然带来较强的融入意愿和社会认同度，驱动他们与本地居民沟通、交往和接触。反之，流动人口固守流出地习得的文化规则、价值观念和文化实践，不能适应流入地的文化差异，由此导致不适应感，久而久之就会导致相同或相似的社会背景、文化背景或经济地位的流动人口住在一起，形成同质性的居住区，流动人口与本地居民的居住隔离风险就会增加。因此，这种居住隔离不仅是地理空间上的，而且也是心理上的。

以上子模型分别从制度与结构要素、社区因素和主观态度三个维度考察了流动人口居住隔离的影响因素。仔细观察可知，三个维度的因素对流

---

① Charles C. Z.，“The Dynamics of Racial Residential Segregation”，*Annual Review of Sociology*，Vol. 29，2003.

② Wang F.，Zuo X.，and Ruan D.，“Rural Migrants in Shanghai：Living under the Shadow of Socialism”，*International Migration Review*，Vol. 36，No. 2，2002.

动人口居住隔离的影响力各不相同，各模型解释力度差别较大。社区因素对居住隔离的影响最大，其次是制度与结构要素，而主观态度因素的影响最低，说明相对于主观性的隔离因素，客观性的社区因素和制度与结构要素对流动人口居住隔离的作用更大。在纳入所有变量后，由模型4可知，在各种因素的相互作用牵制下，上述观察到的各变量在作用性质和方向上没有显著改变，但由于众多变量的叠加作用，各变量的解释力相应分散并有所调整。总体上来看，受制度与结构要素胁迫更严重的乡—城、跨省流动人口，居住在城中村、远离市中心以及居住区附近有工厂的流动人口，感受到歧视的流动人口，均面临与本地居民之间更大的隔离风险。居住隔离可能使得流动人口与本地居民间原本就存在的差距变得更大，导致城市社会的进一步分化。

从控制变量来看，教育程度越高的流动人口面临的居住隔离风险越小，教育程度越高意味着拥有较好的人力资本，较高的经济成就可以从市场上获得更高质量的居住品质，更有可能自主选择比邻而居的群体类别，因此有能力通过住房消费实现与本地居民的居住融合。出乎意料的是，并非收入越高，隔离程度越小，根据“群族飞地”理论，高收入并不意味着移民就会迁移到市民集中的社区居住，说明流动人口在身份认同、社会交往、心理融合方面的滞后性和内卷化。尽管收入不断提高，但在现实生活中仍面临歧视、排斥甚至是自卑式的抵触，从而偏好于自我选择式的隔离来弥补制度要素牵制形成的寄人篱下的过客心态或低人一等的自卑心理，但是长此以往只会使流动人口与本地居民的社会距离渐行渐远，居住隔离的局面日益加剧。从居留时间看，随着在流入地居留时间的延长，流动人口将逐步接受城市现代性的价值观念、生活方式和行为习惯，人力资本、社会资本和社会经济地位发生明显提升，流动人口生活空间逐步从集体宿舍、工棚转向常态居住的社区，[①] 互动的范围逐步从血缘、地缘等初级群体扩大到更广泛的范围，与当地居民的社会交往逐渐加深，对当地居民的信任程度会越高、感受到的社会歧视会越少，因此越容易融入当地社会，越能通过社会参与获取社会网络支持。

（四）居住隔离的社会影响及其后果

居住隔离是复杂的社会问题，既是资源分配不平等的空间表现，也是

① 翟振武、侯佳伟：《北京市外来人口聚集区：模式和发展趋势》，《人口研究》2010年第1期。

社会阶层分化与住房市场空间分化、个人择居行为交互作用的结果。[①] 尽管居住隔离是流动人口进入城市伊始必须经历的现象和过程，无形之中对刚刚来到城市的流动人口起到较好的正向帮助，如较快形成自己新的人际关系网络，获取情感上的支持和帮助，提供求职、创业等各方面的信息，帮助流动人口较好地适应城市的社会生活；但是，随着流动人口在城市居住时间的延长，这种隔离性的居住模式反而会限制流动人口进一步发展，对社会心理产生复杂深刻的影响，对社会分裂、社会阶层固化、贫富差距拉大以及贫困陷阱的形成都有很重要的刺激作用，使原有的城乡二元结构演变为城市内部拥有本地户口的居民与没有本地户口的流动人口之间的新二元结构，[②] 也带来一系列的社会问题和城市治理困境，[③] 从而影响社会的良性运行与健康协调发展。

一是加剧群际隔离与内卷化。居住隔离将带来社会资源的不公平分配，流动人口和本地居民的社会空间由于地理空间结构的区隔而逐渐固化，形成不同群体间的隔离。其后果将放大群体之间的不平等状态，造成社会断裂，不利于城市的和谐发展。居住隔离导致流动人口在消费、住房、公共设施等物质空间上与本地居民的存在明显分异，在生活方式、行为模式等社会空间上被本地居民所割裂开来。与主流人群相隔离的居住形态在某种程度上限制了流动人口拓展社会网络的努力，加剧对原有地缘、乡缘等关系的依赖程度，其社会交往表现为较明显且不断强化的同质性、内部性和封闭性，最终导致流动人口成为城市社会的边缘人。

二是降低群体归属感和认同感。这种二元分割式的居住模式不仅表现在地理空间结构上，更是内化为心理上。它阻碍了流动人口社交网络的扩展、社群间接触交往的机会，加深了相互之间的隔阂。因为流动人口居住的低档社区与本地居民生活的高档社区在地理空间上是相互分割开的，减少了两类群体之间接触交流的机会，扩大了双方的情感距离，阻滞流动人口社会融合的顺利进行。因邻里互动是增强流动人口对城市社会归属感和认同感的重要方式，而居住隔离恰恰弱化甚至阻断这种联系，阻碍本地居

---

① 吴启焰、张京祥、朱喜钢：《现代中国城市居住空间分异机制的理论研究》，《人文地理》2002 年第 3 期。

② 宁越敏、杨传开：《新型城镇化背景下城市外来人口的社会融合》，《地理研究》2019 年第 1 期。

③ 黄怡：《城市社会分层与居住隔离》，同济大学出版社 2006 年版，第 203 页。

民对他们的接纳与包容，也阻隔流动人口对城市社会的认同。

三是加剧贫困的生产与再生产。居住隔离现象背后反映的利益垄断和社会分层化的格局，折射出城市居住空间资源分配的效率与公平。伴随着居住空间分异，也带来了弱势群体居住边缘化、高收入群体对社区资源的空间剥夺以及社区公共空间的“私有化”等负面效应，并形成一定的亚文化。在农村社区、城乡接合部或老旧城区，人口结构组成同质化，或多为本地贫困人口，或多为流动人口。教育、交通、卫生等公共服务资源较为缺乏，社会管理水平滞后。而这些服务与管理的缺失既降低这些低收入群体的生活质量，又会挤压甚至遏制贫困人口向上发展的空间，使得流动人口在教育、劳动力市场和住房市场上日益沦为弱势群体。这种带有继承性的贫困的际遇、挫败的压力以及无力改变现实的绝望心理由父代传给子代，加剧贫困分化或强化贫困世袭化，塑造着在贫困中长大的群体的基本特点和人格特质，减少他们摆脱贫困的机会。

四是不利于社会的稳定与和谐。居住隔离现象并非单纯的社会分层现象，它是导致社会各阶层封闭化和社会矛盾产生的原因。随着流动人口聚居规模的扩大，尤其是同质性较强的人口集中居住，可能进一步强化内部之间的联系，形成更为内卷、更为牢固的社会关系网络。与本地市民高档社区形成鲜明对比，往往容易造成心理失衡与仇富心理，甚至可能形成与主流社会不相容的价值观念和行为规范。流动人口住房的边缘化不仅造成了该群体在地理空间上的隔离，也进一步导致了他们在政治上和社会上的边缘化，产生对生存发展的无力感和人生梦想的挫败感，使其滋生对社会不满或社会仇恨心理，激发他们的负面情绪，给社会安定和和谐造成隐患。心理上的不平衡一旦达到临界点，必将可能随时引爆长久积蓄的负面情绪，产生社会冲突，加重社会治安和管理成本，从而影响社会稳定。

第二节　流动人口的健康状况

一　流动人口的自评健康状况

图 2-7 描述了温州市流动人口与本地居民健康状况的比较结果。流动人口的自评健康状况没有明显好于本地居民。有 80.63%的流动人口认为自己的健康状况非常好、很好或好，而本地居民认为自己的健康状况非

常好、很好或好的比例为80.21%，这不符合国际移民理论阐述的“健康移民假说”，也与既有研究结果不一致。① 这一结果可能更符合“流行病学悖论”。根据该理论，流动人口的流动经历存在内在健康损耗效应，随着时间推移，流动人口的健康状况不断恶化，与城镇居民的健康差距不断缩小，直至健康状况差于城镇居民。② 本次调查中流动人口外出务工年限较长，平均外出务工年限为14年，最长的达到38年，随着在流入地工作生活时间的延长，健康风险进一步积累和加剧，他们的健康状况上的优势随之递减。③ 在问及目前健康状况与离开老家时相比，约有1/5的流动人口认为自己目前健康状况与流动前相比有变差，即流动后健康状况出现恶化趋势。同时，由表2-16可知，在自评健康非常好、很好和好的流动人口中，分别有8.86%、10.22%、6.49%患慢性病，另外分别还有13.92%、18.67%、24.68%在两周内感觉身体不适。这说明流动人口在自评健康方面还存在较高预估的倾向，出现这种情况可能与流动人口的健康知识匮乏有关，错误地将一些疾病理解为是正常现象而自评为健康。另外，从城乡差异来看，尽管城—城流动人口自评健康比乡—城流动人口的自评健康略好些，但两者间的差异不显著。

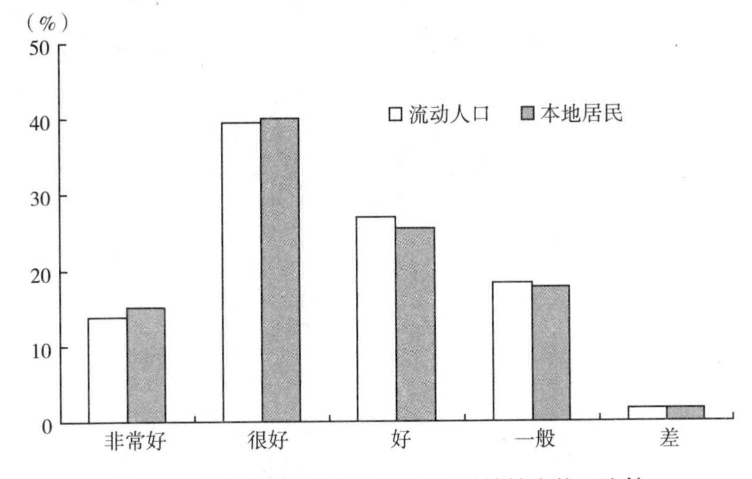

图2-7　温州市流动人口与本地居民的健康状况比较

① Chen J.，“Internal Migration and Health：Re-examining the Healthy Migrant Phenomenon in China”，*Social Science & Medicine*，Vol. 72，No. 8，2011.

② 李建民、王婷、孙智帅：《从健康优势到健康劣势：乡城流动人口的“流行病学悖论”》，《人口研究》2018年第6期。

③ 和红、任迪：《新生代农民工健康融入状况及影响因素研究》，《人口研究》2014年第6期。

表 2-16 流动人口自评健康状况和患病情况

自评健康	总体		慢性病患病率		两周患病率	
	频数（N）	百分比（%）	频数（N）	百分比（%）	频数（N）	百分比（%）
非常好	79	13.84	7	8.86	11	13.92
很好	225	39.40	23	10.22	42	18.67
好	154	26.97	10	6.49	38	24.68
一般	104	18.21	30	28.85	49	47.12
差	9	1.58	5	55.56	7	77.78

资料来源：2017 年温州市流动人口调查数据。

国内大量研究也发现城乡流动经历对流动人口健康状况存在损耗效应，即随着外出打工时间的延长，年复一年高强度的体力劳作以及长时间暴露于各种不利的环境中，流动人口的身心健康状况不可避免地受到不同程度的影响。[①] 首先，流动人口自身相对较低的知识与技能水平和城乡分割的劳动力市场，决定大多数流动人口就业岗位处于职业链的末端，在劳动密集型的工作岗位上从事超长时间、高强度和不安全的劳作，工作环境的职业损害隐患和公共卫生风险尤为突出。周小刚、陆铭研究指出从事制造业和建筑业等重体力劳动是流动人口健康耗损的重要机制之一。[②] 即便是近年来一些流动人口表现出的“高收入”的状况，很大程度上也是用不可逆的健康损害换来的“赔本买卖”。其次，流动人口突出的流动性特征和相对较低的社会经济地位，决定了其居住条件往往具有显著的过渡性、临时性特征，居住环境简陋、拥挤，环境杂乱差，基础设施破败，社区服务低质量，社区暴露犯罪高发。再次，流动人口在城市缺乏应有的社会支持和归属感、整体社会融入性差。[③] 最后，囿于我国城乡分割和地区差异，那些跨区域迁移的流动人口，往往被排斥在流入地的医疗保障体系之外，即使一部分流动人口可以跨区域参加医疗保险，但是因为目前我国医疗保险的便携性较差，这部分参保

① 牛建林、郑真真、张玲华等：《城市外来务工人员的工作和居住环境及其健康效应——以深圳为例》，《人口研究》2011 年第 3 期。

② 周小刚、陆铭：《移民的健康：中国的成就还是遗憾》，《经济学报》2016 年第 3 期。

③ 牛建林：《人口流动对中国城乡居民健康差异的影响》，《中国社会科学》2013 年第 2 期。

的流动人口也极少能够将医疗保险进行跨地区转移，医疗保障的缺失导致流动人口直接暴露于各种健康风险之中，[①] 无法有效分享流入地的优质医疗卫生服务资源。在这些因素综合作用下，客观上降低了流动人口对健康风险的抵御能力，提高了其健康的脆弱性。其结果是原有的健康优势随着时间而流逝。[②] 综上所述，流动人口的健康是一个多因素驱动的内损耗动态变化过程，尤其是户籍制度所造成的身份差异和社会排斥，使流动人口背负着沉重的健康成本。

二　流动人口的慢性病患病情况

从慢性病患病情况来看，流动人口慢性病患病情况要明显好于本地居民（$\chi^2=22.682$，$P=0.000<0.001$），本地居民慢性病患病率为 24.12%，流动人口慢性病患病率仅为 13.13%，约为本地居民的 1/2。这可能与流动人口的平均年龄较小有关。因为流动人口是一个高度选择性群体，只有年轻体壮者比其他人群更有可能进入并保留在流动群体中。我国流动人口主要从农村流向城市，由经济欠发达地区流向经济发达地区，以务工性流动为主，流动人口主要在流入地从事技术含量较低、以体力劳动为主的职业，面临着工作风险较高、收入较低、健康保障较差等威胁。高强度的体力劳动以及长时间暴露于较差的生活和工作环境中，对于流动人口的健康状况和身体素质有较高的要求，患有慢性病等身体状况较差的流动人口将无法适应这类工作岗位，从而无法在流入地获取稳定的工资收入。

总体上，流动人口通常更为年轻，健康素质较好，主要出于经济目的而流动的正面选择效应使得流动人口的慢性病患病率要低于本地居民。另外一种可能的解释是，患有慢性病的流动人口迫于求职困难、生活压力、节约医疗开支费用、寻求迁出地的社保救助和家庭支持等原因，可能返回流出地，造成当前在城市务工的流动人口比本地居民相比有更低慢性病患病率的假象。[③] 其中本次调查中最常见的慢性病分别是胃肠疾病、关节

① 邵长龙、秦立建：《完善我国农民工基本医疗保险制度的研究》，《价格理论与实践》2013 年第 2 期。

② 苑会娜：《进城农民工的健康与收入——来自北京市农民工调查的证据》，《管理世界》2009 年第 5 期。

③ 牛建林：《人口流动对中国城乡居民健康差异的影响》，《中国社会科学》2013 年第 2 期。

炎、高血压、高血脂，这可能与其流动过程中工作生活环境、营养状况、饮食条件及卫生习惯有关。另外，从城乡差异来看，尽管城—城流动人口慢性病患病率比乡—城流动人口要高 3.3 个百分点，但两者间的差异不显著。

三　流动人口的心理健康状况

心理健康状况则采用心理健康 K6 量表，该量表在国外不同国家和群体的心理健康研究中都证明具有较高的效度和信度，[①] 其中文版在国内人口学领域的实际应用中也有较好的一致性。[②] 在心理健康得分上，经过独立样本 t 检验发现流动人口与本地居民没有明显差异（t 值 = 0.355，P = 0.723>0.05）。由图 2-8 可知，流动人口心理健康得分为 4.44，本地居民心理健康得分为 4.45，流动人口心理健康得分略微低于本地居民。从流动人口心理健康的各分项指标来看，“焦虑”是最突出的心理问题，反映了流动人口存在一定的焦虑情绪。随后依次是“费劲”“紧张”和“沮丧”，“绝望”和“毫无价值”相对较少。流动人口离开熟悉的流出地环境和社会网络，面临社会支持网络的变动和匮乏、社会交往不足、语言融入障碍、社会经济地位低下等困境，在流入地城市甚至会遭遇诸如工作不

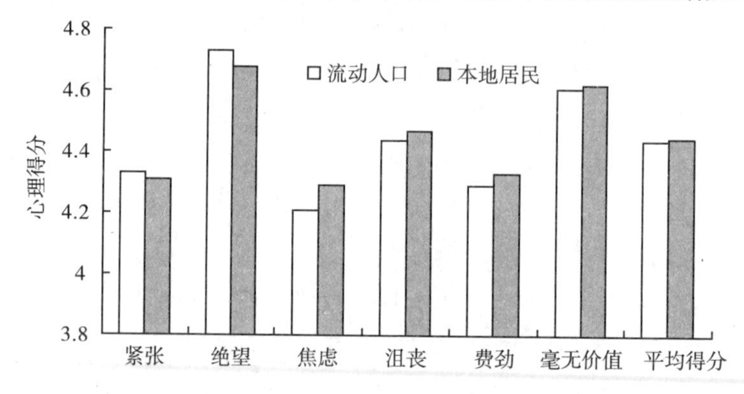

图 2-8　温州市流动人口与本地居民的心理健康比较

---

① Jin L., Wen M., and Fan J. X., et al., “Trans-Local ties, Local Ties and Psychological Well-being among Rural-to-Urban Migrants in Shanghai”, *Social Science & Medicine*, Vol. 75, No. 2, 2012.

② 王桂新、苏晓馨、文鸣：《城市外来人口居住条件对其健康影响之考察——以上海为例》，《人口研究》2011 年第 2 期。

稳定、生活歧视等不利因素，面临更大的工作和生活压力，这些因素都可能成为影响流动人口心理健康的原因。另外，从城乡差异来看，尽管城—城流动人口心理健康得分要略低于乡—城流动人口，但两者间的差异不显著。

四　流动人口健康的影响因素分析

流动人口群体间的健康差异既可能与其人口和社会经济构成、个体健康行为的差异有关，也可能与流动过程的选择性有关。在前期描述性分析的基础上，本节利用二元 Logistic 回归模型和多元线性回归模型，来进一步探究流动人口健康状况的多重影响因素。

（一）变量赋值与模型设定

1. 变量赋值

（1）因变量

本书用自评健康、慢性病患病率和心理健康三个指标来测度流动人口的健康状况。健康指标既包括生理健康（慢性病患病率），又包括心理健康；既有经专业医生评估的客观指标（慢性病患病率），又有主观评价指标（自评健康和心理健康）。因此，可以得到对样本人群健康状况较为全面的评价。

自评健康：李克特五级量表的健康状况自我评估是目前国际社会科学领域中得到公认且最常用的健康评价指标。该评估方法通过询问被访者自我感知的总体健康状况如何获取相关信息，其结果为 Likert 五分变量，有非常好、很好、好、一般、差五个选项。在多变量分析中，自评健康往往被转换成二分变量，其中回答非常好、很好或好赋值为 1，自评健康一般或差的赋值为 0，且在数据处理中作为参照组。

慢性病患病情况：询问被访者是否被医生告知确诊患有以下至少一种慢性病，包括高血压/高血脂/高胆固醇、哮喘、慢性气管炎、糖尿病、心脏病、中风、关节炎、肾结石/肾炎/泌尿系统疾病、消化道溃疡/肠胃炎、癫痫、甲肝/乙肝或其他未列出的慢性病，至少患有一种慢性病赋值为 1，没有患任何慢性病赋值为 0，且在数据处理中作为参照组。

心理健康：心理健康由自填问卷中包含的 6 项健康问题（GHQ）来衡量，询问被访者在过去 30 天内的心理感受。对 6 项中的每一项都有五个选项来表示他们经历某种症状的程度（包括“1. 紧张；2. 绝望；3. 焦虑或烦躁；4. 沮丧；5. 费劲；6. 毫无价值”六个问题，选项包括没有、很少、偶尔、经常、总是），以测量被访者的心理健康。统计时“没有”计为5，“很少”计为4，“偶尔”计为3，“经常”计为2，“总是”计为1。本次调查所得问卷中相关问题的Cronbachα系数为0.853，说明其内部一致性信度较好，六个问题得分相加取平均分即为心理健康综合得分，取值范围为1—5，取值越高代表心理健康状况越好。

（2）自变量

本部分突出流动人口健康状况与制度因素、生活方式、社会支持、相对社会经济地位的关系。制度因素操作化两个变量：①户籍身份a，即流动人口（=1）和本地居民（=0）；②户籍身份b，在户籍身份①把流动人口区分为城—城流动人口和乡—城流动人口。生活方式变量有是否经常吸烟、饮酒、锻炼身体、吃早餐、每年睡眠大于8小时以及体检情况，有赋值为1，否则为0。③是否患慢性病，有赋值为1，否则为0。④本地医保情况，有赋值为1，否则为0。⑤社会支持，采用人际支持测量表（ISEL-9），去除条目2和6后，信度分析结果表明Cronbachα系数达到0.814，表明内部一致性信度较好。将条目3、8、9合并为实际支持，条目1、4、5、7合并为情感支持，具体条目见附录。⑥相对社会经济地位通过询问受访者自己的经济地位在温州属于哪个层次赋值，包括下等、中下等、中等、中上等、上等5个选项，分别赋值1—5。

（3）控制变量

本研究同时控制个体的性别（男性为1，女性为0）、年龄（分组变量）、婚姻状况、教育年限、月收入（取对数）、职业类型等社会人口学特征变量。

2. 模型设定

由于本书的因变量自评健康和慢性病患病率为二分变量，故对自评健康和慢性病患病率采用二元Logistic回归模型进行分析，以被解释变量为自评一般健康为例，Logistic回归分析模型形式如下：

$$\ln\left(\frac{p_i}{1-p_i}\right)=\beta_0+\beta_i X_i+\varepsilon_i$$

其中，$p_i=P(Y_i=1)$，$Y_i=\begin{cases}1，自评健康好\\0，自评健康差\end{cases}$

心理健康为连续变量，故对心理健康采用以下普通最小二乘线性回归分析模型：

$$Y_i=\beta_0+\beta_i X_i+\varepsilon_i$$

模型纳入人口学特征、社会经济因素、生活方式、社会支持等变量，并结合因变量特征，运用二元 Logistic 回归模型和多元线性回归模型进行多元回归分析。

（二）流动人口健康影响因素的实证分析

1. 户籍类型与流动人口健康状况

从表 2-17 和表 2-18 的回归分析结果可知，控制人口学和社会经济特征、生活方式、社会支持等变量后，流动人口的慢性病患病率要显著地好于本地居民，心理健康则显著不及本地居民，两者间的自评健康差异不显著。结合户籍的身份和属地差异，可知这实际上是乡—城流动人口慢性病患病情况好于本地居民，而流动人口与本地居民心理健康的差异更多的是体现在户籍“本地/外地”的差别。其次，从流动人口群体内部来看，不管是自评健康、慢性病患病率还是心理健康，乡—城流动人口与城—城流动人口在健康状况方面均没有存在显著的差异。

表 2-17　流动人口自评健康和慢性病的影响因素分析［Exp（B）值］

	自评健康			慢性病患病情况		
	全样本	全样本	流动人口	全样本	全样本	流动人口
流动身份						
流动人口	1.015			0.801*		
流动身份（本地居民）						
城—城流动人口		1.131			1.038	
乡—城流动人口		0.998			0.770*	
户籍性质						
农业户口			0.919			0.666
性别（女）	1.098	1.115	1.096	1.228	1.222	0.798
年龄（17—24 岁）						
25—34 岁	0.628+	0.634+	0.453	0.806	0.809	0.690
35—44 岁	0.542+	0.544+	0.466	1.230	1.225	0.732
45—55 岁	0.498	0.503	0.475	2.385*	2.381*	1.598+
55 岁以上	1.367	1.338	1.032	4.289**	4.275**	2.832*
婚姻（不在婚）	1.243	1.235	1.147	0.849	0.853	0.848

续表

	自评健康			慢性病患病情况		
	全样本	全样本	流动人口	全样本	全样本	流动人口
教育年限	0.985	0.984	0.980	0.992	0.989	1.025*
月收入（对数）	0.994	0.993	1.091	1.124	1.130	1.266
职业类型（生产运输设备操作人员）						
管理和技术人员	1.215	1.150	1.591	1.088	1.083	0.443
办事人员	1.125	1.067	1.433	1.826*	1.822*	0.436
经商	1.227	1.158	1.203	0.547*	0.543*	0.619+
服务业人员	1.185	1.155	1.176	0.612*	0.615*	0.853+
其他	0.630+	0.621+	0.389	1.247	1.239	2.672
相对社会经济地位	1.589***	1.591***	1.678**	0.948	0.949	0.715
生活方式						
经常吸烟	0.729	0.743	0.555*	0.909	0.911	1.601
经常饮酒	1.284	1.250	0.934	1.107*	1.108	1.083
经常锻炼	1.924**	1.883**	1.929*	0.663*	0.663*	0.773*
经常吃早餐	1.546*	1.575*	1.571+	0.967	0.958	0.928
睡眠（大于8小时）	1.258	1.286	1.174	0.494*	0.493*	0.105*
体检	1.415**	1.412**	1.502*	1.274	1.105	0.684+
慢性病	0.162***	0.161***	0.196***			
有本地医保	1.104**	1.102**	1.125*	0.807	0.814	0.724*
社会支持						
情感支持	1.015*	1.013*	1.019*	1.274	1.268	1.376
实际支持	1.121	1.118	1.125	0.972	0.973	0.847
-2Log likelihood	944.328	944.221	480.465	992.601	992.024	409.198
Cox&Snell R^2	0.140	0.140	0.132	0.084	0.085	0.058
Nagelkerke R^2	0.224	0.224	0.211	0.137	0.137	0.108

注：括号内为参考变量，+ $p<0.1$，* $p<0.05$，** $p<0.01$，*** $p<0.001$。

表 2-18　　流动人口心理健康影响因素分析（B值）

	全样本	全样本	流动人口
流动身份			
流动人口	-0.056*		

续表

	全样本	全样本	流动人口
流动身份（本地居民）			
城—城流动人口		−0.012^{+}	
乡—城流动人口		−0.065*	
户籍性质			
农业户口			0.068
性别（女）	0.061	0.063	0.056
年龄（17—24岁）			
25—34岁	0.164*	0.163*	0.195*
35—44岁	0.205*	0.204*	0.262*
45—55岁	0.297**	0.296**	0.311**
55岁以上	0.312**	0.312**	0.328^{+}
婚姻（不在婚）	0.071	0.069	0.056
教育年限	−0.009	−0.008	−0.012
月收入（对数）	−0.022	−0.024	−0.006
职业类型（生产运输设备操作人员）			
管理和技术人员	0.168*	0.170*	0.216^{+}
办事人员	−0.030	−0.029	−0.074
经商	0.060	0.063	0.091
服务业人员	0.008	0.007	−0.001
其他		0.002	−0.181
相对社会经济地位	0.054*	0.054*	0.017
生活方式			
经常吸烟	−0.096^{+}	−0.097^{+}	−0.076
经常饮酒	0.085	0.084	0.085
经常锻炼	0.038	0.038	−0.022
经常吃早餐	0.151**	0.152**	0.181*
睡眠（大于8小时）	0.103	0.103	0.160*
体检	−0.006	−0.007	0.024
有本地医保	0.078	0.077	0.084
社会支持			
情感支持	0.139**	0.138**	0.152**
实际支持	0.152***	0.152***	0.114*

续表

	全样本	全样本	流动人口
R^2	0. 136	0. 136	0. 141
Ajusted R^2	0. 124	0. 122	0. 137
F 值	6. 684***	6. 466***	3. 423***

注：括号内为参考变量，+p<0. 1，* p<0. 05，** p<0. 01，*** p<0. 001。

大量研究表明流动人口被认为是一个有着高度选择性的群体，从社会背景来看，我国流动人口主要是从农村流向城市、从经济欠发达地区流向经济发达地区，以务工性流动为主，流动人口主要从事对身体健康要求较高、技术含量较低的体力劳动，面临着工作风险较高、收入较低、健康保障较差等困境。较差的生活环境、高强度的体力劳动和较为匮乏的社会支持网络等现实威胁，对于劳动者的健康状况和身体素质提出了较高的要求，要求流动人口在进行迁移选择时必须综合考量自己的健康状况，只有身体健康的优势能够抵消在其收入水平、工作环境、住房条件与社会网络等方面的劣势时，他们才会做出外出务工的选择，身体状况较差的流动人口将无法适应这类高强度的体力劳动和恶劣的生活条件以及工作环境。因此我国现阶段的流动人口主要以青壮年劳动力为主，患慢性病的概率相对较低。但与此同时，流动迁移被认为是一个伴着众多变化的过程，也是一个充满压力的过程。[①] 从熟悉的生活环境和工作场所流迁到新的环境，流动人口不仅发生空间形态上的转移变动，也面临社会支持网络的变动和匮乏、社会交往不足、语言沟通障碍、社会经济地位低下等困扰，这些都可能是导致心理健康问题的根源性因素。[②] 流动人口在城市务工过程所产生的心理困扰又是造成其健康损耗的重要原因。[③]

2. 流动人口自评健康的影响因素

通过流动人口自评健康的影响因素分析，笔者发现，流动人口的社会人口学特征对自评健康的影响不大，仅年龄因素对自评健康有微弱的影

① 何雪松、黄富强、曾守锤：《城乡迁移与精神健康：基于上海的实证研究》，《社会学研究》2010 年第 1 期。

② 吴敏、段成荣、朱晓：《高龄农民工的心理健康及其社会支持机制》，《人口学刊》2016 年第 4 期。

③ Chen J.，"Internal Migration and Health：Re-examining the Healthy Migrant Phenomenon in China"，*Social Science & Medicine*，Vol. 72，No. 8，2011.

响，相对社会经济地位、生活方式、慢性病、医保和社会支持等变量对自评健康有显著影响。

由表2-17结果可知，主观社会经济地位对流动人口自评健康具有显著影响，而通常被认为是有益于健康的收入、教育、职业等客观社会经济指标对流动人口的自评健康没有显著的影响，这一发现提示通过社会比较获得的相对社会经济地位可能比绝对社会经济地位在预测流动人口的健康时更为敏感。因此，影响自评健康的主要因素不是他们较低收入水平、较差的受教育程度或低微的职业阶层，而是他们与周围人对比后产生的差距和失落感，其产生的相对剥夺感是影响健康的重要原因，进而使他们对自己现有社会经济地位和生活状态产生不满。这种消极的比较可能带来身份焦虑、消极情感、羞耻、不信任等不良情绪，这些心理压力和负面感知都会直接（通过高血压、心脏病、自杀等）或间接（增加酗酒、吸烟、吸毒、不良饮食习惯等不利健康行为）影响健康。[①] 长期的慢性压力也会作用于身体免疫和心脑血管系统，[②] 增加患病概率，[③] 从而对健康状况产生不利影响。由此可见，这种复杂心态的背后不仅仅是客观经济条件差异带来的心理预期落差，更是制度不公造成社会资源分配不平等所导致的主观心态失衡。[④] 这一结论有助于丰富对社会分层与健康关系的认识，加强对流动人口社会心态的重视。

由表2-17结果还可以看出，经常锻炼、经常吃早饭、体检等健康生活方式、有本地医保以及情感支持对流动人口自评健康有显著正向促进作用，尤其是经常锻炼的流动人口自评健康的概率是不经常锻炼的1.93倍。但在事实上，大多数流动人口更多关注的是打工挣钱，在预防保健、健康意识、健康教育等方面的观念普遍淡薄，自我保健缺乏，不注重身体锻炼，反而因环境、情感、工作压力等因素，更易于发生酗酒、抽烟等不健康的行为，在这方面需要引起有关部门的足够重视。另外，患有慢性病对

---

① Eibner C., Sturn R., and Gresenz C. R., "Does Relative Deprivation Predict the Need for Mental Health Services?" *Journal of Mental Health Policy & Economics*, Vol. 7, No. 4, 2004.

② Cuesta M. B., and Budría S., "Income Deprivation and Mental Well-being: the Role of Non-cognitive Skills", *Economics & Human Biology*, Vol. 17, 2015.

③ Eibner C., Sturn R., and Gresenz C. R., "Does Relative Deprivation Predict the Need for Mental Health Services?" *Journal of Mental Health Policy & Economics*, Vol. 7, No. 4, 2004.

④ 崔岩：《流动人口心理层面的社会融入和身份认同问题研究》，《社会学研究》2012年第5期。

流动人口自评健康有显著负面影响，慢性病越多，自评健康越差。

3. 流动人口慢性病患病的影响因素

由表2-17结果可知，年龄、教育年限、职业、生活方式、医保对流动人口慢性病患病情况产生了显著影响。在年龄方面，45—55岁和55岁以上慢性病患病率明显高于17—24岁，即随年龄的增长，流动人口患慢性病的概率呈增加趋势，这符合随着年龄增长，患病率上升、健康水平下降的自然规律和经验常识。教育年限对慢性病患病率也有显著影响，这表明随着教育年限的提高，慢性病患病率反而增加，这个结果与宋全成和张倩的研究结果一致，[①] 对此可能的解释是与受教育年限较高者长期在城市中高强度、快节奏的工作和生活方式等特征有一定的关联。另外，经常锻炼、保证充足的睡眠时间、参加体检等健康生活方式可以显著降低慢性病患病率。

4. 流动人口心理健康的影响因素

由表2-18可知，社会人口学特征对心理健康的影响十分有限，主要影响流动人口心理健康的变量有年龄、生活方式和社会支持等。在年龄方面，年龄对流动人口心理健康有显著正向影响，即流动人口心理健康水平随年龄增长而提高，这表明年纪较大的流动人口，其心理健康水平较高，有学者对农民工的研究也得出类似的结论。[②] 流动人口心理健康状况与其所处的自身发展阶段和特殊处境有密切关联，随着年龄增长和外出务工时间的增加，逐渐建立起自己的经济基础、人力资本和社会网络，逐步认同城市的文化观念、生活方式以及行为习惯，社会交往的范围从血缘地缘扩大到更广泛的范围，与本地居民的社会交往逐渐加深，越能通过社会参与获取社会网络支持，汲取物质和精神资源，心理健康状况越好。

由表2-18结果还可知，经常吃早餐、每天睡眠大于8小时、情感支持和实际支持对流动人口心理健康有显著影响。这些因素表明较为规律的饮食习惯、保证充足的睡眠时间等生活与健康行为习惯以及较好的社会支持是保持良好的心理状态、缓解心理问题与压力的重要途径。

---

① 宋全成、张倩：《中国老年流动人口健康状况及影响因素研究》，《中国人口科学》2018年第4期。

② 胡荣、陈斯诗：《影响农民工精神健康的社会因素分析》，《社会》2012年第6期。

第三节　本章小结

第二章对温州市流动人口居住条件、健康状况及影响因素进行了探究。首先，在现状的描述方面，对居住条件的描述重点在于刻画流动人口的住房条件、社区环境和居住隔离状况，并比较流动人口和本地居民两类群体在居住条件上差异；对健康状况的描述重点在于刻画流动人口自评健康、慢性患病情况和心理健康等方面的基本情况和特点；其次，在控制其他重要因素的前提下，对影响流动人口居住条件和健康状况的各种主要因素进行了考察，为后续研究奠定了坚实的基础。本章的主要结论如下。

（1）因户籍制度引发的城乡差分和内外之别使得流动人口住房条件明显不及本地居民。流动人口（特别是乡城流动人口）在住房方面与本地居民相比处于更多不利地位。其住房以租赁住房为主，住房拥有率极低，基本上被排斥在城市保障性住房之外；住房面积狭小且空间拥挤较为突出，室内基本设施较为简陋，住房室内环境较差，住房负担较重；住房室内环境较差。这与国内外学者的主要研究结论是一致的。虽然流动人口在城市居留时间呈长期化，但绝大部分流动人在城市的居住状况呈现出流动性、临时性、短期性、过渡性等特征，且这种居住状态在短期内难以得到根本性改变。

（2）流动人口与本地居民在社区环境方面存在显著差异。相比本地居民，流动人口主要居住在城中村等边缘社区，社区服务设施较差，社区公共空间不足，社区周边存在不同程度的环境暴露风险；社区社会环境欠佳，流动人口社区安全感、社区凝聚力和社区归属感明显不及本地居民，社区参与不足，社区交往浮于表面。居住选择过程中受到的种种限制同流动人口的“临时性”特征一起决定了其艰难的居住条件。

（3）温州市流动人口主要聚居于城市中心外围地区，呈现簇状或点状的聚焦形态，居住隔离特征在城市郊区更为明显，各行政区的分异度水平存在较大差异。有20%的流动人口居住在相对独立的外来人口聚居区，将近1/3的流动人口面临居住隔离问题。受制度与结构要素胁迫更严重的乡—城、跨省流动人口，居住在城中村、远离市中心以及居住去附近有工厂的流动人口，感受到歧视的流动人口，均面临与本地居民之间更大的隔离风险。尽管流动人口有较强的居留或交往意愿，但多重因素的阻隔导致心仪而行离的结果。这种分割的居住模式导致流动人口被阻隔在各类城市资源之外，难以借助城市资源获得信息与就业机会，更难以进行有效的人力资本和社会资本积累，也会影响流动人口对流入地的认同感与归属感。居住隔离背后反映的是利益垄断和社会层化格局，凸显出制度和结构性的分配不公。

（4）流动人口总体健康状况较好，但有不同程度的身体和心理健康问题，且对自我健康认知存在不同程度的高估倾向。控制人口和社会经济特征、生活方式、社会支持等变量后，流动人口慢性病患病率要显著低于本地居民，心理健康则显著不及本地居民，结合户籍的身份和属地差异，可知这实际上是乡—城流动人口的慢性病患病情况好于本地居民，而流动人口与本地居民心理健康的差异更多的是体现在户籍属地造成的本地/外地差别，而非城乡差异。户籍制度所造成的身份差异，使流动人口背负沉重的健康成本。整体上看，社会人口学特征对流动人口健康状况的解释力度十分有限，不同健康指标的年龄模式是不同的，随着年龄的增长，流动人口的心理健康并没有变坏，相反在中高年龄段中对心理健康评价更为积极，而慢性病患病率则会随着年龄的增长而提高。与收入、职业等客观社会经济地位相比，主观社会经济地位对流动人口自评健康的影响作用更为显著与稳定，说明“相对剥夺感”是影响流动人口健康状况的重要社会心理因素。另外，倡导良好的健康行为与生活习惯、获取更多的社会支持对改善流动人口健康状况具有重要的积极作用，尽管这些保护效应对缓解其他因工作、流动等不利因素带来的健康损耗作用较为有限。

第三章

住房条件对流动人口健康的影响

第二章对流动人口居住条件和健康状况进行了分析，结论表明，相比本地居民，流动人口住房条件处于明显弱势地位，以租赁住房为主，住房面积狭小，室内基本设施较为简陋，室内环境较差。那么流动人口相对于本地居民的住房条件劣势会对他们的健康状况产生怎样的影响？如果存在影响，这些影响主要集中在健康的哪些方面？住房条件的健康效应在流动人口和本地居民这两个群体之间是否存在差异？针对这些问题，本章将在第二章中从人口学和社会经济特征方面对影响流动人口健康的主要因素进行分析的基础上，着重引入住房条件来考察其对流动人口健康的影响情况，将以自评健康、慢性病患病情况和心理健康作为因变量，研究流动人口住房条件的不同维度与健康的关系。本章开篇对研究设计、变量设置和分析策略进行了说明，然后基于调查数据，利用二元 Logistic 回归模型和多元线性回归模型，考察住房条件对流动人口健康的影响，检验住房变量等相关因素对健康作用的方向和强弱，最后，以本地居民为参照组，比较住房条件对流动人口和本地居民健康作用的异同。

第一节　引言

通过前面的文献综述可以发现，住房是关乎流动人口在城市生存与发展的最基本生活条件之一，是影响个人健康的重要社会决定因素之一。在西方发达国家的经济学、社会学、地理学等学科领域，对于住房与健康的研究已有相当多的研究成果，其中对个体健康的考察不仅包括身体健康还包括心理健康等方面。研究发现，不合格的住房条件（包括阴暗潮湿、嘈杂、过度拥挤、通风不良、缺乏清洁的饮用水和必要的卫生设施等）与呼吸类传染病、肺结核、哮喘、铅中毒、皮肤过敏、心血管疾病等发病率密切相关，[①] 尤其是过度拥挤和通风不良导致患呼吸道传染病的概率大大增加。[②] 最近的研究表明，缺乏安全的饮用水、通风不良等不利住房条件与儿童早期的发育迟缓和营养不良也有关。[③] 对贫困家庭而言，家庭住房消费支出的增加会导致食物等营养品消费的减少，如果食物持续减少会造成儿童营养不良。[④] 同时除身体健康外，住房对于心理健康的影响也被学者所证实，潮湿、阴冷、拥挤的住房会对个人的情绪感受、心理状态产生负面的影响，使其感知更大的环境压力，因此容易出现烦躁、焦虑、抑郁等心理症状。[⑤] 另外，有学者研究指出住房对健康的影响，可能不是通过住房客观条件本身，而是通过对住房的主观评价（如满意度、舒适度、自豪感、感知度等）与个体健康建立起联系。[⑥] 如住房满意度越高，其住房条件就越符合人们的需求与期望，幸福感就越强；而住房产权的拥有能够使人们更具满足感与安全感，这些主观感知通过影响幸福感而与个人的健康建立联系。另有研究指出，在美国，拥有房产意味着更好的生活体验，进而提高了生活满意度，通过身份感的获得提升自尊和自主感，进而影响个体健康水平。[⑦]

从本书第二章住房条件的描述性分析中可以看到，作为中国城市中的弱势群体，流动人口接触这些不利住房要素的概率会更高，由此可以推论出，不利的住房条件对流动人口健康的负面影响将会是十分显著的。然而相比较而言，国内在住房条件与健康关系的研究仍处于起步阶段，迄今仅

---

① Krieger J., and Higgins D. L., "Housing and Health: Time again for Public Health Action", *American Journal of Public Health*, Vol. 92, No. 5, 2002.

② Gibson M., Petticrew M., and Bambra C., et al., "Housing and Health Inequalities: A Synthesis of Systematic Reviews of Interventions Aimed at Different Pathways Linking Housing and Health", *Health & Place*, Vol. 17, No. 1, 2010.

③ Weitzman M., Baten A., and Rosenthal D. G., et al., "Housing and Child Health", *Current Problem in Pediatric and Adolescent Health Care*, Vol. 543, No. 8, 2013.

④ Meyers A., Frank D. A., and Roos N., et al., "Housing Subsidies and Pediatric Under-nutrition", *Archives of Pediatrics & Adolescent Medicine*, Vol. 149, No. 10, 1995.

⑤ Hu Y., and Coulter R., "Living Space and Psychological Well-being in Urban China: Differentiated Relationships across Socioeconomic Gradients", *Environment & Planning A*, Vol. 49, No. 4, 2017.

⑥ Dunn, R. J., and Hayes M. V., "Social Inequality, Population Health, and Housing: A Study of Two Vancouver Neighborhoods", *Social Science & Medicine*, No. 51, 2000.

⑦ Leavitt J., and Loukaitou-Sideris A., "A Decent Home and A Suitable Environment: Dilemmas of Public Housing Residents in Los Angeles", *Journal of Architectural & Planning Research*, Vol. 12, No. 3, 1995.

局限于一些零星的调查，且在深度和广度上也具有很大的局限性。尽管在个体健康的影响因素的研究中对住房变量已或多或少地有所涉及，但它并不是作为被主要观察的变量而被引入模型。[①] 事实上，目前国内对住房条件与流动人口健康关系的研究还十分少见，[②] 住房条件与流动人口健康关系的实质尚未得到很好解释，更远未就此达成普遍共识。在此背景下，本章拟采用2017年温州市抽样调查数据，对住房条件对流动人口健康的影响进行深入考察。笔者将住房条件细分为住房类型、住房来源、住房室内基本设施、室内空气质量、住房拥挤程度、室内采光情况、室内隔音效果和室内潮湿情况等多个维度，以便在此基础上更为准确地捕捉到住房条件对流动人口健康状况的影响。并通过对流动人口和本地居民在住房的健康效应差异的考察，获得就住房条件对流动人口健康影响更为深入的认识。

第二节　变量赋值与模型设定

一　变量赋值

（一）健康的测量

本书用自评健康、慢性病患病率和心理健康三个指标来测度流动人口的健康状况。健康指标既包括生理健康（慢性病患病率），又包括心理健康；既有经专业医生评估的客观指标（慢性病患病率），又有主观评价指标（自评健康和心理健康）。因此，可以得到对样本人群健康状况较为全面的评价。具体测量方式见本章第二节。

（二）住房条件的测量

参考已有研究及考虑到数据的可获得性，本书的住房条件包括住房类型、住房来源、住房室内基本设施、室内空气质量、住房拥挤程度、室内采光情况、室内隔音效果、室内潮湿情况8个指标。其中①住房类型分为楼房和其他，分别赋值1和0。②住房来源分为自己购买和其他，分别赋

---

① 聂伟、风笑天：《农民工的城市融入与精神健康——基于珠三角外来农民工的实证调查》，《南京农业大学学报》（社会科学版）2013年第5期。

② Xiao Y., Miao S., and Sarkar C., et al., "Exploring the Impacts of Housing Condition on Migrants' Mental Health in Nanxiang, Shanghai: A Structural Equation Modelling Approach", *International Journal of Environmental Research and Public Health*, 2018, Vol. 15, No. 2, 2018.

值为 1 和 0。③住房室内基本设施的变量值通过询问住房室内卫生间、厨房、自来水、天然气/煤气、电视机、空调、热水器、洗衣机、电冰箱、电风扇、网络 11 项基本设施的拥有情况获得，拥有六项以上赋值为 1，其他赋值为 0。④室内空气质量，回答“较好”赋值为 1，“一般”或“较差”赋值为 0。⑤住房拥挤程度，受访者回答住房不拥挤赋值为 1，拥挤为 0。⑥室内采光情况，受访者主观评价采光条件好赋值为 1，不好赋值为 0。⑦室内隔音效果，受访者主观评价室内隔音效果好赋值为 1，差赋值为 0。⑧室内潮湿情况，受访者主观评价室内不潮湿赋值为 1，差赋值为 0。⑨住房条件总得分，将上述八项指标取值加总，取值范围 0—8，取值越大，说明住房条件越好。

控制变量是个体的人口和社会经济学特征，包括性别、年龄、婚姻、教育程度、月收入、相对社会经济地位和户籍身份（流动人口 VS 本地居民）。其中，婚姻分为在婚和不在婚，分别赋值 1 和 0。教育程度用教育年限表示。相对社会经济地位通过询问受访者自己的经济地位在温州属于哪个层次赋值，包括下等、中下等、中等、中上等、上等 5 个选项，分别赋值 1—5。

二 模型设定

本章以下内容将在控制人口和社会经济特征变量的基础上，考察住房条件与流动人口健康的关系。由于本书的因变量自评健康和慢性病患病率为二分变量，故对自评健康和慢性病患病率采用二元 Logistic 回归模型进行分析，以被解释变量为自评一般健康为例，Logistic 回归分析模型形式如下：

$$ln\left(\frac{p_i}{1-p_i}\right)=\beta_0+\beta_i X_i+\varepsilon_i$$

其中，$p_i=P(Y_i=1)$，$Y_i=\begin{cases}1，自评健康好\\0，自评健康差\end{cases}$

心理健康为连续变量，故对心理健康采用以下普通最小二乘线性回归分析模型：

$$Y_i=\beta_0+\beta_i X_i+\varepsilon_i$$

同时为避免出现统计偏差，对所有回归模型都进行共线性诊断，各个变量的方差膨胀因子（VIF）都小于 2，证明自变量之间不存在共线性问题。

相关模型还分析考察了全样本人口的住房条件单项变量与户籍身份的交互作用及住房条件总得分与健康的关系，以及流动人口和本地居民住房条件单项变量与健康的关系。

第三节 住房条件对流动人口健康影响的实证分析

一 住房条件对流动人口自评健康的影响

表 3-1 中的模型 3 显示，控制一系列人口和社会经济因素之后，对流动人口自评健康有显著影响的变量较少，仅住房类型、住房室内基本设施对流动人口的自评健康影响显著。住房来源、室内空气质量、空间拥挤程度、采光情况、隔音效果、潮湿情况等住房条件变量对流动人口自评健康的影响均不显著。就本地居民而言，住房条件对本地居民自评健康的影响较大，室内空气质量、空间拥挤程度、隔音效果和潮湿情况对其自评健康结果影响显著，而住房类型、住房来源、室内基本设施、采光情况对其自评健康的影响不显著。另外，住房条件总分对全样本和本地居民自评健康在5%的水平上有显著影响，却未显示与流动人口自评健康有显著相关关系。由此可见，住房条件对流动人口健康的影响低于笔者基于相关文献得出的理论预期，而且这种影响要小于对本地居民的影响，这在表 3-1 的模型结果中所展示的检验和评价模型整体效果的 Cox&Snell R^2 和 Nagelkerke R^2 也可以看出端倪。

表 3-1 住房条件与流动人口自评健康状况的关系 [Exp (B) 值]

	全样本		流动人口		本地居民	
	模型 1	模型 2	模型 3	模型 4	模型 5	模型 6
性别（女）	1.030	1.015	0.911	0.920	1.080	1.109
年龄	0.986	0.988	0.986	0.991	0.983	0.987
婚姻（不在婚）	0.994	1.005	0.806	0.812	1.193	1.270
教育年限	0.994	0.989	0.993	0.994	0.991	0.985
职业类型（蓝领）	1.160	1.111	1.083	1.066	1.176	1.147
月收入（对数）	1.003	1.020	1.050	1.024	0.977	1.038
相对社会经济地位	1.508***	1.512***	1.499**	1.512**	1.502**	1.475**

续表

	全样本		流动人口		本地居民	
	模型 1	模型 2	模型 3	模型 4	模型 5	模型 6
户籍（本地居民）	1. 568	3. 133⁺				
住房类型	0. 643⁺		0. 548 *		0. 868	
住房来源	1. 647⁺		2. 245		1. 455	
住房室内基本设施	1. 046		1. 043⁺		2. 511	
室内空气质量	1. 515 *		1. 330		1. 729 *	
居住空间拥挤程度	1. 557 *		1. 367		1. 796⁺	
室内采光情况	0. 909		0. 735		1. 231	
室内隔音效果	1. 621 **		1. 420		1. 732 *	
室内潮湿情况	1. 233 *		1. 103		1. 392 **	
住房条件总分		1. 261 **		1. 079		1. 254 **
户籍×住房条件总分		0. 856⁺				
-2Log likelihood	1072. 314	1092. 578	543. 558	554. 428	520. 630	536. 847
Cox&Snell R^2	0. 046	0. 029	0. 042	0. 024	0. 064	0. 037
Nagelkerke R^2	0. 074	0. 047	0. 067	0. 038	0. 103	0. 059
N	1139	1139	571	571	568	568

注：括号内为参考变量，$^{+}p<0.1$，$^{*}p<0.05$，$^{**}p<0.01$，$^{***}p<0.001$。

从住房类型看，居住楼房的流动人口比居住其他房屋类型自评健康要差。具体而言，住楼房的流动人口自评健康的概率仅为住其他房屋类型的 0. 548 倍。王桂新等对上海本地居民的研究同样发现类似现象：住楼房的本地居民的心理健康反而较差。① 对于这一结论，可以从以下三个方面进行解释：第一，参考群体理论可能可以解释住房类型对流动人口健康的作用机制。城乡、区域二重分割本身区分了不同地域和城乡之间居民的地位和权利，而流动人口对社会分割产生的种种福利和待遇不公有更深刻的体验，不同的住房来源和住房类型带来有差异的保障心态和生活体验。基于这样的现实背景，当流动人口与本地居民一起居住楼房时，在近距离接触

---

① 王桂新、苏晓馨、文鸣：《城市外来人口居住条件对其健康影响之考察——以上海为例》，《人口研究》2011 年第 2 期。

中越能体验到城乡、区域、体制内外之间的不平衡，产生较强的不协调感和相对剥夺感，面临更多的社会排斥、文化差异、不公平待遇等压力。[①] 比较楼房与其他住房类型的流动人口知觉压力发现，前者的知觉压力得分是43.67分，而后者的知觉压力得分是38.36分，并且得分差异统计检验显著。根据生活压力理论，压力是影响个体健康的重要作用机制，较大程度的压力暴露和应对压力资源的缺乏会导致生理和心理健康状况下降。英国学者迈克尔·戴利在2014年对英国低收入群体健康状况不佳的原因进行调研时发现，低收入人群健康状况不佳的主要原因并不是收入低或没有足够的财富，而是与邻里攀比所产生的心理压力导致。[②] 这种压力的消极影响远大于流动人口从城市社会网络中获取的支持和资源。[③] 第二，楼房的条件相对较好，但是租金价格也较高，比较楼房与其他住房类型的每月租金发现，楼房的月租金要1090.71元，而其他住房类型的月租金仅要619.56元，并且两者差异统计检验显著。这意味着住楼房需要支付更高的住房成本，经济压力可能会导致流动人口自评健康较低。第三，也有个别学者认为住楼房的流动人口可能因为安全顾虑或其他方面的担忧反而对自身健康造成不利影响。[④] 由此可见，住房类型对健康影响的方向并不是确定的。

从住房室内基本设施看，住房室内基本设施对流动人口自评健康有显著影响，但这一结果仅在10%的水平上显著。住房室内基本设施每增加1个单位，流动人口自评健康的概率就显著提高4.30%。此结论与常识相符，住房室内基本设施反映了房屋居住质量，决定着住房基本生活功能的实现程度。不难理解，住房室内基本设施越齐全，越能增加居住生活的舒适度，使生活方式健康化、科学化，提高了生活质量，增强了抵御疾病的

---

① Liu Y., Zhang F., and Liu Y., et al., "Economic Disadvantage and Migrants' Subjective Welling-Being in China: the Mediating Effects of Relative Deprivation and Neighborhood Deprivation", *Population, Space and Place*, Vol. 25, No. 2, 2018.

② 环球网：《邻里攀比易导致健康状况下降》，http://health.huanqiu.com/health_news/2014-10/5184820.html。

③ 胡荣、陈斯诗：《影响农民工精神健康的社会因素分析》，《社会》2012年第6期。

④ 王桂新、苏晓馨、文鸣：《城市外来人口居住条件对其健康影响之考察——以上海为例》，《人口研究》2011年第2期。

能力，因此自评健康也越好。这与李礼等和林赛南等的研究结论基本一致。[①②]

表3-1中的模型5显示，室内空气质量、居住空间拥挤状况、室内隔音效果和室内潮湿情况都显著影响本地居民自评健康。即室内空气质量评价越好，室内空间越宽敞，室内隔音效果和潮湿情况越得到改善，则本地居民自评健康越好。具体而言，室内空气质量每增加1个单位，本地居民自评健康的概率就提升72.9%；居住空间拥挤状况每减少1个单位，本地居民自评健康的概率就提升79.6%；室内隔音效果每改善1个单位，本地居民自评健康的概率就提升73.2%；室内潮湿情况每减少1个单位，本地居民自评健康的概率就提升39.2%。住房是人们所处时间最多的地方，有调查显示人们每天平均有14个小时在自己的住房中度过，[③] 也就是说人们一天中大多数时间都在自己的住房内活动。相对于流动人口，住房对具有身份优势的本地居民来说有着更为重要的意义，决定其在社会分层中的地位。尤其是在生活水平越来越好的今天，人们对住房有着更高的要求和期望，对居住环境和身体健康给予了前所未有的关注。而住房空气质量、居住空间拥挤程度、室内隔音效果和室内潮湿情况等都是评价健康住宅的基本指标，与其生活质量紧密相关，因此主观构建的高期望使得本地居民更容易经历由于"住房期望"未被满足而造成自我健康评价受损。[④]尤其在南方地区，潮湿闷热的气候对居民的生活造成不少影响，不少本地居民抱怨梅雨季节室内阴暗潮湿，容易发霉，且地面长有青苔常常湿滑难行，容易摔倒。从上述分析中可以得出，住房室内状况对本地居民自评健康的上述影响尤其显著。

虽然住房条件对个体健康具有显著的主效应，但是个体并非被动单方面受到住房条件特征的影响。实际上，住房条件特征与户籍之间会发生各种可能的交互作用。因此，表3-1中的模型1和模型2增加了住房条件单

① 李礼、陈思月：《居住条件对健康的影响研究——基于CFPS2016年数据的实证分析》，《经济问题》2018年第9期。

② 林赛南、李志刚、郭炎：《流动人口的"临时性"特征与居住满意度研究——以温州市为例》，《现代城市研究》2018年第12期。

③ 王海涛、范向华：《住房与健康》，《环境与健康杂志》2005年第4期。

④ Hu Y., and Coulter R., "Living Space and Psychological Well-being in Urban China: Differentiated Relationships across Socioeconomic gradients", *Environment & Planning A*, Vol. 49, No. 4, 2017.

变量、住房条件总分与户籍的交互项。结果表明，户籍与住房条件总分存在显著交互作用，加入交互项后，模型的拟合度有所提高，相对于流动人口，住房条件对本地居民自评健康的影响作用更大，而对流动人口自评健康的影响只相当于对本地居民影响大小的85%左右。模型1还考察各个住房条件单项指标与户籍的交互作用，结果均未达到显著性水平，说明各个住房条件单项变量对流动人口和本地居民自评健康的影响关系大小上没有差异。

二　住房条件对流动人口慢性病患病情况的影响

表3-2中的模型3显示，在控制一系列人口、社会经济学因素后，住房类型、室内采光情况、室内隔音效果和室内潮湿情况显著影响流动人口慢性病患病情况。住房来源、住房室内基本设施、室内空气质量、居住空间拥挤程度对流动人口慢性病患病情况的影响不显著。对本地居民而言，住房空间拥挤程度和室内隔音效果显著影响本地居民慢性病患病情况，住房类型、住房来源、住房室内基本设施、室内空气质量、室内采光情况对本地居民慢性病患病情况的影响均不显著。另外，合计的住房条件总分对全样本、流动人口和本地居民慢性病患病率均有显著影响。

表3-2　住房条件与流动人口慢性病患病情况的关系［Exp（B）值］

	全样本		流动人口		本地居民	
	模型1	模型2	模型3	模型4	模型5	模型6
性别（女）	1.303	1.211	1.036	0.899	1.579*	1.513*
年龄	1.059***	1.056***	1.052**	1.044**	1.070***	1.067***
婚姻（不在婚）	0.697	0.735	0.625	0.672	0.895	0.885
教育年限	1.002	1.008	1.034	1.051	0.994	0.995
职业类型（蓝领）	1.013	1.127	0.664	0.770	1.287	1.384
月收入（对数）	0.924	0.933	1.151	1.082	0.875	0.898
相对社会经济地位	1.062	1.022	1.228	1.120	0.909	0.911
户籍（本地居民）	0.567+	0.482***				
住房类型	1.609+		1.893+		1.231	
住房来源	0.757		0.874		0.771	
住房室内基本设施	1.248		1.200		0.274	
室内空气质量	1.251		1.345		1.230	

续表

	全样本		流动人口		本地居民	
	模型 1	模型 2	模型 3	模型 4	模型 5	模型 6
居住空间拥挤程度	0.664^{+}		0.893		0.460*	
室内采光情况	0.469		0.144^{+}		0.044	
室内隔音效果	0.393***		0.363***		0.436**	
室内潮湿情况	0.564**		0.344***		0.877	
住房条件总分		0.809***		0.852^{+}		0.750***
-2Log likelihood	981.323	1017.187	402.194	432.145	559.735	573.632
Cox & Snell R^2	0.095	0.066	0.071	0.021	0.113	0.091
Nagelkerke R^2	0.153	0.107	0.131	0.039	0.168	0.136
N	1139	1139	571	571	568	568

注：括号内为参考变量，$^{+}p<0.1$，$^{*}p<0.05$，$^{**}p<0.01$，$^{***}p<0.001$。

从住房类型看，住房类型与流动人口慢性病患病情况呈微弱的相关关系，但这一结果仅在0.1水平上达到显著。值得注意的是，由于本次调查流动人口样本中高达81.10%都住在楼房，这一结果可能还不足以准确地反映住楼房与慢性病患病情况的关系，进一步细分住房类型，或者纳入更多的住房条件变量，或许会有助于更好地揭示住房条件对慢性病患病率的影响关系。

从住房室内状况看，室内采光情况、室内隔音效果和室内潮湿情况显著影响流动人口慢性病患病情况。具体而言，室内采光情况每增加1个单位，流动人口患慢性病的概率降低85.6%；室内隔音效果每提高1个单位，流动人口患慢性病的概率降低63.7%；室内潮湿情况每改善1个单位，流动人口患慢性病的概率降低65.6%。在实际调查中笔者发现，不少流动人口居住在城中村、城乡接合部的农民房中。在经济利益的驱动下，当地村民私自搭建或加建房屋楼层，见缝插针式的“连体楼”“贴面楼”“握手楼”比比皆是，由于楼房密集，楼间距无法达到规定的距离，导致采光被严重影响，走道光线昏暗，犹如傍晚，这些楼房之间窗靠窗，终日见不到太阳，在炎热潮湿的南方天气中通风极差。“我们这儿白天都得开灯，要不老觉得家里太阴暗，黑乎乎，不舒服。”一位租户说。“这里太压抑了，连门外的天空都是狭长的，看不到太阳，更不要说花草树木了。”“住这里最怕梅雨季节，地上和墙上潮得不行，衣服和家具都发霉。”另外一位租户无奈地说。朝向不好、阳光不足、湿气太重、拥挤、压抑等都是访谈中流动人口反映其住房存在的一些普遍性问题。国外已有大量研究证实，阴冷、潮湿、嘈杂的住房条件与心脑血管、关节炎等多种慢性疾病的发病率有密切的联系。① 在调研中就有一位妇女反映她的丈夫因为长期跑运输劳累，再加上租住的房间阴暗潮湿，这两年老是腰酸背痛。长期居住在阴暗潮湿的环境，不仅容易引发上述风湿病、支气管炎等慢性疾病，还助长霉菌的生长繁殖，诱发皮肤病等疾病。

从房屋内部结构看，在流动人口租住的房屋里，居住面积一般非常有限，同一居室蜗居多户的现象并不少见，有的户与户之间用窗帘布、木板等简易材料相互隔开，房屋的隔音效果可想而知。“房子隔音特别差，我的卧室正好和邻居的卧室是隔壁，忙碌了一天就想回去好好休息，房间隔音效果太差了，邻居看电视声音大点我都能知道演的是什么电视剧。更过分的是半夜里经常会有奇怪的声音吵得人睡不着，有时候刚刚睡着就被床板撞在墙上的声音吵醒了。”一位出租车司机向笔者抱怨。可见，嘈杂、隔音效果差的住房条件不仅影响流动人口的情绪、睡眠和工作效率，降低生活质量，更容易造成紧张的邻里关系，甚至还会诱发高血压、中风和冠心病，并对神经系统产生了不良影响。② 本书上述的实证和访谈结果恰恰反映了采光、隔音不佳以及潮湿等住房问题对流动人口健康带来的潜在危害，而这些影响却容易被流动人口和有关部门所忽视。

表 3-2 中的模型 1 和模型 2 还分析了各个住房条件单项变量以及住房条件总得分与户籍身份的交互作用，模型结果均未达到显著性水平。住房条件总分与慢性患病率有显著关系，即流动人口和本地居民住房条件整体上越好，两者报告患有慢性病的概率越低。

三　住房条件对流动人口心理健康的影响

表 3-3 中的显示住房条件多项指标与心理健康有关。从模型拟合程

① Krieger J., and Higgins D. L., “Housing and Health: Time again for Public Health Action”, *American Journal of Public Health*, Vol. 92, No. 5, 2002.

② Bonnefoy X., “Inadequate Housing and Health: An Overview”, *International Journal Environment & Pollution*, Vol. 30, No. 3/4, 2007.

度来看，模型对本地居民的拟合效果较优，而对流动人口的拟合效果相对较差，在加入住房条件变量后，模型拟合优度明显上升。从住房条件变量纳入前后模型决定系数的变化中可以直观看出，这些住房条件变量对解释因变量的差异具有重要的显著贡献，充分说明这些住房条件因素对流动人口和本地居民心理健康的重要影响。相对于其他社会经济因素的影响，这些住房条件因素的健康效应的重要性更为突出。

表 3-3　　　　住房条件与流动人口心理健康的关系（B 值）

	全样本		流动人口		本地居民	
	模型 1	模型 2	模型 3	模型 4	模型 5	模型 6
性别（女）	0.045	0.038	0.044	0.041	0.037	0.026
年龄	0.009***	0.009***	0.011**	0.011***	0.008*	0.008*
婚姻（不在婚）	0.040	0.043	0.004	0.005	0.051	0.047
教育年限	−0.003	−0.006	−0.10	−0.012	0.001	−0.002
职业类型（蓝领）	0.084*	0.077+	0.084	0.081	0.070	0.069
月收入（对数）	0.000	−0.001	0.073	0.078	−0.041	−0.058
相对社会经济地位	0.036	0.042	0.001	0.009	0.078*	0.080*
户籍（本地居民）	−0.361***	−0.197***				
住房类型	−0.048		−0.019		−0.094	
住房来源	0.183**		0.007		0.351***	
住房室内基本设施	0.011		0.011		0.010	
室内空气质量	0.033		0.064		0.012	
居住空间拥挤程度	0.075		0.153*		−0.074	
室内采光情况	0.191**		0.108		0.330**	
室内隔音效果	0.221***		0.138*		0.297***	
室内潮湿情况	0.076		0.068		0.075	
住房条件总分		0.108***		0.080***		0.137***
户籍×住房来源	−0.361*					
户籍×住房条件总分		−0.060*				
R^2	0.114	0.092	0.093	0.076	0.152	0.115
Ajusted R^2	0.100	0.084	0.068	0.063	0.129	0.102
F 值	8.449***	11.428***	3.779***	5.779***	6.621***	9.094***
N	1139	1139	571	571	568	568

注：括号内为参考变量，+ $p<0.1$，* $p<0.05$，** $p<0.01$，*** $p<0.001$。

表 3-3 中的模型 3 显示，住房室内宽敞和室内隔音效果好，对流动人口的心理健康有着显著的正向影响。而住房类型、住房来源、住房室内基本设施、室内空气质量、室内采光情况、室内潮湿情况对流动人口心理健康的影响均不显著。对本地居民而言，住房来源、室内采光情况、室内隔音效果对其心理健康影响显著，其他住房条件变量对其心理健康影响均不显著。另外，住房条件总分对全样本、流动人口和本地居民的心理健康均有显著影响。

从住房空间拥挤程度看，住房室内宽敞对流动人口心理健康有显著的正向影响。住房室内拥挤程度每减少 1 个单位，流动人口的心理健康得分增加 0.153，说明住房室内越宽敞，越有利于改善流动人口的心理健康水平。调查中笔者发现，在靠近市区的水心社区一地下室，500 多平方米的地下室里，被搭建出 29 个隔间用于出租，有的小隔间里甚至住了一家三代。密密麻麻私接乱搭的电线随意缠绕在房间内，做饭用的锅碗瓢盆杂乱地摆放在过道上，灯光昏暗、空气污浊，环境又脏又乱，蜗居在这样拥挤局促、嘈杂混乱的住房环境对流动人口心理造成的负面影响可想而知。居住空间被认为是一种重要的“健康资源”，也是个体的压力源，通过压力和资源影响健康。居住空间的缺乏与不良的心理健康有着密切联系。高密度的拥挤环境通过压力暴露机制对人的情绪将产生消极的影响，主要影响了人的情感反应和生理唤醒水平，使肾上腺激素浓度升高，压力增大；而且拥挤使人与人之间的吸引力降低，产生退缩行为，回避社会交往，破坏人际关系网络，使工作效率下降；住房拥挤还会暴露个人的隐私，产生心理压力，干扰睡眠或扰乱正常的家庭生活和社交活动，从而可能导致流动人口主观幸福感降低。另外，有研究发现住房拥挤不仅直接导致心理疾病，还间接与精神错乱和滥用药物等行为问题息息相关。[①]

从室内隔音效果看，室内隔音效果对流动人口心理健康有显著的正面影响。具体而言，室内隔音效果每增加 1 个单位，流动人口心理健康得分将增加 0. 138。国外大量研究证实，当住房内存在噪声、嘈杂、维

① 曾锐、唐国安：《拥挤空中的居住行为分析——以深圳城中村为例》，《中外建筑》2011 年第 6 期。

护差等结构缺陷时，居住者更容易患心理疾病。[①] 对忙碌劳累一整天的流动人口来说，安静的休息环境对缓解工作疲劳和心理压力显得更为重要。但事实上，因人口密度过高带来环境嘈杂或噪声扰民一直是城中村流动人口反映和投诉的突出问题。长期暴露于嘈杂的居住环境通过影响睡眠、降低生活质量和增加慢性压力等途径对流动人口的心理健康造成负面影响。

表3-3中的模型1和模型2还分析了各个住房条件单项变量以及住房条件总分与户籍的交互作用，结果表明只有住房来源和住房条件总分与户籍存在显著交互作用，即住房来源和住房条件总分对本地居民心理健康的影响显著大于对流动人口心理健康的影响。总体来看，相对于流动人口，住房条件对本地居民心理健康的影响更大，表现为影响因素更多、显著水平更高。

第四节　总结与讨论

一　住房条件对流动人口健康有显著影响，并对不同健康维度和人群产生不同的作用

本书研究结果显示，住房条件对流动人口健康状况存在显著影响。在自评健康方面，住房类型和室内基本设施两个变量对流动人口自评健康有显著影响。即居住楼房不利流动人口自评健康；改善室内基本设施能提高流动人口自评健康状况。在慢性病患病方面，住房类型、室内采光情况、室内隔音效果、室内潮湿情况与流动人口慢性病患病率有显著关联。即住楼房导致流动人口慢性病患病率更高；改善室内采光、隔音和潮湿等情况有利于降低流动人口患慢性病的概率。在心理健康方面，减少住房拥挤、改善隔音状况能显著提升流动人口心理健康水平。以上这些住房要素都是维持住房基本居住功能所必需的组成部分，事关流动人口日常生活生产的顺利进行。但是，这种不利的住房条件对流动人口健康的影响往往极易被当事人和政府有关部门所忽略。

---

① Evans G. W.，“The Built Environment and Mental Health”，*Journal of Urban Health-bulletin of the New York Academy of Medicine*，Vol. 80，No. 4，2003.

住房条件在不同健康维度上具有不同的影响效应。对流动人口而言，住房条件对慢性病患病率产生较大的影响，对自评健康和心理健康的影响较小；对本地居民来说，住房条件对自评健康和心理健康的影响较强烈，对慢性病患病率的影响较小。这一结果表明不同健康指标对住房条件的敏感性有差异，同时也揭示了研究中采用多维指标的重要意义，有助于全面深入地揭示住房条件对健康影响的作用机制。同时，影响流动人口和本地居民健康的住房条件变量是不同的，影响流动人口健康的住房变量更多的是处于基本生存层面的因素，而影响本地居民健康的住房变量则是住房来源、室内采光情况、室内空气质量等更高层次的需求因素。另外，由于流动人口在住房条件上处于明显劣势地位，通过改善住房条件，增进流动人口的健康状况是十分必要的。据此，政府应该把改善流动人口的住房条件纳入最基本的民生保障范围。在具体的政策制定上，针对流动人口改善住房的相关公共政策也应有别于针对本地居民的政策。不仅要为流动人口在城市提供一个稳定住所，更要关注这一群体居住质量的改善与提高。[①]

二 住房条件对流动人口健康的影响强度低于笔者的理论预期，影响效果不如本地居民

根据生命历程理论，住房条件对健康的影响具有时间效应和累积效应，且与所处的生命过程阶段有关。居民在不同时期的住房对健康的影响可能是不同的，[②] 住房对长期居住者的健康影响更显著。[③] 相关研究也证实环境对健康的影响是一个潜移默化的显现过程，暴露的时间越长，则影响也越大。与北京、广州、上海等一线大城市不同，温州劳动密集型产业的特点决定了流动人口主要从事相对低端的就业岗位，[④] 劳动时间偏长，甚至不得不靠延长工作时间来赚取更多的工资收入，本次调查中流动人口

① Xie S.，"Quality Matters: Housing and the Mental Health of Rural Migrants in Urban China"，*Housing Studies*，Vol. 34，No. 3，2019.

② Ludwig，J.，Duncan，G. J.，and Gennetian，L. A. et al.，"Neighborhood Effects on the Long-term Well-being of Low-income Adults"，*Science*，Vol. 37，No. 6，2012.

③ Doyle S.，Kelly-Schwartz A.，and Schlossberg M.，et al.，"Active Community Environments and Health: the Relationship of Walkable and Safe Communities to Individual Health"，*Journal of the American Planning Association*，Vol. 72，No. 1，2006.

④ Lin S. N.，and Li Z. G.，"Residential Satisfaction of Migrants in Wenzhou，An 'Ordinary City' of China"，*Habitat International*，No. 66，2017.

平均每天工作时间为10.0个小时，平均每周工作时间在61.9小时，超长时间的工作使其在栖身住所滞留的时间有限。[①] 同时，职业和居所的不稳定、居留预期的不确定更使其与住所的联系并不紧密。这些因素使得不利的住房条件因素对流动人口健康的潜在影响在短期内不易得以呈现，导致住房条件对流动人口健康的影响强度低于笔者基于相关文献得出的理论预期。

与此同时，虽然流动人口在住房条件上表现出对本地居民的明显劣势，但住房条件对流动人口健康的影响却明显弱于对本地居民的影响。王桂新等在对上海外来人口的研究中也发现了类似现象。[②] 造成这种现象的一个重要原因是流动人口对居住条件的心理预期或对生活环境的期望较低，[③] 对住房条件的忍耐性较高，比较容易接受或满足较差的住房条件（当然，这并不表示他们应该承受这种恶劣的居住环境）。[④] 如图3-1所示，相比本地居民，流动人口对住房状况表现出更少的不满意。为了节省经济开支，他们往往倾向于投入更少的资金用于改善他们的住房条件，所租的房屋仅仅是一种临时性、替代性的安身之所[⑤]或只是上班工作之余的一处休息场所，甚至视为只用作睡觉所需，不具备家庭生活的功能和意义，更不用说住房的多重价值。其结果造成流动人口对居住环境的依赖程度相对较小，容忍范围更大，对住房的需求和期望在较低层次上就可以得到满足。[⑥] 可以说，住房的临时性、较低的感知水平和较高的住房满意度等因素的综合作用可能在一定程度上“缓冲”了不利住房条件对流动人口健康造成的负面影响，造成住房条件对流动人口健康（尤其是自评健康和心理健康）的影响不如本地居民。

---

① Wen M., Fan J., and Jin L., et al., “Neighborhood Effects on Health among Migrants and Natives in Shanghai, China”, *Health & Place*, Vol. 16, No. 3, 2010.

② 王桂新、苏晓馨、文鸣：《城市外来人口居住条件对其健康影响之考察——以上海为例》，《人口研究》2011年第2期。

③ Li Z., and Wu F., “Residential Satisfaction in China's Informal Settlements: A Case Study of Beijing, Shanghai, and Guangzhou”, *Urban Geography*, Vol. 34, No. 7, 2013.

④ 吴维平、王汉生：《寄居大都市：京沪两地流动人口住房现状分析》，《社会学研究》2002年第3期。

⑤ Zhu Y., “China's Floating Population and Their Settlement Intention in the Cities: beyond the Hukou Reform”, *Habitat International*, Vol. 31, No. 1, 2007.

⑥ Li J., and Liu Z., “Housing Stress and Mental Health of Migrant Populations in Urban China”, *Cities*, No. 81, 2018.

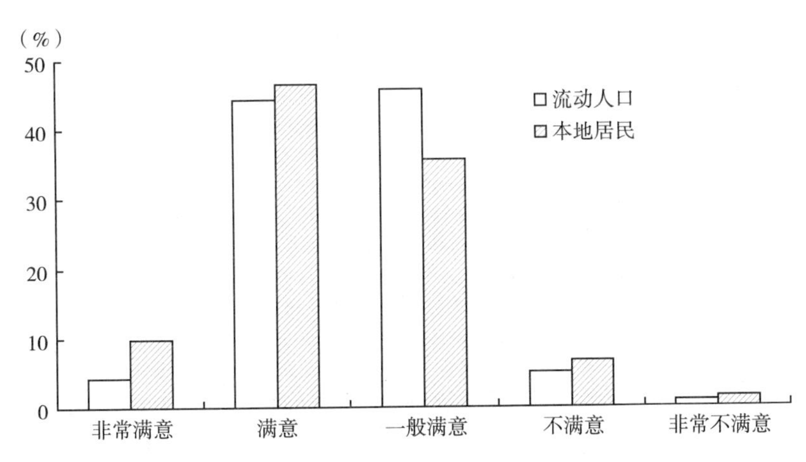

图 3-1　温州市流动人口对住房的满意度评价情况

第五节　本章小结

本章利用温州市 2017 年抽样调查数据，从自评健康、慢性病患病率、心理健康三个方面考察了住房条件对流动人口健康的影响效应，并与温州本地居民的相关结果进行比较，其主要研究结论如下。

（1）住房条件是影响流动人口健康的重要因素之一，在控制其他可能影响健康因素的情况下，住房条件对流动人口健康状况具有显著影响。国际上的一些研究已经指出房屋产权和住房潮湿、阴暗、通风不良、过度拥挤等状况都被证实与各种健康指标有着密切关系。例如，拥有房屋产权通过身份感的获得影响居住者的心理健康；住房拥挤、嘈杂、阴冷等可直接导致健康状况变差、抑郁等问题。本书证明这些影响在中国是同样存在的，住房条件通过住房类型、室内基本设施、室内隔音和潮湿情况等对流动人口的健康产生作用。这从另一角度说明了住房条件对认识流动人口健康状况有重要的现实和理论意义，而以往研究往往忽略了这一点。

（2）流动人口健康的各个方面或多或少受到来自住房条件的影响。在自评健康方面，住房类型和室内基本设施两个变量对流动人口自评健康有显著影响。即居住楼房不利流动人口自评健康；改善室内基本设施能提高流动人口自评健康状况。在慢性病患病方面，住房类型、室内采光情况、室内隔音效果、室内潮湿情况与流动人口慢性患病率有显著关联，即住楼房导致流动人口患更高的慢性病；改善室内采光、隔音和潮湿等情况有利于降低流动人口患慢性病的概率。在心理健康方面，减少住房拥挤、改善隔音状况能显著提升流动人口心理健康水平。同时，住房来源对流动人口的三项健康指标的影响都不显著，说明就促进流动人口的健康水平而言，改善流动人口的住房条件和住房质量比改善其房屋产权获得情况具有更重要的意义。

（3）住房条件对流动人口健康的影响强度低于笔者的理论预期。由于受超长时间的劳作、职业和居所的不稳定、居留预期的不确定以及对住房要求的低预期等种种生计特点的影响，住房对流动人口而言仅仅是一种临时性、替代性的安身之所，流动人口在其中度过的时间有限，使不利的住房条件对流动人口健康的潜在影响难以在短时间内得到实现，因而造成住房条件对流动人口健康的影响有限且强度低于笔者的理论预期。

（4）住房条件对流动人口健康的影响强度低于且不同于对本地居民的影响。尽管流动人口在住房条件方面明显不如本地居民，但住房条件对流动人口健康的影响总体上要明显弱于对本地居民健康的影响。住房条件对流动人口健康的影响主要集中在事实层面的客观健康状况（如慢性病患病率），对自评健康和心理健康的影响则较小，而对本地居民的影响则作用于心理层面的主观健康感知（如自评健康、心理健康）。这种群体间的影响差异主要是由于流动人口和本地居民在户籍身份、生计特征、住房功能定位以及住房满意度等方面的不同所造成的，使得住房条件对两者的影响呈现不一样的结果。整体上来看，流动人口对住房条件的心理预期较低，对不利住房条件的忍耐性较高。对所住房屋的定位仅仅是一种临时性、替代性的安身之所。同时，影响流动人口和本地居民健康的住房条件变量是不同的，影响流动人口健康的住房变量更多是处于基本生存层面的因素，而影响本地居民健康的住房变量则是住房来源、室内采光情况、室内空气质量等更高层次的需求因素。但是可以预见的是，随着流动人口将来城市社会融入的加深以及住房条件的改善，住房条件的健康效应可能会在流动人口和本地居民之间趋于一致。

本章的研究结论具有如下启示：住房条件对流动人口的健康而言具有重要意义，但流动人口的住房条件明显劣于本地居民，流动人口即使因为健康移民选择效应表现出较好的健康水平，如果他们久居于不合意的住房条件下又得不到改善，必然会对他们的健康产生不利影响。这对于深入理解流动人口在城镇化过程中承受的额外健康风险，减少流动人口城市融入的健康脆弱性，制定改善流动人口整体健康的政策具有重要意义。在具体政策制定上，本书的分析结果表明住房条件对不同人群造成差异化的健康结果，即影响流动人口和本地居民健康的住房条件因素有所不同，因此，针对流动人口而改善住房条件的相关公共政策也应当有别于针对本地居民的政策，其着力点不是房屋产权，而在于改善流动人口住房的简陋、拥挤、潮湿和隔音差等状况，进而促进其健康水平的提高。

第四章

社区环境对流动人口健康的影响

第三章通过实证研究发现，住房条件对流动人口健康有显著的影响。住房与社区紧密相连，住房条件凭借其所处的区位与更大的空间环境联系起来，除了住房条件本身外，住房所在的社区环境也是影响健康的重要决定因素之一。社区环境对居民健康的影响是近年来公共健康学、社会流行病学领域的一个研究热点，它通过社区的物质环境、社会环境、社区资源等对个人的健康状况产生潜移默化的影响。在我国城镇化进程和市场经济改革加快的现实背景下，社会阶层之间地理空间上的不平等正在加剧，社区环境与个人健康关系的问题正逐渐成为社会各界广泛关注的焦点。社区是流动人口在流入地生活的落脚点及居住、交往的空间场域，也是流动人口融入城市的主要途径。哪些社区层面的因素会影响流动人口的健康，相对于本地居民社区环境的劣势会对他们的健康状况产生怎样的风险？如果存在影响，这些影响主要集中在健康的哪些方面？各种环境要素对流动人口健康的影响机制如何？社区环境健康效应在流动人口和本地居民这两个群体之间是否存在差异？本章将以自评健康、慢性病患病情况和心理健康作为因变量，考察流动人口社区环境特征与健康的内在关系，以回答上述问题。本章开篇对研究设计、变量设置和分析策略进行了说明，然后在调查数据的基础上，从地理学微观尺度考察了社区环境特征对流动人口健康的影响，并比较了社区环境特征对流动人口和本地居民健康作用的差异，揭示不同社区环境要素对流动人口健康的作用结果和影响机制，拓展与丰富了微观地理学视角下流动人口健康的研究。

第一节　引言

中国的社会经济不平等同时体现在个体和社区层面。在个体层面，贫富两极化日趋凸显，在社区层面，城镇化进程的“碎片化”导致了贫富社区之间在空间上的隔阂。作为一种“空间动物”，[①] 人们的身体、心理与情感都深受社区环境的影响。因为生活在同一社区范围内的居民，往往享有共同的交通设施、物理空间、休闲娱乐设施和公共医疗服务等社区资源，拥有相同的邻里环境。从前面的文献综述中，可以看到社区环境对于公共健康及个人健康状况都有着不可忽视的影响。国外大量研究证实，不同社区之间存在的健康差异不仅仅由个人特征来解释，社区本身所具有的特征对居民健康也产生重要而普遍的作用，而且独立于个人因素对健康的影响。只关注个体因素而忽视宏观社区环境来研究健康问题是有很大局限性的。[②] 个体的社会经济状况在很大程度上与其社区环境是相互联系的，早期的研究发现社会经济地位处于劣势的社区，其居民的慢性病、儿童发病率、死亡率等健康指标明显高于社会经济地位处于优势的社区，如失业、贫困、被剥夺、犯罪率高及社会经济上处于不利的居住区域的居民在呼吸系统疾病、心脏病甚至癌症上有着更高的患病率，在总体死亡率上也表现为更高，[③] 而且有着更差的自评健康状况、负面的精神健康状况，以及更高的慢性病风险，[④] 且居民更易具备吸烟、饮酒、缺乏体育锻炼等不良生活习惯。[⑤] 在控制个体层面的影响因素后，多种社区环境特征被证实与居民健康状况存在紧密相关关系，社区附近有随处可见街边或人行道上的垃圾、玻璃碴或废弃物，废弃的建筑物或墙漆到处是涂鸦等会影响居民的自评健康、慢性病、精神健康等。[⑥] 相反的是，较高的社区品质、安全的社会环境以及便利可达的文化设施均有利于居民保持较高的主观、生理

---

① Fitzpatrick, K., and Lagory, M., eds., *Unhealthy Places: the Ecology of Risk in the Urban Landscape*, New York: Routledge, 2000, pp. 45-49.

② Pickett, K. E., and Pearl, M., "Multilevel Analyses of Neighborhood Socioeconomic Context and Health Outcomes: A Critical Review", *Journal of Epidemiology and Community Health*, Vol. 55, No. 2, 2001.

③ Balfour J. L., and Kaplan G. A., "Neighborhood Environment and Loss of Physical Function in Older Adults: Evidence from the Alameda County Study", *American Journal of Epidemiology*, Vol. 155, No. 6, 2002.

④ Cox M., Boyle P. J., and Davey P. G., et al., "Locality Deprivation and Type 2 Diabetes Incidence: A Local Test of Relative Inequalities", *Social Science & Medicine*, Vol. 65, No. 9, 2007.

⑤ Chuang Y. C., Li Y. S., and Wu Y. H., et al., "A Multilevel Analysis of Neighborhood and Individual Effects on Individual Smoking and Drinking in Taiwan", *BMC Public Health*, Vol. 7, No1, 2007.

⑥ Diez-Roux A. V., Nieto F. J., and Muntaner C., et al., "Neighborhood Environments and Coronary Heart Disease: A Multilevel Analysis", *American Journal of Epidemiology*, Vol. 146, No. 1, 1997.

和心理健康水平。社区的物质环境还通过体育锻炼、饮食习惯等健康行为与个体健康产生联系，社区邻近可供步行的道路、公园或公共绿地，可能会促进居民更多开展运动锻炼，也有利于人际交往和情感沟通，进而对健康产生积极正面影响。① 在控制个人社会经济特征后，社区周边有较多的快餐店被证明与糖尿病、心血管疾病和肥胖症等疾病的发病率有着显著关系。② 同时，社区社会资本和社会凝聚力、社会不平等、行为准则与价值观、犯罪与秩序等社会环境也会对个体健康产生影响，③ 如暴露在缺乏秩序、充满暴力犯罪等危险因素的环境里，不仅会直接导致居民人身安全遭受伤害，而且会加剧焦虑、抑郁等消极情绪。④ 社区社会环境一方面通过社会关系网络塑造居民的态度、行为、心理等间接影响健康；另一方面通过获取资源的受限、压力的累积等途径对健康产生影响。

目前关于社区环境对健康影响的文献报道主要聚焦于美国等西方发达国家，对于中国的研究较为少见。伴随着中国快速城镇化以及空间重构，社区的物理环境、社会环境发生剧烈变化。中国社区环境及国情也与发达国家差别较大，并且已有相关证据表明中国具有与发达国家不同的环境与健康关系的规律，西方的研究成果不一定适合于中国。⑤ 因此，需要更多基于中国国情的社区环境与个人健康关系的研究，并与西方发达国家的研究结论进行对比，以更好地了解中国特殊的社会背景下社区环境对个人健康的意义。本章采用 2017 年温州市抽样调查数据考察社区环境对流动人口健康的影响。本书将社区环境细分为社区安全感、社区凝聚力、社区环境质量、社区服务设施、社区物理失序、社区社会失序、社区流动人口比例和居住区位，以便更为准确地捕捉到社区环境对流动人口健康状况的影

① Markevych I., Schoierer J., and Hartig T., et al., "Exploring Pathways Linking Green Space to Health: Theoretical An Methodological Guidance", *Environmental Research*, No. 158, 2017.

② Pruchno R., Wilson Genderson M., and Gupta A. K., "Neighborhood Food Environment and Obesity in Community-Dwelling Older Adults: Individual and Neighborhood Effects", *American Journal of Public Health*, Vol. 104, No. 5, 2014.

③ 袁媛、林静、谢磊：《近 15 年来国外居民健康的邻里影响研究进展——基于 CiteSpace 软件的可视化分析》，《热带地理》2018 年第 3 期。

④ Wilson-Genderson M., and Pruchno R., "Effects of Neighborhood Violence and Perceptions of Neighborhood Safety on Depressive Symptoms of Older Adults", *Social Science & Medicine*, Vol. 85, No. 4, 2013.

⑤ 孙斌栋、阎宏、张婷麟：《社区建成环境对健康的影响——基于居民个体超重的实证研究》，《地理学报》2016 年第 10 期。

响，同时还将对流动人口和本地居民间在社区环境健康效应上的差异性进行探究。

第二节　变量赋值与模型设定

一　变量赋值

本书用自评健康、慢性病患病率和心理健康三个指标来测度流动人口的健康状况。健康指标既包括生理健康（慢性病患病率），又包括心理健康；既有经专业医生评估的客观指标（慢性病患病率），又有主观评价指标（自评健康和心理健康）。因此，可以得到对流动人口健康状况较为全面的评价。其赋值方法见第三章第二节。

基于已有文献的总结和数据的可获得性，本书的社区环境变量包括社区安全感、社区凝聚力、社区环境质量、社区服务设施、社区物理失序、社区社会失序、社区流动人口占比和居住区位8个指标。本章将基于这8个指标，从多维的角度去衡量社区环境对健康的影响，以期获得更强的实践与政策意义。我们将根据调查村居社区代码，将各村居社区内个体取值加总取平均值，作为各村居社区环境变量的取值，从而实现个体层面的变量汇聚成社区层面的变量。各指标的赋值方法如下。

1. 社区安全感。询问受访者对所在社区安全的主观评价，备选答案包括从安全、有时安全、大部分时间安全和总是安全4个选项，分别赋值1—4，得分越高，反映社区安全感越好。

2. 社区凝聚力。询问居住社区的居民相处融洽、信赖、认识、帮助4方面情况，计算以上各量表问题的平均分，得分越高，代表社区凝聚力越好。本次调查所得问卷中相关问题的Cronbachα系数为0.924，说明内部一致性信度较好。

3. 社区环境质量。询问社区附近是否有工厂、社区空气质量和噪声质量评价等三方面情况，回答“没有”“较好”赋值为1，“有”或“一般”“较差”赋值为0。

4. 社区服务设施。询问社区附近是否有图书馆、电影院、健身房、公交站、餐馆、学校、超市等服务设施情况。有六项及以上赋值1，其余赋值为0。

5. 社区物理失序。询问受访者主观评价所在社区路面是否很多污水、是否有很多垃圾无人处理、墙壁上是否到处是“牛皮癣广告”、社区道路是否坑洼不平 4 个问题，计算 4 个问题的平均分，分数越高，社区失序越强。本次调查所得问卷中相关问题的 Cronbachα 系数为 0.723，说明内部一致性信度较好。

6. 社区社会失序。询问受访者主观评价所在社区是否发生入室盗窃、故意伤害、抢劫/抢夺、打架斗殴等事件，计算 4 个问题的平均分，分数越高，社区失序越强。本次调查所得问卷中相关问题的 Cronbachα 系数为 0.714，说明内部一致性信度较好，

7. 社区流动人口占比。是指流动人口占整个社区常住人口的比例情况。

8. 居住区位。包括市中心、近郊和远郊三个选项，分别赋值 1、2、3。

控制变量是个体的人口和社会经济学特征，包括性别、年龄、婚姻、教育程度、月收入、相对社会经济地位和户籍身份（流动人口 VS 本地居民）。其中，婚姻分为在婚和不在婚，分别赋值 1 和 0。教育程度用教育年限表示。相对社会经济地位通过询问受访者自己的社会经济状况在温州属于哪个层次进行赋值，包括下等、中下等、中等、中上等、上等 5 个选项，分别赋值 1—5。

二 模型设定

由于所收集的数据具有多层嵌套的机构，即个体嵌套在社区中，同一抽样社区单元的样本特征、行为和偏好往往具有“组内同质、组间异质”的特征，在各个样本点之间，流动人口的社区感知可能存在较大差别，而在同一样本点内部，社区感知可能更为接近，故必须对多层结构采用多层回归模型，[①] 以期更准确地解释个体健康的影响因素。多层模型的使用有助于更好地理解不同层次因素在影响个体健康的作用机理，同时也可有效解决一般模型中存在的内生性问题，有助于获得更稳健的标准差，减少误差项的干扰。[②]

① 温福星、邱皓政：《多层次模式方法论阶层线性模式的关键问题与试解》，经济管理出版社 2015 年版，第 12 页。

② 陆杰华、郭冉：《基于地区和社区视角下老年健康与不平等的实证分析》，《人口学刊》2017 年第 2 期。

在实际操作中，笔者在模型中分别纳入个人和社区两个层次的变量，在此基础上拟合以下三个模型：（1）空模型；（2）控制社会人口学特征和社区变量的完整模型；（3）控制社会人口学特征、社区变量以及个体与社区变量的交互项模型。

1. 空模型。空模型中不含有第一层和第二层的任何自变量，通过计算组间相关系数（Intra Class Correlation，ICC）来估计因变量的方差中被第二层单位所解释的部分，据此确定计量模型的信度以及是否有必要采用多层模型。空模型基本形式如下：

$$第一层:Y_{ij}=\beta_{0j}+r_{ij}$$

$$第二层:\beta_{0j}=\gamma_{00}+u_{0j}$$

其中，Y_{ij}是指第j组中的第i个个体的健康状况，γ_{00}是固定效应，代表所有个体健康状况的平均值，误差项r_{ij}和u_{0j}则分别代表组内流动人口的个体差异和组间差异。

2. 完整的 HLM 模型。将第一层和第二层自变量加入空模型中，就构成完整的 HLM 模型。该模型可以考察各层自变量对因变量作用的程度，同时也可以考察层二的群体特征如何通过个体特征对因变量产生影响。具体模型形式如下：

$$第一层:Y_{ij}=\beta_{0j}+\beta_{1j}X_{ij}+r_{ij}$$

$$第二层:\beta_{0j}=\gamma_{00}+\gamma_{01}W_j+\mathrm{u}_{0j}$$

$$\beta_{1j}=\gamma_{10}+\mathrm{u}_{1j}$$

3. 交互项模型。在完整模型的基础上，将第二层的社区变量与第一层的个体变量进行交互，得到以下具体模型形式：

$$第一层:Y_{ij}=\beta_{0j}+\beta_{1j}X_{ij}+r_{ij}$$

$$第二层:\beta_{0j}=\gamma_{00}+\gamma_{01}W_j+u_{0j}$$

$$\beta_{1j}=\gamma_{10}+\gamma_{11}W_j+u_{1j}$$

$$Y_{ij}=\gamma_{00}+\gamma_{0j}W_j+\gamma_{10}X_{ij}+\gamma_{11}X_{ij}W_j+u_{0j}+u_{ij}X_{ij}+r_{ij}$$

其中，β_{0j}、β_{1j}是第一层模型中各自变量的系数，W_j是社区层次自变量，X_{ij}是个体层次自变量，γ_{00}、γ_{10}是各式的截距项，γ_{01}、γ_{11}是第二层模型中各自变量的系数，γ_{ij}是第一层模型的随机误差项，u_{0j}、u_{ij}是各第二层模型的随机误差项。

由于本书采用的自评健康和慢性病患病率为二分类变量，故运用的是多层模型中的多层广义线性模型，也称为含随机效应的广义线性模型（generalized linear model with random effect），心理健康为连续变量，则采用多层线性回归分析模型。

第三节　社区环境对流动人口健康影响的实证分析

一　社区环境对流动人口自评健康的影响

根据多层模型要求，首先要依据空模型分析结果，判断数据是否可以采用多层模型。在空模型中，不加任何自变量的情况下对因变量的方差分解为组内差异和组间差异两部分。通过计算组内相关系数（Intraclass Correlation Cofficient，ICC），来判断是否适合采用多层模型。由表 4-1 空模型分析结果可知，ICC 为 0. 06243。按照温福星、邱皓政和张雷等的建议，当 ICC 大于 0. 059 时，组间的变异不可忽略，有必要考虑使用多层模型。[①②] 表 4-1 的估计结果显示，自评健康具有显著的社区间差异，有 6. 243%的健康差异是由社区因素引起的，即数据存在不可忽视的群组现象，位于同一社区内部的样本人群自评健康具有一定相似性，尽管社区变异占的比例较小，但是可以遍及整个社区居民，其影响广泛而深远，因此，不同社区的自评健康的差异可以从个人层次和社区方面来解释。

表 4-1　社区环境与流动人口自评健康状况的关系（B 值）

	全样本	全样本	全样本	流动人口	本地居民
	模型 1 系数 （标准误）	模型 2 系数 （标准误）	模型 3 系数 （标准误）	模型 4 系数 （标准误）	模型 5 系数 （标准误）
个体变量					
性别（女）		-0. 035 （0. 064）	-0. 032 （0. 059）	-0. 123 （0. 175）	0. 072 （0. 238）
年龄		-0. 021* （0. 010）	-0. 020* （0. 010）	-0. 021+ （0. 014）	-0. 022 （0. 015）

① 张雷、雷雳、郭伯良：《多层线性模型应用》，教育科学出版社 2005 年版，第 37 页。

② 温福星、邱皓政：《多层次模式方法论阶层线性模式的关键问题与试解》，经济管理出版社 2015 年版，第 24 页。

续表

	全样本	全样本	全样本	流动人口	本地居民
	模型 1 系数 （标准误）	模型 2 系数 （标准误）	模型 3 系数 （标准误）	模型 4 系数 （标准误）	模型 5 系数 （标准误）
婚姻（不在婚）		0.021 （0.256）	−0.015 （0.1842）	−0.153 （0.288）	0.297 （0.367）
教育年限		−0.007 （0.032）	−0.007 （0.031）	−0.002 （0.040）	−0.016 （0.046）
职业类型（蓝领）		0.073 （0.176）	0.050 （0.155）	−0.029 （0.273）	0.120 （0.222）
月收入（对数）		0.103 （0.127）	0.106 （0.131）	0.083 （0.225）	0.125 （0.192）
相对社会经济地位		0.379*** （0.111）	0.371*** （0.108）	0.424** （0.171）	0.327* （0.168）
居住年限		0.003 （0.007）	−0.001 （0.005）	−0.018 （0.018）	0.002 （0.009）
户籍（本地居民）		0.0062 （0.219）	0.079 （0.203）		
社区变量					
社区安全感		0.603*** （0.137）	0.556*** （0.117）	0.653** （0.244）	0.481** （0.186）
社区凝聚力		0.098 （0.067）	0.0104 （0.059）	0.010 （0.067）	0.199* （0.106）
社区环境质量		0.156 （0.107）	0.138 （0.097）	0.188 （0.102）	0.121 （0.153）
社区服务设施		0.159** （0.045）	0.150** （0.041）	0.151** （0.060）	0.027 （0.060）
社区物理失序		−0.151 （0.347）	−0.139 （0.281）	−0.221 （0.490）	−0.244 （0.502）
社区社会失序		−0.301* （0.157）	−0.287* （0.149）	−0.519* （0.232）	−0.147 （0.218）
社区流动人口占比		−0.042 （0.059）	−0.035 （0.061）	−0.023 （0.054）	−0.038 （0.047）
居住区位		0.034 （0.201）	0.022 （0.199）	0.019 （0.175）	0.026 （0.181）
户籍×社区凝聚力			−0.187+ （0.074）		
户籍×社区服务设施			0.143+ （0.0621）		
随机效应	方差分量 （卡方值）	方差分量 （卡方值）	方差分量 （卡方值）	方差分量 （卡方值）	方差分量 （卡方值）
截距 U_0	0.219** （43.272）	0.238** （43.781）	0.252** （44.023）	0.298* （36.882）	0.304* （36.603）

续表

	全样本	全样本	全样本	流动人口	本地居民
	模型 1 系数 （标准误）	模型 2 系数 （标准误）	模型 3 系数 （标准误）	模型 4 系数 （标准误）	模型 5 系数 （标准误）
参数估计的可靠性	0. 477	0. 498	0. 514	0. 417	0. 413
ICC （%）	6. 243	6. 748	7. 116	8. 308	8. 461
N	1139	1139	1139	571	568

注：括号内为参考变量，$^{+}p<0.1$，$^{*}p<0.05$，$^{**}p<0.01$，$^{***}p<0.001$。

表4-1 中的模型 4 和模型 5 显示，在社区层面，对流动人口自评健康有显著影响的变量有社区安全感、社区服务设施和社区社会失序。社区凝聚力、社区环境质量、社区物理失序、社区流动人口占比、居住区位等社区环境变量对流动人口自评健康的影响均不显著。对本地居民而言，仅有社区安全感、社区凝聚力两个社区变量对其自评健康结果影响显著，而其余社区变量对其自评健康的影响均不显著。另外，模型 3 显示，户籍与社区凝聚力、社区服务设施的交互项对自评健康的影响显著。回归结果证明，社区层面的因素是影响流动人口自评健康的重要因子。

从社区安全感看，社区安全感对流动人口和本地居民自评健康的正向影响分别在 0. 001 和 0. 01 水平上达到显著，具体而言，社区安全感每提高 1 个单位，流动人口和本地居民自评健康的对数发生比分别提高 92. 13%[①]和 61. 77%，说明社区安全感的提升，有利于促进自评健康水平的提升。Ruijsbroek 等在关于社会安全感与自评健康、身体活动的研究中也得出类似的结论：社会安全感的提升可以显著提高自评为健康的可能性，但对身体功能状况并无显著影响。[②] 在地点理论中，社区所在的地点是为个体和集体提供安全和身份的来源，为人与地方、家庭社区之间建立起安全、舒适和幸福等积极情感纽带，缺乏安全则可能带来烦躁不安、恐惧、乏味等消极体验。同时，按照马斯洛的需求层次理论，安全需要是人类最原始和最基本的需求，也是社区和城市生活的基本需求。只有最基本

① 计算公式：$[\exp^{(0.653)}-1]\times100\%=92.13\%$。

② Ruijsbroek A., Droomers M., and Groenewegen P. P., et al., "Social Safety, Self-Rated General Health and Physical Activity: Changes in Area Crime, Area Safety Feelings and the Role of Social Cohesion", *Health & Place*, No. 31, 2015.

的生理需求得到满足以后，其他的需求才能成为新的激励因素。而如果最基本生活需求得不到有效的满足，将使人们无法追求更高层次的需要，这将极大地制约流动人口的个人发展。在社区安全的主要维度中，保障生命安全是流动人口对人居环境的最基本要求，同时也是当前温州市流动人口社区的薄弱环节。在实际调研中，流动人口对温州的整体印象就是一个字——“乱”，可见社区混乱在潜意识中对流动人口产生了各种不利影响，在心理上容易使其产生不安全感和失落漂泊感，不安全的社区或社区存在各类暴力犯罪事件通常意味着社区缺少社会控制，将对流动人口的人身安全与健康造成直接威胁。另外，由于流动人口担心受到伤害而减少社区交往和户外活动，还会阻碍流动人口与本地居民间的人际互动，造成邻里关系疏远，从而降低个人的幸福感，对流动人口身心健康造成负面效应。

从社区凝聚力看，社区凝聚力显著影响本地居民的自评健康，而对流动人口自评健康的影响不显著，具体而言，社区凝聚力每提高 1 个单位，本地居民自评健康的对数发生比提高 22.01%，[①] 表明社区凝聚力越高，则本地居民自评健康越好。社区凝聚力反映的是社区居民之间长期相互联系、相互信任、相互认同而形成的稳定状态。由于职业和居所的不稳定、长期居留意愿的不确定以及社区社会网络缺乏，流动人口对社区往往缺乏心理认同感，更无法产生主人翁意识，其社区凝聚力自然不如本地居民，对自评健康的影响也有限。相反，本地居民居住稳定性更强，一般长期生活在社区，社区是他们除家庭外的第二重要生活空间，对社区抱有凝聚力和认同感。按照地点理论，长久稳定的居住促使人们形成“地方感”，共同的生活经历和情感联系带来对社区的依恋感，彼此之间具有更多的同质性，邻里关系紧密，持久的邻里关系对本地居民健康将产生重要影响。根据社会资本理论的解释，社区凝聚力对居民健康影响的机制主要包含以下两个方面：一方面，社区凝聚力的提高会转换为居民对社区的承诺和义务，乃至对社区公共事务的参与，[②] 通过社区满意度的提升间接影响自评健康；另一方面，社区凝聚力带来个体之间利益趋同和共同点增加，促进与健康相关的信息传播，更有可能将健康行为视为社会规范，提高社会支

① 计算公式：$[\exp^{(0.199)}-1]\times 100\% = 22.01\%$。

② Manzo, L. C., and Perkins, D. D., “Finding Common Ground: the Importance of Place Attachment to Community Participation and Planning”, *Journal of Planning Literature*, Vol. 20, No. 4, 2006.

持效力以及对不健康行为的控制,[①] 间接影响个体健康。

从社区服务设施看，社区服务设施对流动人口自评健康的正向影响显著，而对本地居民自评健康的正向影响不显著。具体而言，社区服务设施每提高1个单位，流动人口自评健康的对数发生比提高16.30%，表明社区服务设施的改善有利于提高流动人口的自评健康水平。与国外其他案例地的研究相比较，来自欧美城市的实证分析表明，社区服务设施对于自评健康评价具有正面的影响。[②] 社区服务设施是指服务于社区居民生产生活的医疗、教育、商业、出行等支持系统。由于受到户籍制度、自身人力资本和社会资本等诸多因素约束，流动人口的日常活动范围相对有限，因此社区服务设施便利性与流动人口日常生活联系最为密切。[③] 他们首先追求基本物质生活的满足，对教育、医疗、出行、生活及商业等生存型社区服务设施的需求和关注要远大于本地居民。社区服务设施的滞后，供给和服务能力不足，不仅给流动人口衣食住行带来诸多不便，增加了时间成本和交通成本,[④] 而且通过改变出行方式和健康活动行为等途径间接影响流动人口的健康。

国外的一项研究发现，社区服务设施（如游泳馆、健身场所、公园等）数量不足不仅会减少居民的健康促进行为（如散步、运动），而且会大大增加居民出现超重、肥胖问题或罹患心血管疾病的风险。[⑤] 同时，社区服务设施作为社区空间环境的一部分，为社区流动人口彼此交往、建立网络、培养信任提供更多物理空间和接触机会，有利于相互交流与融合,[⑥] 增加接触和对彼此的认同感，从而培养共同兴趣和对社区的归属感，

---

① Kawachi I., and Bruce P. Kenndy and Roberta, "Social Capital and Self-Rated Health: A Contextual Analysis", *American Journal of Public Health*, Vol. 89, No. 8, 1999.

② Liu Y., Dijst M., and Faber J., et al., "Healthy Urban Living: Residential Environment and Health of Older Adults in Shanghai", *Health & Place*, No. 47, 2017.

③ 湛东升、张文忠、党云晓等：《中国流动人口的城市宜居性感知及其对定居意愿的影响》，《地理科学进展》2017年第10期。

④ Ouyang, W., Wang, B., Tian, L., and Niu, X., "Spatial Deprivation of Urban Public Services in Migrant Enclaves under the Context of a Rapidly Urbanizing China: An Evaluation Based on Suburban Shanghai", *Cities*, Vol. 60, No. 8, 2017.

⑤ Estabrooks P. A., Lee R. E., and Gyurcsik N. C., "Resources for Physical Activity Participation: Does Availability and Accessibility Differ by Neighborhood Socioeconomic Status", *Annals of Behavioral Medicine*, Vol. 25, No. 2, 2003.

⑥ 刘望保、谢丽娟、张争胜：《城中村休闲空间建设与本、外地人口之间的社区融合——以广州市石牌村为例》，《世界地理研究》2013年第3期。

促进流动人口的身心健康。Du 和 Li 的研究也发现类似现象：社区环境和设施质量越高，则邻里交往越频繁，外来人口的社区归属感和生活满意度越高。[①] Wen 和 Wang 在探讨上海市流动人口的孤独感和社区满意度时也同样发现增加社区生活设施可能是提高其社区满意度的有效措施。[②] 因此，对此类设施的改善可以视为未来流动人口社区环境改善和提升的重点。

从社区社会失序看，社区社会失序对流动人口自评健康指标有显著的负面影响，对本地居民自评健康的影响不显著。具体而言，社区社会失序每增加 1 个单位，流动人口自评健康的对数发生比降为只有原来的 59.51%。即社区内社会失序越严重，流动人口自评健康状况则越差。社区社会失序反映了社区的治安状况和社会环境质量，主要表现为入室盗窃、抢劫、打架斗殴等社区暴力事件。复杂的人员构成以及纵横交错的背街小巷，使流动人口居住的城中村成为盗窃、抢劫、抢夺等各类案件多发的“重灾区”。在与流动人口访谈中，偷盗总是绕不开的话题。“住这边（营楼社区）经常会听到哪家邻居又遭贼啦，小偷真的是什么都偷，手机、现金不用说啦，甚至连煤气灶要（偷），搞得我们提心吊胆，贵重东西都要随身带，不敢放屋里。”一位租户向笔者诉说道。社区社会失序意味着潜在犯罪分子作案时有发生，社区治安不甚理想，这一现象加剧流动人口的不安情绪和恐惧心理，降低自评健康水平。

社区环境的影响可能因个人背景因素不同而有所差异。为了探究社区环境对流动人口和本地居民健康影响效应的异同，模型 3 还考察了各个社区环境单项变量与户籍的交互作用，其结果表明，只有户籍与社区凝聚力的交叉项和户籍与社区服务设施的交叉项分别在 0.1 水平上显著；社区凝聚力对本地居民自评健康的影响明显大于对流动人口的影响。而相对于本地居民，社区服务设施的改善对流动人口自评健康具有更强的正面影响。

二　社区环境对流动人口慢性病患病情况的影响

在使用多层模型之前，首先要依据空模型分析结果，计算组内相关系

① Du H., and Li S. M., “Migrants, Urban Villages, and Community Sentiments: A Case of Guangzhou, China”, *Asian Geographer*, Vol. 27, 2010.

② Wen M., Wang G., “Demographic, Psychological, and Social Environmental Factors of Loneliness and Satisfaction among Rural-to-Urban Migrants in Shanghai, China”, *International Journal of Comparative Sociology*, Vol. 50, No. 2, 2009.

数（Intraclass Correlation Cofficient，ICC），判断数据是否适合采用多层模型。由表 4－2 空模型分析结果可知，ICC 为 0.08051，而当 ICC 大于 0.059 时，组间的变异不可忽略，需要考虑使用多层模型。表 4-2 的估计结果显示，慢性病患病率具有显著的社区间差异，有 8.051%的健康差异是由社区因素引起的，因此，不同社区慢性病患病率的差异可以从个人和社区两个层次来解释。

表 4-2 中的模型 3 和模型 4 显示，从模型回归系数的显著性水平看，显著影响的社区环境特征变量不多，仅局限于社区环境质量、社区物理失序、社区流动人口占比和居住区位，而且社区环境质量、社区物理失序和社区流动人口占比只是在 0.1 的水平上显著。社区安全感、社区凝聚力、社区服务设施、社区社会失序等社区环境变量对流动人口慢性病患病情况的影响均不显著。这些结果反映出慢性病可能与社区环境以外的其他更多因素（如遗传基因等）有关。对本地居民而言，也只有社区凝聚力在 0.1 水平上显著，而其余社区环境变量对其慢性病患病情况的影响均不显著。另外，模型还考察了各个社区环境单项变量与户籍的交互作用，但其结果都不显著。

表 4-2　　社区环境与流动人口是否患有慢性病的关系（B 值）

	全样本	全样本	流动人口	本地居民
	模型 1	模型 2	模型 3	模型 4
性别(女)		0.194(0.161)	0.026(0.107)	0.401(0.223)
年龄		0.059***(0.011)	0.044**(0.017)	0.068***(0.015)
婚姻(不在婚)		-0.318(0.277)	-0.466(0.417)	-0.134(0.194)
教育年限		0.017(0.033)	0.041(0.053)	-0.013(0.010)
职业类型(蓝领)		0.081(0.180)	-0.324(0.321)	0.293(0.198)
月收入(对数)		-0.103(0.155)	0.058(0.283)	-0.131(0.194)
相对社会经济地位		-0.025(0.114)	0.082(0.173)	-0.161(0.148)
居住年限		-0.002(0.007)	0.030(0.022)	-0.008(0.008)
户籍(本地居民)		-0.021*(0.012)		
社区安全感		-0.095(0.078)	0.126(0.147)	-0.176(0.162)
社区凝聚力		-0.054+(0.064)	0.041(0.115)	-0.160+(0.111)
社区环境质量		-0.067(0.104)	-0.286+(0.174)	0.092(0.045)
社区服务设施		0.088(0.045)	0.117(0.081)	0.049(0.059)

续表

	全样本	全样本	流动人口	本地居民
	模型 1	模型 2	模型 3	模型 4
社区物理失序		0. 684 * (0. 241)	0. 750+(0. 457)	0. 687(0. 583)
社区社会失序		0. 064(0. 157)	0. 020(0. 260)	0. 028(0. 203)
社区流动人口占比		0. 553(0. 085)	0. 172+(0. 041)	0. 448(0. 057)
居住区位		0. 352 * (0. 124)	0. 619 * (0. 187)	0. 226(0. 038)
随机效应	方差分量（卡方值）	方差分量（卡方值）	方差分量（卡方值）	方差分量（卡方值）
截距 U_0	0. 288 *** (69. 052)	0. 267 *** (61. 604)	0. 251 * (36. 092)	0. 383 *** (54. 201)
参数估计的可靠性	0. 667	0. 636	0. 396	0. 591
ICC(%)	8. 051	7. 508	7. 090	10. 430
N	1139	1139	571	568

注：括号内为参考变量，+ p<0. 1，* p<0. 05，** p<0. 01，*** p<0. 001。

从社区环境质量看，社区环境质量对流动人口是否患慢性病有显著的影响，对本地居民的影响不显著。具体而言，社区环境质量每提升 1 个单位，流动人口慢性病患病率的对数发生比降为只有原来的 75. 13%，说明社区环境质量越好，流动人口患慢性病的概率越低。社区环境质量表征的是社区受周围环境影响和污染暴露的状况，流动人口聚集的社区面临更高的环境暴露风险已是不争的事实，① 其对流动人口健康的影响可想而知。张延吉等研究发现相较于更有能力从市场上获得医疗保健和体育健身服务的中高社会阶层，城市空间的环境品质与弱势群体的客观健康水平具有紧密的关联；② 既有基于宏观尺度的数据也有已证实环境污染与健康有紧密的联系，尤其是空气污染、噪声污染等对呼吸道疾病、心血管疾病等慢性病产生非常显著的负面影响。③ 本书的上述结果恰恰反映了环境质量与健康间的这种密切关系。

从社区物理失序看，社区物理失序对流动人口是否患慢性病有显著的

① 孙秀林、施润华：《社区差异与环境正义——基于上海市社区调查的研究》，《国家行政学院学报》2016 年第 6 期。

② 张延吉、秦波、唐杰：《基于倾向值匹配法的城市建成环境对居民生理健康的影响》，《地理学报》2018 年第 2 期。

③ 赵宏波、冯渊博、董冠鹏等：《大城市居民自评健康与环境危害感知的空间差异及影响因素——基于郑州市区的实证研究》，《地理科学进展》2018 年第 12 期。

影响，对本地居民的影响不显著。具体而言，社区物理失序水平每提升1个单位，流动人口慢性病患病率对数发生比提高111.70%，说明社区物理失序越严重，流动人口患慢性病的概率越高。社区物理失序对流动人口是否患慢性病的这种影响可以从破窗理论中得到部分解释。[①] 根据破窗理论，设施老化失修、道路损毁、凹凸不平、垃圾满地等失序现象透露出社区衰败的信号，尤其是环境品质的下降往往意味着本地居民的外迁和大量低收入居民的迁入，带来公共设施质量和公共服务水平低下，甚至导致外来投资不足，减少体育健身等户外活动，导致肥胖、高血压、心脑血管等慢性病风险增加。[②] 同时，较差的社区物理环境或物理失序会影响社区的美感，减少流动人口的心理舒适感和幸福感，进而影响流动人口健康。另外，凌乱失序的物质环境还会吸引潜在犯罪分子作案，增加社区的失范行为和犯罪行为，加剧居民的不安情绪，减少了有利健康的户外活动，[③] 从而增加患慢性疾病的风险。国外相关研究也发现，贫困、被剥夺及社会经济上处于不利的社区居民在心脏病、呼吸系统疾病上有更高的患病率，[④] 以及更高的慢性病患病风险[⑤]。本书上述结论恰恰说明了改善社区物理环境对保障流动人口健康的迫切性和重要性。

从社区流动人口占比看，社区流动人口占比对流动人口是否患慢性病有显著的影响，对本地居民的影响不显著。具体而言，社区流动人口占比每提高1个单位，流动人口慢性病患病率对数发生比提高18.77%，说明社区流动人口数量越多，流动人口患慢性病的概率越高。社区流动人口占比反映了社区流动人口的聚集情况，当十几倍、数十倍于本地居民数量的流动人口涌入社区之后，供水、用电、排水排污、垃圾处理等基础服务设

① Sampson, R. J., and Raudenbush, S. W., "Seeing Disorder: Neighborhood Stigma and the Social Construction of 'Broken Windows'", Social Psychology Quarterly, Vol. 67, No. 4, 2004.

② 袁媛、林静、谢磊：《近15年来国外居民健康的邻里影响研究进展——基于CiteSpace软件的可视化分析》，《热带地理》2018年第3期。

③ Molnar B. E., Gortmaker S. L., and Bull F. C., et al., "Unsafe to Play? Neighborhood Disorder and Lack of Safety Predict Reduced Physical Activity among Urban Children and Adolescents", *American Journal of Health Promotion*, Vol. 18, No. 5, 2004.

④ Pickett, K. E., and Pearl, M., "Multilevel Analyses of Neighborhood Socioeconomic Context and Health Outcomes: A Critical Review", *Journal of Epidemiology and Community Health*, Vol. 55, No. 2, 2001.

⑤ Cox M., Boyle P. J., and Davey P. G., et al., "Locality Deprivation and Type 2 Diabetes Incidence: A Local Test of Relative Inequalities", *Social Science & Medicine*, Vol. 65, No. 9, 2007.

施难以承受其重，社会管理的对象高度复杂，产生的问题也错综复杂，而且密集的人群及其活动也给流动人口带来压迫感和不安全感，降低其居住舒适度。人口密集带来的拥挤环境和较差的空气质量还会导致心理压力难以得到释放。这些问题都可能会造成流动人口患慢性病风险的增加。同时，流动人口数量不断增长加剧了公共基础设施、人际关系等方面的紧张局面，经常引发摩擦、争吵，进而发展到对抗、冲突，使本地居民产生不安全感，引发对流动人口的不满、偏见甚至歧视。所以，当社区人口构成存在较强异质性且数量庞大时，越是有利于人群活动，越会增加空间使用者的不安和对潜在风险的担忧、不安和恐惧感，这些都可能会导致流动人口患慢性病概率的增加。

从居住区位看，居住区位对流动人口是否患慢性病有显著的影响，对本地居民的影响不显著。具体而言，社区居住区位比每提高1个单位，流动人口慢性病患病率对数发生比提高85.71%，说明社区所在区位离市中心越远，流动人口报告患慢性病的概率也越高。居住的地理位置不仅决定了其与城市中心（行政中心或商业中心）的距离远近，还决定着公共服务设施（如医疗、教育、商业）配置的完善程度、劳动力市场的机会、交通成本和周边环境水平等。国外的研究也证明居民所在社区和街区的地理位置很大程度上影响他们改善生活和实现向上流动的社会机会，较差的区位往往与低收入、失业、贫困、福利短缺以及较高的辍学率等联系在一起。[①] 所以，良好的区位是流动人口获得各种机会、提升自身能力的关键。相对于城郊，市中心医疗服务资源比较集聚，便捷的医疗设施供给能使流动人口更易获取与城市居民大致相同的健康服务和资源；[②] 同时，居住在市区也有更多的机会接触到城市居民，逐渐了解城市的文化和价值观，有利于流动人口的市民身份认同。相反，离市中心较远的郊区医疗资源稀少，可能会导致出行不便等诸多问题，无形中增加了流动人口享有健康设施与服务（如医院、健身设施、开敞空间等）的成本，无法享受市

① Woo A., and Kim Y. J., "Spatial Location of Place-based Subsidized Households and Uneven Geography of Opportunities: Case of Austin, Texas in the US", *Community Development*, Vol. 47, No. 1, 2016.

② Chen Y. Y., Wong G. H., and Lum T. Y., et al., "Neighborhood Support Network, Perceived Proximity to Community Facilities and Depressive Symptoms among Low Socioeconomic Status Chinese Elders", *Aging & Mental Health*, Vol. 20, No. 4, 2015.

中心医疗集聚的福利资源，慢性病也可能无法得到及时确诊和治疗，造成流动人口患慢性病的概率反而更高。

从社区凝聚力看，社区凝聚力仅对本地居民慢性病患病率有一定影响，对流动人口没有显著的影响，具体而言，社区凝聚力每提高 1 个单位，本地居民慢性病患病率的对数发生比降为只有原来的 85.12%，表明社区凝聚力越高，则本地居民慢性病患病率越低。与本书结论相类似，顾大男等对上海的研究也发现社区凝聚力对本地居民慢性病患病情况有显著影响。按照社会资本理论，社区凝聚力反映在社区层面是一种邻里关系，良好的邻里关系意味着社区居民之间的熟悉、信任和团结，有利于他们相互帮助、相互支持。通过情感支持、自尊、积极角色认定、相互尊重等方式表现的社会心理过程来实现对健康产生作用。同时，较高的社区凝聚力更有利于对健康知识的关注、健康信息的传播以及提倡身体活动，通过非正式的社会控制以维护健康的行为规范（如参与运动和避免高饱和脂肪食物的摄入），从而降低患慢性疾病的风险。另外，这种关系也有可能是因为社区凝聚力较高的本地居民往往是社会经济地位更高的一部分群体，因此也更有经济能力从市场上获得较好的医疗服务，或者可能获得更多的社区资源和福利，罹患慢性病的概率也更低。①

三　社区环境对流动人口心理健康的影响

在使用多层模型之前，首先要依据空模型分析结果，计算组内相关系数（Intraclass Correlation Cofficient，ICC），判断数据是否适合采用多层模型。由表 4-3 中的模型 1 分析结果可知，心理健康的社区间差异总变异比例为 0.064 ［0.028/（0.028+0.407）＝0.064］，当 ICC 大于 0.059，组间的变异不可忽略，需要考虑使用多层模型。由空模型可以认定，社区层次之间的差异可以解释 6.4%的健康水平差异，尽管社区变异占的比例较小，但社区间的差异也不容忽视。因此，不同社区的心理健康的差异可以从个人层次和社区方面来解释，有必要在建模时考虑多层线性模型而非简单线性回归模型。

---

① Gu D. N.，Zhu H.，and Wen M.，"Neighborhood-Health Links：Differences between Rural-to-Urban Migrants and Natives in Shanghai"，*Demographic Research*，Vol. 33，No. 1，2015.

表 4-3　社区环境与流动人口心理健康的关系（B 值）

	全样本	全样本	全样本	流动人口	本地居民
	模型 1	模型 2	模型 3	模型 3	模型 4
截距	4.441*** (0.035)	3.071*** (0.345)	3.072*** (0.448)	2.205*** (0.474)	3.517*** (0.483)
性别（女）		0.043 (0.038)	0.035 (0.031)	0.019 (0.021)	0.033 (0.027)
年龄		0.006** (0.002)	0.006** (0.002)	0.007* (0.003)	0.006+ (0.002)
婚姻（不在婚）		0.044 (0.058)	0.031 (0.043)	-0.012 (0.023)	0.057 (0.085)
教育年限		-0.007 (0.007)	-0.003 (0.004)	-0.003 (0.002)	-0.004 (0.003)
职业类型（蓝领）		0.064+ (0.041)	0.069+ (0.045)	0.073 (0.056)	0.055 (0.041)
月收入（对数）		0.024 (0.035)	0.027 (0.036)	0.116* (0.094)	-0.033 (0.031)
相对社会经济地位		0.061* (0.026)	0.048* (0.017)	-0.003 (0.002)	0.098* (0.045)
居住年限		0.004* (0.001)	0.003+ (0.001)	-0.001 (0.000)	0.004* (0.001)
户籍（本地居民）		0.132** (0.050)	0.134* (0.049)		
社区安全感		0.123*** (0.032)	0.146*** (0.034)	0.279*** (0.065)	0.017 (0.008)
社区凝聚力		0.008 (0.017)	0.013 (0.020)	0.007 (0.016)	0.021 (0.019)
社区环境质量		0.070** (0.024)	0.059** (0.021)	0.025 (0.010)	0.092** (0.034)
社区服务设施		0.024* (0.011)	0.034** (0.013)	0.032* (0.015)	0.031* (0.014)
社区物理失序		-0.327*** (0.084)	-0.332*** (0.085)	-0.285** (0.076)	-0.419** (0.104)
社区社会失序		-0.096* (0.045)	-0.087* (0.056)	-0.129* (0.067)	-0.082 (0.063)
社区流动人口占比		-0.043 (0.033)	-0.036 (0.027)	-0.010 (0.05)	-0.080 (0.002)
居住区位		-0.017 (0.028)	-0.014 (0.020)	-0.095 (0.054)	-0.089 (0.047)
户籍×社区安全感			0.228*** (0.076)		
户籍×社区环境质量			-0.083* (0.051)		

续表

	全样本	全样本	全样本	流动人口	本地居民
	模型 1	模型 2	模型 3	模型 3	模型 4
随机效应	方差分量（卡方值）	方差分量（卡方值）	方差分量（卡方值）	方差分量（卡方值）	方差分量（卡方值）
社区平均心理健康 U_0	0.028***（75.891）	0.024**（70.735）	0.021**（70.845）	0.016***（47.137）	0.0303***（64.770）
层-1 随机效应 R	0.407	0.365	0.365	0.342	0.366
层-1 截距可靠性估计	0.710	0.695	0.709	0.548	0.671
N	1139	1139	1139	571	568

注：括号内为参考变量，+ $p<0.1$，* $p<0.05$，** $p<0.01$，*** $p<0.001$。

表4-3 中的模型 3 和模型 4 显示，社区环境变量对个体心理健康的影响是众多个体健康指标中较为显著的一个部分。在社区层面，对流动人口心理健康产生显著影响的变量有社区安全感、社区服务设施、社区物理失序和社区社会失序。社区凝聚力、社区环境质量、社区流动人口比例、居住区位等社区环境变量对流动人口心理健康的影响均不显著。对本地居民而言，社区环境质量、社区服务设施和社区物理失序等对其自评健康结果影响显著，而其余社区环境变量对其自评健康的影响均不显著。另外，模型 3 显示，户籍与社区安全感、社区环境质量的交互项对心理健康的影响显著。上述结果证明，社区层面的因素是影响流动人口心理健康的重要因子。

从社区安全感看，社区安全感显著影响流动人口心理健康，而对本地居民心理健康没有显著影响，具体而言，社区安全感每提高 1 个单位，流动人口心理健康得分增加 0.279，说明社区安全感的提升，有利于促进流动人口心理健康水平的提高，这与既有的研究结果相一致。[①] 根据健康社会决定因素理论，社区安全被视为在健康中发挥着重要作用的一个中观层面的社会因素，也是世界卫生组织对健康的居住环境定义所依据的 4 个基本理念之一。社会心理学家也较早关注到居住地点包含有心理意义和情感依托的成分，并将安全感作为健康环境必不可少的组成部分予以探讨。大

① Chen J., and Chen S., "Mental Health Effects of Perceived Living Environment and Neighborhood Safety in Urbanizing China", *Habitat International*, Vol. 46, 2015.

部分流动人口的住房条件相对简陋，缺乏安全的防护设施和足够的生活空间，且由于是临时性的居住，难以进行固定投入，整体防护性较弱。这样的空间缺乏物理或符号隔离，会让人感觉到“身无定处”，混迹其中的犯罪分子容易熟悉和进入，[①] 同时，若一个社区因十几倍、数十倍于原村民人数的外来流动人口涌入，警力配置远低于人口规模，再加上高密度居住环境，自然而然就容易诱发各式各样的社会治安问题。因此，对犯罪和越轨行为的担忧会引起流动人口的恐惧感，产生不安、焦虑等不良的情绪，这种心理安全的缺失会直接损害他们的身心健康。

从社区环境质量看，社区环境质量显著影响本地居民心理健康，而对流动人口心理健康没有显著影响。具体而言，社区环境质量每提升 1 个单位，本地居民的心理健康得分就增加 0.092，说明社区环境质量的改善，有利于提高本地居民心理健康水平。社区是居民最直接的生活场所，社区环境质量与居民的生活息息相关，将直接影响居民的生活满意度和幸福感。有研究指出如果长期暴露于嘈杂、有污染的社区环境会增加社区居民的心理压力，对社区内居民健康产生不利影响。[②] 相对于流动人口，本地居民长期生活于所在社区，对社区有较强的依赖性和归属感，对社区有着共享利益的关系。因此，随着生活质量的提高，本地居民的环保意识越来越强，对周围的环境变化和污染带来的健康威胁更加敏感。近年来不少地方发生多起因居民担心化工厂等建设项目对身体健康、环境质量和资产价值带来诸多负面影响而采取集体抗争的事件也印证了这一点。对流动人口来说，由于环境信息和健康风险知识的不足及理解有限，流动人口对环境污染水平和污染程度存在一定的低估倾向或者敏感性不够，这些因素都可能造成社区环境质量对流动人口心理健康没有影响。但是，如果长期暴露在污染的环境中，流动人口健康由此受到的损害是可想而知的。

从社区服务设施看，社区服务设施对流动人口和本地居民心理健康都有显著影响，具体而言，社区服务设施每提高 1 个单位，流动人口和本地居民的心理健康得分分别增加 0.032 和 0.031，说明社区公共服务设施越

① 程建新、刘军强、王军：《人口流动、居住模式与地区间犯罪率差异》，《社会学研究》2016 年第 3 期。

② Bakian A. V., Huber R. S., and Coon H., et al., “Acute Air Pollution Exposure and Risk of Suicide Completion”, *American Journal of Epidemiology*, Vol. 181, No. 5, 2015.

完善，流动人口和本地居民的心理健康越好。与本书结论相类似，Guite等对伦敦格林威治社区的问卷调查发现居民对社区服务设施的不满会降低其心理健康水平；[①] 邱婴芝等对广州23个社区的调查得出社区服务设施配套与居民心理健康水平呈显著正相关。[②] 社区服务设施事关居民日常生产生活地顺利进行，并为社区居民提供了彼此交往、建立网络、培养信任的公共场域。根据地点理论，社区作为生活的地点对居民生活的品质有重要影响。良好的社区服务设施可以为人们提供良好的休闲游憩环境和与他人交往的机会，借助社区公共空间与邻里或参与社区活动，有助于个体对社区这一地点的感知，在反复的体验中赋予地方意义直至形成地方感；同时，也有助于个体建立良好的社会支持网络，促进邻里融合，增加居民社区归属感，这对于缓解工作和生活中积累的紧张情绪和压力有积极意义，从而间接改善心理健康状况。[③] 对流动人口而言，社区服务设施的服务质量也是反映流入地城市包容性和社会公平程度的重要标准。通过与市民共享社区服务设施可以增加流动人口与本地居民交流沟通的机会，[④] 增进群体间的相互理解，帮助流动人口获得更多的城市生活体验，逐步适应城市生活的行为习惯，进而提高其心理健康水平，并可能对定居意愿产生深刻影响。

从社区物理失序看，社区物理失序对流动人口和本地居民心理健康都有显著影响，具体而言，社区物理失序程度每提高1个单位，流动人口和本地居民的心理健康得分分别降低0.285和0.419，说明社区物理失序情况越严重，流动人口和本地居民的心理健康越差。首先，社区物理失序现象在城市低收入邻里尤为常见，主要表现为公共服务缺乏、基础设施年久失修，居住环境逐步恶化，社区资源剥夺严重，这些都能显示出社区的破败与不景气，减少居民在社区逗留的时间，可能导致该地区居民逐渐退出社区公共事务或搬离社区，并产生更多的负面情绪，如不满、压抑、沮丧

① Guite H. F., Clark C., and Ackrill G., "The Impact of the Physical and Urban Environment on Mental Well-being", *Public Health*, Vol. 120, No. 12, 2006.

② 邱婴芝、陈宏胜、李志刚等：《基于邻里效应视角的城市居民心理健康影响因素研究——以广州市为例》，《地理科学进展》2019年第2期。

③ Chen J., and Chen S., "Mental Health Effects of Perceived Living Environment and Neighborhood Safety in Urbanizing China", *Habitat International*, Vol. 46, 2015.

④ Du H., and Li S. M., "Migrants, Urban Villages, and Community Sentiments: A Case of Guangzhou, China", *Asian Geographer*, Vol. 27, 2010.

和失落等。[①] 其次，这种杂乱无章的居住空间形态极大地影响了居民日常的邻里交往，可能导致人与人之间关系紧张、冷漠，使个人形成不利于健康的生活方式，如吸烟、酗酒甚至暴力犯罪。心理学的研究也表明，如果居民生活在一个嘈杂不宁、肮脏零乱的环境之中，就会变得情绪不稳、焦躁不安，容易产生厌恶、憎恨情绪，无法专心致志地工作和学习，居民的心理健康就会受到消极负面影响。最后，根据破窗理论，随处可见垃圾、玻璃碴或废弃物，比比皆是的墙体涂鸦，到处遍布损坏的公物、街道照明设施不足等失序现象无不透露出社区破败与不景气的信号，容易混迹犯罪分子，增加了潜在的犯罪活动的可能性，无形之中增加流动人口的恐惧感和不安情绪，从而影响其心理健康。[②]

从社区社会失序看，社区社会失序显著影响流动人口心理健康，而对本地居民心理健康没有显著影响，具体而言，社区社会失序程度每提高1个单位，流动人口心理健康得分将降低0.129，说明社区社会失序情况越严重，流动人口的心理健康水平越差。社区社会失序往往表现为打架斗殴、聚众酗酒、盗窃抢夺等社区不安全行为的增加，[③] 一旦这些行为得不到及时的整治，就会增加流动人口对犯罪的恐惧，进而影响其心理健康。社区社会失序的另一表现是大量管理混乱的出租房成为违法犯罪的高发地，入室盗窃、抢劫、黑社会团伙、吸毒贩毒、卖淫嫖娼等现象屡见不鲜。这些犯罪猖獗的现象令人深感压抑，从而直接对流动人口的安全与心理健康造成威胁。Ross 等研究还认为，长期处于破败、混乱的邻里环境会减弱居民的社区认同感，同时也影响邻里集体效能的发挥，从而间接影响居民的心理健康。[④]

为了探究社区环境对流动人口和本地居民心理健康影响效应的异同，

---

① Ross C. E., Mirowsky J., and Pribesh S., "Powerlessness and the Amplification of Threat: Neighborhood Disadvantage, Disorder, and Mistrust", *American Sociological Review*, Vol. 66, No. 4, 2001.

② Sampson, R. J. and Raudenbush, S. W., "Seeing Disorder: Neighborhood Stigma and the Social Construction of 'Broken Windows' ", Social Psychology Quarterly, Vol. 67, No. 4, 2004.

③ Morenoff, J. D., Sampson, R. J. and Raudenbush, S. W., "Neighborhood Inequality, Collective Efficacy, and the Spatial Dynamics of Urban Violence", *Criminology*, Vol. 39, No. 3, 2001.

④ Ross C. E., Mirowsky J., and Pribesh S., "Powerlessness and the Amplification of Threat: Neighborhood Disadvantage, Disorder, and Mistrust", *American Sociological Review*, Vol. 66, No. 4, 2001.

模型1还考察了各个社区环境单项变量与户籍的交互作用，其结果是，只有户籍与社区安全感的交互项和户籍与社区环境质量的交互项显著，表明社区安全感对流动人口心理健康的影响明显大于对本地居民的影响；而社区环境质量的改善对本地居民心理健康的影响要大于对流动人口的影响。

第四节　总结与讨论

一　社区环境对流动人口健康有着重要影响

本书研究结果显示，社区环境对流动人口健康有显著的影响。在自评健康方面，社区安全感、社区服务设施和社区社会失序对自评健康有显著影响，即提高社区安全感、降低社区社会失序和改善社区服务设施会显著提高流动人口自评健康。在慢性病患病方面，社区环境质量、社区物理失序和社区流动人口占比与慢性病患病率有微弱的关联，即社区环境质量越差、物理失序越严重，社区流动人口数量越多则流动人口患慢性病的概率越高；越靠近市中心居住则越有利于改善流动人口慢性病患病情况。在心理健康方面，提高社区安全感、降低社区失序和改善社区服务设施能够显著改善流动人口心理健康。有研究指出，相较于更有能力从市场上获得医疗保健和体育健身服务的中高社会阶层，城市社区空间的公共品供给和环境品质与弱势群体的健康水平具有更为紧密的关联。[①] 流动人口作为城市社会中的弱势群体，其健康与社区环境特征间的关系由此可想而知。这一结论的政策启示是社区可以成为实行健康政策干预，实现流动人口健康水平提升的一个有效场所。在相关政策的制定中，尤其需要关注社区社会安全和社区服务设施的布局。但在现实生活中，流动人口聚居区形形色色的治安事件不时见诸报端。在笔者调研中也发现，消防、安全和卫生等是流动人口经常抱怨的主要社区问题，他们对城中村治安环境的不满尤为突出。社区频频发生的入室盗窃、抢劫、聚众殴打等暴力犯罪事件无时无刻不威胁流动人口的人身安全，使流动人口感受到更大的环境压力，以至于流动人口对社区周边环境产生不安全感和恐惧感，从而对其身心健康造成

---

① 张延吉、秦波、唐杰：《基于倾向值匹配法的城市建成环境对居民生理健康的影响》，《地理学报》2018年第2期。

不良后果。社区服务设施则为流动人口的日常生活、消费与闲暇活动提供了区位上的便利性、消费能力与社会距离上的可接近性，同时提供了流动人口与本地市民接触交往的机会和场所。换言之，服务设施良好、有安全感的社区环境使城市外来流动人口能够以较低的生活成本进入城市，对社区环境形成依赖，更好地融入城市生活，也有利于提升其幸福感和健康水平。

二　社区环境对不同健康维度和不同人群有不同的影响

首先，社区环境在不同健康维度上具有不同的影响效应。对流动人口而言，社区环境对自评健康和心理健康产生较大的影响，对慢性病患病率的影响较小；对本地居民来说，社区环境对心理健康的影响较为强烈，对自评健康和慢性病患病率的影响较小。其次，社区环境对流动人口健康的影响要大于对本地居民的影响。考虑到两个群体行为特征、身份地位和生活环境不尽相同，对社区环境的感知、敏感度和要求也存在明显差异，导致影响健康的社区环境变量在群体间有所差异。对流动人口来说，影响健康的社区变量更多的是社区安全感、社区服务设施、社区社会失序等限于生存层次的基本因素，而影响本地居民健康的社区变量则是社区凝聚力、社区环境质量等属于更高层次的需求因素。这与基于上海的研究不同，该研究结果强调社区凝聚力、社区归属感等因素对流动人口健康的重要性，这可能是因为与温州这样的三线城市相比，上海等一线城市为流动人口提供较好的基础配套设施和有关服务，而温州在社区基础设施和公共服务设施建设方面还比较薄弱，难以满足大量流动人口对社会安全、社区服务设施的现实需求。由此可见，基于像温州这样的三线城市的研究可以一定程度上修正现有基于少数几个特大城市的实证和理论，为城市理论研究提供更多的潜力和创造性。最后，从健康指标来看，相比以慢性病为代表的生理健康，流动人口自评健康、心理健康等对自身健康状况的感知和评价受社区环境的影响更突出，尤其是心理健康的社区效应最为强烈，换言之，主观健康感知受社区影响较为直接或者说短期效应较为明显，这与刘扬等的研究结论一致。[①]

---

① 刘扬、周素红、张济婷：《城市内部居住迁移对个体健康的影响——以广州市为例》，《地理科学进展》2018 年第 6 期。

三 社区环境对流动人口健康的影响相比住房条件更突出

首先，对流动人口来说，社区不仅是他们在城市社会生活中的起点和落脚点，也是接触城市居民、适应流入地日常生活、学习当地文化风俗、获取社区服务、参与社区建设的重要场域，更是立足城市、融入城市社会的基础单元。住房满足流动人口最基本的居住需要，社区则满足其多样的、全面的生活需求。从这个意义上说，社区环境对流动人口的重要性可能比住房条件更加突出，但这种重要性往往被流动人口和有关政府部门所忽视。其次，与住房条件不同，社区环境不仅包含物理属性，还包括社会属性，其中所蕴含的社会关系对健康有极大的促进作用，[①] 也有助于人力资本的积累、社会资本的提升以及信息的获取，[②] 进而促进流动人口在城市的社会融合。[③] 再次，上述模型的回归系数和显著性水平也一定程度上说明社区环境相比住房条件是影响流动人口健康的重要背景因素之一，而且这种影响独立于个人因素对健康的影响。最后，城市社区环境对居民健康的影响程度同空间尺度范围密切相关，[④] 对处于相对弱势地位的流动人口而言，由于受到社会经济因素、社会支持网络等约束，他们日常活动半径和社交范围相对有限，[⑤] 生活场域在空间上的“投影”主要集中于居住地附近，购物、就医、体育锻炼、亲友聚会、休闲活动、工作等日常活动在时空维度上也受到更多的约束，甚至很多是社区职住一体者。[⑥] 在社区滞留的时间更长，暴露于各种社区影响的程度更高，对社区资源的依赖性更强。笔者在访谈中也发现流动人口日常活动主要局限在社区内部及附近，与其健康最具紧密关系的自然就是住所周边较小范围的社区环境，因此对社区服务设施的依赖和社会安全的顾虑也就不足为奇。但必须指出的

---

① 朱伟珏：《社会资本与老龄健康——基于上海市社区综合调查数据的实证研究》，《社会科学》2015 年第 5 期。

② 郑思齐、曹洋：《农民工的住房问题：从经济增长与社会融合角度的研究》，《广东社会科学》2009 年第 5 期。

③ 杨菊华：《中国流动人口的社会融入研究》，《中国社会科学》2015 年第 2 期。

④ 张延吉、秦波、唐杰：《基于倾向值匹配法的城市建成环境对居民生理健康的影响》，《地理学报》2018 年第 2 期。

⑤ 王德、顾晶：《上海市流动人口的公共设施使用特征——以虹锦社区为例》，《城市规划学刊》2010 年第 4 期。

⑥ 柴彦威、刘璇：《城市老龄化问题研究的时间地理学框架与展望》，《地域研究与开发》2002 年第 3 期。

是这种社区依赖更多的是生存需要的依赖，而非心理上的依恋或认同。而本地居民则不同，其社会资源更广泛，社会网络可能跨越社区边界，社会关系实现从社区内转移到社区外，活动空间、出行方式也具有更大的自主选择弹性，对社区的依赖性较小。包括工作在内的日常活动选择的空间范围和距离更大，甚至可以接受远距离的职住分离，不再局限于社区内。[①]因此，社区环境对本地居民健康的影响相对较小。

第五节 本章小结

本章利用温州市2017年的抽样调查数据，分别从自评健康、慢性病患病率、心理健康三个方面，考察了社区环境对流动人口健康的影响，并与温州本地居民的相关结果进行了比较。其主要结论包括以下几个方面。

（1）社区环境显著影响流动人口的健康状况。在控制其他可能影响健康的因素的情况下，社区环境仍是影响流动人口健康的重要背景因素，社区环境中的安全感、服务设施、社会失序等因素都显著影响流动人口的健康状况，而且这种影响独立于个人因素对健康的影响。这一结论表明，国际上大量的研究所证明的社区社会经济状况、物理环境、社会资本等社区因素与个人健康状况密切相关的结论可以拓展至中国的流动人口。它为我们设计能有效地达到提高流动人口健康预期效果的社区健康干预方案提供了一个可靠的科学依据。

（2）流动人口健康状况在不同程度上受到来自社区环境因素的影响。在自评健康方面，社区安全感、社区服务设施和社区社会失序对流动人口自评健康有显著影响，即提高社区安全感、降低社区社会失序和改善社区服务设施会显著提高流动人口自评健康。在慢性病患病方面，社区环境质量、社区物理失序和流动人口占比与流动人口慢性病患病率有微弱的关联，即社区环境质量越差、物理失序越严重，社区流动人口数量越多则流动人口患慢性病的概率越高；越靠近市中心居住则越有利于改善流动人口慢性病患病情况。在心理健康方面，提高社区安全感、降低社区失序和改善社区服务设施能够显著改善流动人口心理健康。整体上，社区环境变量

① 黎熙元、陈福平：《社区论辩：转型期中国城市社区的形态转变》，《社会学研究》2008年第2期。

对流动人口主观健康的影响大于客观身体健康，其中，对心理健康的影响最为突出。出乎意料的是，居住年限变量对流动人口三个健康指标都没有发挥显著的作用，也就是说并非在社区居住年限越长，流动人口的健康就越好。这说明在社区居住时间的延长，并不意味着流动人口社会支持的增多、社会信任的提高和社会融合的加深，凸显出该群体在社会交往、身份认同等社区融合方面的滞后性。

（3）社区环境对流动人口健康的影响大于对本地居民的影响，且影响效果相比住房条件更突出。对流动人口而言，社区环境的健康效应更多地与个人自评与自报的健康状况有关，与慢性病患病率等客观健康指标的关联较小；对本地居民来说，社区环境对心理健康的影响较强烈，对自评健康和慢性病患病率的影响较小。同时，由于受到社会经济因素、社会支持网络等约束，流动人口空间移动性受到更大的制约，日常活动半径和社交范围相对受限，滞留社区的时间更长，相对于本地居民，流动人口对社区环境的依赖性更强。因此，因收入水平和社会资源的低下、生活场所的边缘化与活动空间的制约，带来流动人口的健康状况与社区环境特征具有更加紧密的联系。相比住房条件，社区环境对流动人口健康的影响更为突出。

本章的一个重要启示是，社区环境是影响流动人口健康的重要社会因素之一，改善社区环境对规避流动人口健康风险具有重要意义。这里尤其要关注流动人口的社区社会安全和服务设施状况，满足流动人口对社区服务设施的不同需求和偏好，使社区服务设施成为居民无差别、均等和相互共享的便民设施，为流动人口安居创造良好的治安环境和公共服务条件。同时，本书的分析结果亦表明，社区环境对个体健康的影响不能一言概之，影响流动人口和本地居民两类群体健康的社区环境因素有所不同，因此，改善社区环境的相关公共政策也要充分考虑到本地居民与流动人口的差异化需求，有的放矢，切实增进政策实施的有效性。

第五章

居住隔离对流动人口健康的影响

第三章与第四章分别探讨了住房条件和社区环境对流动人口健康的影响，从中可以发现，住房条件和社区环境对流动人口健康有着重要影响。与此同时还应当看到，在城市人口流动速度加快和住房市场化程度加深的现实背景下，各社会阶层在住房区位和居住模式上逐渐趋于分化，开始有规律地聚集于城市的不同区位，居住空间分异乃至隔离局面日见端倪，其中，流动人口与本地居民间的居住隔离现象尤为突出。居住隔离造成的贫困集聚、失业、收入分层、暴力犯罪等社会问题不断涌现，并对流动人口的身心健康构成巨大威胁，居住隔离也因此成为外来流动人口融入城市生活的巨大障碍。[①] 流动人口的居住隔离会给其健康状况带来怎样的影响？居住隔离对流动人口健康呈现怎么样的影响机制？本章以自评健康和心理健康作为因变量，运用多元线性回归模型、二元 Logistic 回归模型和多层次模型，考察了居住隔离对流动人口健康的作用，获得了对流动人口居住隔离与健康间关系及其内在机理和影响机制的全面、深入的认识，为城市相关公共卫生政策和其他保障流动人口基本居住权利、促进其更好地融入流入地社会的相关政策的制定提供科学依据。

第一节　引言

在社会经济转型的背景下，社会阶层化、住房市场空间分化与个人择居行为交互作用带来中国城市居住空间分异。这种分异不仅体现在居住面积、房屋设施、房屋拥有等多方面，还表现为居住空间的地域分割。在欧

---

① 景晓芬：《空间隔离视角下的农民工城市融入研究》，《地域研究与开发》2015 年第 5 期。

美发达国家关于移民社会融合的研究中，移民在流入地空间分布所表现出来的居住隔离情况是测量国际移民社会融合的重要指标，居住隔离程度越小，社会融合程度越深，反之亦然；流动人口若未能有效融入流入地社会，将进一步加深其居住隔离程度。[①] 国际上关于居住隔离对健康方面影响的研究比较丰富。居住在高度隔离区域的黑人比居住在低隔离区域的黑人所报告的自我健康状况更差。[②] 总体上看，贫困、被剥夺及社会经济上处于不利或地理空间上被隔离的社区居民在传染病、呼吸、心血管等系统疾病上有着更高的患病率，而且有着更差的自评健康状况、负面的心理健康状况，以及更高的慢性病患病风险。[③] 居住隔离不仅是地理空间上的，而且也是心理上的。隔离与歧视之间往往存在密切的联系，歧视往往从邻里环境的选择和隔离中显露出来。国际上的研究还发现，歧视是居住隔离影响移民健康的一种重要作用机制，尤其跨国移民而言，移民在流入地所受的歧视经历不仅会降低其健康服务获得，[④] 还会直接影响精神健康[⑤]甚至对高血压等生理健康产生持续的负面影响。[⑥] 另外，以迁居方式进行的居住空间筛选过程增加了居住隔离的程度，造成低收入群体职住分离和长距离通勤，因此，居住隔离也会通过迁居行为和长时间通勤间接影响移民的幸福感水平和健康状况。[⑦]

截至目前，国内学者对居住隔离与健康关系的研究视野还较为狭窄，

---

① 何炤华、杨菊华：《安居还是寄居？不同户籍身份流动人口居住状况研究》，《人口研究》2013 年第 6 期。

② Yang T. C., Zhao Y., and Song Q., "Residential Segregation and Racial Disparities in Self-rated Health: How do Dimensions of Residential Segregation Matter?" *Social Science Research*, No. 61, 2016.

③ Acevedo-Garcia, D., and Lochner, K. A., et al., "Future Directions in Residential Segregation and Health Research: A Multilevel Approach", *American Journal of Public Health*, 2003, Vol. 93, No. 2, 2003.

④ Pascoe E. A., and Smart Richman L., "Perceived Discrimination and Health: A Meta-analytic Review", *Psychological Bulletin*, Vol. 135, No. 4, 2009.

⑤ Agudelosuárez A., Gilgonzález D., and Rondapérez E., et al., "Discrimination, Work and Health in Immigrant Populations in Spain", *Social Science and Medicine*, Vol. 68, No. 10, 2009.

⑥ Liebkind K., and Jasinskaja-Lahti I., "The Influence of Experiences of Discrimination on Psychological Stress: A Comparison of Seven Immigrant Groups", *Journal of Community and Applied Social Psychology*, Vol. 10, No. 1, 2000.

⑦ Nowok B., Van Ham M., and Findlay A. M., et al., "Does Migration Make You Happy? A Longitudinal Study of Internal Migration and Subjective Well-being", *Environment and Planning A*, Vol. 45, No. 4, 2013.

主要以城中村为居住隔离的研究对象，专门针对居住隔离与健康关系的系统性研究还比较少见，[①] 总体上来看，当前的研究主要从居住条件的某一方面或者基于某一个变量展开探讨，缺乏就居住隔离对流动人口健康影响的系统研究。本章将在此背景下，采用 2017 年温州市抽样调查数据考察居住隔离对流动人口健康的影响。

第二节　变量赋值与模型设定

一　变量赋值

本章用自评健康和心理健康两个指标来测度流动人口的健康状况。由于慢性病患病率与居住隔离等解释变量的相关关系显著性不强，因此本章没有作为主要因变量纳入模型。

居住隔离除了是经济地位在空间上的反映外，它还是人际关系、地域文化和社会心理的体现。因此在考虑主要自变量时，笔者增加了与居住相关的客观和主观两类变量。分析中涉及的自变量主要分为以下几类：(1) 居住隔离，目前国外常用异化指数（dissimilation index）测量居住隔离，根据本书研究的需要，笔者分别设置了三类居住隔离变量：①邻里类型；②局部分异指数 Di；③孤立指数 P。其中“邻里类型”在借鉴杨菊华、朱格对居住隔离分类测量的基础上，[②] 通过以下方式判定是否存在居住隔离：若邻居主要为外地人或不知道，则说明存在明显居住隔离；若邻居主要为本地人或外地人和本地人数量差不多，则说明不存在居住隔离。局部分异指数 Di 和孤立指数 P 是衡量居住隔离的常见指标，具体计算公式见第一章居住隔离测量部分。(2) 与居住隔离相关的自变量，具体包括迁居次数、通勤距离、居住区附近是否有工厂、住房产权、社区类型和居住年限，其中住房类型分为自购房和其他；社区类型分为商品房社区、城中村区和未经改造老城区。(3) 主观态度变量，具体包括感受歧视、社区满意度、自我隔离，用于反映流动人口受歧视情况和受社会排斥的主

---

① 易龙飞、朱浩：《流动人口居住质量与其健康的关系——基于中国 15 个大中城市的实证分析》，《城市问题》2015 年第 8 期。

② 杨菊华、朱格：《心仪而行离：流动人口与本地市民居住隔离研究》，《山东社会科学》2016 年第 1 期。

观心理状况。感受歧视分为身份歧视和制度歧视，其中身份歧视由在公共场所遭人瞧不起、被人禁止进入服务场所和被警察盘问三题组成，制度歧视包括与本地人同工不同酬、应聘要本地户口和孩子因户口遭遇入学难三题组成；社区满意度表示流动人口对社区整体感受的满意程度；自我隔离反映流动人口对家乡风俗、办事习惯、生活方式和孩子应说家乡话等家乡文化的态度认同情况，取值越大，代表自我隔离越强。

控制变量是个体的人口、社会经济学特征，包括性别、年龄、婚姻状况、教育程度、收入、相对社会经济地位等（流动人口 VS 本地居民）。其中，婚姻分为在婚和不在婚，分别赋值 1 和 0。教育程度用教育年限表示。相对社会经济地位通过询问受访者自己的经济地位在温州属于哪个层次赋值，包括下等、中下等、中等、中上等、上等 5 个选项，分别赋值 1—5。具体变量选择和说明见表 5-1。

表 5-1　　变量选择和说明

维度	变量名	描述
因变量	自评健康	健康“一般”或“差”赋值为 0，健康“极好”“很好”或“好”赋值为 1
	心理健康	由 6 个变量构成：觉得自己“紧张”“绝望”“焦虑或烦躁”“沮丧”“无力”“无价值”，赋值 1—5，计算 6 个问题的平均分，分数越高，心理健康越好
人口、社会经济特征变量	性别	1=男性，0=女性
	教育程度	教育年限，小学为 6 年，初中为 9 年，高中为 12 年，大学为 15 年
	收入	取收入的对数
	年龄	实际年龄数
	婚姻状况	1=在婚，0=不在婚
	职业类型	1=白领，0=蓝领
	相对社会经济地位	5=上等，4=中上等，3=中等，2=中下等，1=下等
居住变量	迁居次数	在温州搬家的次数
	住房产权	1=有产权，0=无 产权
	居住年限	所在社区居住的时间
	社区类型	1=商品房社区，2=未经改造老城区，3=城中村
	通勤距离	1=同一街道，2=同一城区，3=不同城区

续表

维度	变量名	描述
主观态度变量	身份歧视	1=有，0=无
	制度歧视	1=有，0=无
	社区满意度	5=非常满意，4=满意，3=一般满意，2=不满意，1=非常不满意
	自我隔离	自我隔离是指对家乡文化的态度认同情况，非常同意或同意赋值为1，否则赋值为0
解释变量	居住隔离①	邻里类型，1=居住隔离，0=居住未隔离
	居住隔离②	局部分异指数，取值范围从-100到100
	居住隔离③	孤立指数，指数越高，说明流动人口比例较高，流动人口越孤立

二 模型设定

建立一组多元线性回归模型将控制变量、居住隔离变量逐步纳入模型中，以检验居住隔离对流动人口健康的净效应。在纳入控制变量的基础上，模型1考察了在控制人口社会学基本特征变量时，居住隔离对流动人口自评健康和心理健康的影响；模型2在模型1的基础上加入与居住相关的客观指标变量，考察在控制住房和社区差异的情况下，居住隔离对流动人口自评健康和心理健康的影响；模型3在模型2的基础上纳入主观态度变量，分析居住隔离对流动人口自评健康和心理健康的影响；模型4和模型5分别以局部分异指数和孤立指数作为居住隔离变量，运用多层模型分析其对流动人口自评健康和心理健康的影响。

第三节 居住隔离对流动人口健康影响的实证分析

由表5-2和表5-3的回归模型分析结果显示，无论自评健康还是心理健康，以邻里类型表示的居住隔离对流动人口的健康均有显著影响，且这一结果分别在0.05和0.001的显著性水平上显著，回归系数值比较接近，影响效应完全一致，说明研究结果具有很好的稳健性，这与俞林伟、朱宇对国家卫计委2014年流动人口社会融合与心理健康专项调查数据的研究结论相一致，[①]说明流动人口居住地邻居为外地人的比例越高，流动人口自评健康越差。其次，居住分异指数和孤立指数与流动人口自评健康在0.1显著水平上呈负相关，说明社区内的流动人口比例越高，居住隔离越严重，流动人口自评健康越差，但是局部分异指数和孤立指数与流动人口的心理健康没有显著相关关系。总体上来看，居住隔离对流动人口的健康状况有显著的负面影响，相对于宏观层面，微观尺度的居住隔离对流动人口健康造成的影响更加突出。

居住隔离与分层配置通过迁居流动来实现，迁居次数对流动人口自评健康有显著负向影响，但对其的心理健康没有显著关联。即迁居次数每增加1次，流动人口自评健康将下降12.2%。由前面的描述性分析可知流动人口主要以工作变动而迁居，属于被动迁居为主。短期内频繁的搬迁不仅耗损体力且迁居后往往需要适应期，而且可能造成适应性压力从而对健康产生负面影响，[②]"搬家当然不好啦，最少要半个月才能适应周围的环境，在原来的地方住习惯了，邻居朋友都熟起来了，再搬到这儿，很多方面都不方便了。而且搬家很麻烦呀，很累的，对生活肯定有影响啦"（编号L04的受访者，女，43岁，水果摊贩），这种生活状态使得流动人口在社区内难以长期居住，多则数年、少则数月的短暂停留导致流动人口长期处于漂泊状态。生计的压力使得流动人口要投入相当多的时间、精力和体力去考虑如何生存。短期内频繁的迁移精力耗损大，加上环境不适应，对身心健康的负面影响尤为突出。另外，频繁、被动的迁居常常破坏了流动人口想长久稳定居住的梦想，也就难以对所在城市产生家的感觉，不利于建立长久稳定的社会关系，居无定所也易引发违法犯罪行为。同时，较强的地域流动性、工作的频繁变动性以及居所不断变换并不能为流动人口带来更多或更有价值的社会资本，反而造成原有社会资本和网络积累可能随时中断，进而影响了群际交往的积极性和主动性。事实上，社会资本的获得有赖于长时间的积累，缺少时间的累积，再多互动也无法提升社区凝聚

① 俞林伟、朱宇：《居住隔离对流动人口健康的影响——基于2014年流动人口动态监测数据的分析》，《山东社会科学》2018年第6期。

② Blenkner M., "Environmental Change and the Aging Individual", *Gerontologist*, Vol. 20, No. 2, 1967.

力。[①] 国外学者霍利研究指出稳定性和持续性是社区存在的重要基础，没有稳定的居住环境只能称为居住地而已，不能将之称为社区。[②] 频繁的搬迁也许可以改善物质生活条件和居住环境，却失去了无形的社会支持网络，这也会间接影响流动人口的健康状况。

居住隔离造成工作和居住空间的不匹配，加大了流动人口的通勤距离。由表5-3可知，通勤距离显著影响流动人口心理健康，对自评健康的影响不显著。通勤距离作为每天往返于工作和家庭之间的路程，是流动人口选择住房的重要判断标准之一。长距离的通勤会增加体力消耗和劳累程度，负面情绪发生频率也会随之增加，从而降低了流动人口自我感知的健康状况。[③] 通勤不仅表现在对流动人口健康状况的影响上，还可能对个人其他方面的表现造成影响。例如，长距离通勤活动增加了通勤时耗，限制个人的自由支配时间，减少了户外健身活动以及与家庭成员交流互动的机会，同时也会造成个人睡眠质量的下降，增加负面情绪和身体不适的发生频率，间接影响个体的幸福感和健康状况。[④]

表5-2　居住隔离与流动人口自评健康状况的关系（Exp（B）值）

	自评健康				
	模型1	模型2	模型3	模型4	模型5
居住隔离					
邻里类型	0.672*	0.513*	0.532*		
局部分异指数 D_i				0.941+	
孤立指数P					0.812+
迁居次数		0.867***	0.878**	0.904**	0.897**
通勤距离		0.839	0.801	0.847	0.853

① 朱伟珏：《社会资本与老龄健康——基于上海市社区综合调查数据的实证研究》，《社会科学》2015年第5期。

② Hawley A. H. ed., *Human Ecology: A Theory of Community Structure*, Berlin: The Roland Press, 1950, pp. 78-79.

③ Stutzer A., and Frey B. S., "Stress that Doesn't Pay: the Commuting Paradox", *Scandinavian Journal of Economics*, Vol. 110, No. 2, 2008.

④ Hansson E., Mattisson K., and Björk J., et al., "Relationship between Commuting and Health Outcomes in a Cross-sectional Population Survey in Southern Sweden", *BMC Public Health*, Vol. 11, No. 1, 2011.

续表

	自评健康				
	模型 1	模型 2	模型 3	模型 4	模型 5
住房产权		2.332	2.330	1.973	1.954
社区类型（商品房社区）					
未经改造老城区		0.673	0.742	0.867	0.793
城中村		0.590⁺	0.639⁺	0.517*	0.534*
居住区附近有工厂		0.885	0.927	0.894	0.901
身份歧视			0.550	0.580	0.582
制度歧视			0.778	0.763	0.753
自我隔离			1.001	1.058	1.064
社区满意度			1.452**	1.554**	1.556**
性别（女）	0.900	0.959	1.032	1.028	1.024
年龄	0.992	0.986	0.983	0.981	0.981
婚姻（不在婚）	0.814	0.838	0.833	0.866	0.861
教育年限	0.990	0.965	0.963	0.971	0.971
职业类型（蓝领）	1.058	0.910	0.892	0.933	0.923
月收入（对数）	1.038	1.136	1.185	1.082	1.095
相对社会经济地位	1.540**	1.614**	1.556**	1.519**	1.512**
居住年限	0.983	0.978	0.972	0.973	0.973
N	571	571	571	571	571

注：括号内为参考变量，⁺p<0.1，* p<0.05，** p<0.01，*** p<0.001。

居住隔离不仅反映的是地理区位上的距离和空间上远近，更是社区类型上的差异和不平等。社区类型在一定程度上表明了地位和身份，同时也代表了截然不同的生活环境和生活方式，对流动人口来说，对不同类型的社区则有着不同的认知和感受。相对于商品房社区，生活在城中村的流动人口自评健康和心理健康更差。城中村等边缘社区城乡接合部内部通常没有统一的规划和管理，以低矮拥挤的违章建筑居多，环境脏乱、人口密度大、人流混杂、治安混乱、基础设置配套差、游离于城市管理体制之外，公共卫生状况不容乐观，脏、乱、差现象比较严重，这些因素都会成为影响个体健康的原因。同时杂乱无序的物质景观和大量的违章违法建筑造成城中村自然空间的失序，加之多重自然空间的参照导致城中村流动人口相对剥夺感的产生以及社会认同的解构。因此，城中村没有给流动人口带来生活意义、心理安全和社会荣耀，反而更容易产生一种心理上的疏离感、剥夺感和自卑感，导致流动人口难以对城中村产生归属感和认同感。

表 5-3　　居住隔离与流动人口心理健康状况的关系（B 值）

	心理健康				
	模型 1	模型 2	模型 3	模型 4	模型 5
居住隔离					
邻里类型	-0.220***	-0.303***	-0.269***		
居住分异指数 D				-0.003	
孤立指数 P					-0.001
迁居次数		-0.008	-0.001	-0.002	-0.003
通勤距离		-0.107*	-0.089*	-0.095*	-0.096*
住房产权		0.016	0.014	0.024	0.012
社区类型（商品房社区）					
未经改造老城区		-0.091	-0.010	-0.038	-0.030
城中村		-0.125+	-0.092+	-0.092+	0.093+
居住区附近有工厂		-0.167**	-0.124*	-0.150*	-0.149*
身份歧视			-0.374***	-0.365***	-0.365***
制度歧视			-0.330***	-0.336***	-0.336**
自我隔离			0.073*	0.063*	0.063*
社区满意度			0.106**	0.098**	0.099**
性别（女）	0.021	0.014	0.036	0.051	0.051
年龄	0.011**	0.010**	0.008**	0.008**	0.008**
婚姻（不在婚）	0.005	-0.011	-0.020	-0.013	-0.012
教育年限	-0.012*	-0.021*	-0.021*	-0.018*	-0.018*
职业类型（蓝领）	0.084	0.066	0.035	0.046	0.045
月收入（对数）	0.093*	0.117*	0.113*	0.109*	0.108*
相对社会经济地位	0.028	0.037	0.024	0.033	0.033
居住年限	-0.002	-0.002	-0.004	-0.003	-0.003
N	571	571	571	571	571

注：括号内为参考变量，$^{+}p<0.1$，$^{*}p<0.05$，$^{**}p<0.01$，$^{***}p<0.001$。

居住区附近有工厂对流动人口的心理健康有负面影响。客观的环境污染往往经人们对污染程度的主观感知和评估来影响个体的情绪与精神健康。城市内部在环境风险分配过程中存在明显不平等，在流动人口聚居的社区，环境危险因素一般更为常见，流动人口可以说是环境污染暴露的直接受害者，流动人口聚集地更容易遭受环境暴露风险。同时，在面对环境污染冲击时，流动人口能够采取的选择或措施却十分有限，因此承受了更多的不利影响。国外的研究也得到类似的结论，穷人，尤其是少数族裔的穷人持续承受着高水平的环境污染风险，包括居住区周边的危险废弃物污染、道路噪声污染，[①] 水和空气污染、恶劣的居住环境、低水平的学区教育资源以及高风险的工作条件，[②] 这些社区污染和不利的环境也限制低收入家庭的生存和发展机会。因此，居住区附近有工厂意味着流动人口暴露于健康风险的可能性更大，会因为担心污染而对其心理健康产生不利影响。

从主观态度变量来看，社区满意度对流动人口健康的影响比较稳健，对自评健康和心理健康都具有正向影响，即邻里满意度越高，流动人口的健康状况越好。社区满意度是居民对社区各个方面的总体感受及主观评价，是人们微观感受的累积结果。社区满意度越高意味着流动人口对社区情感越强烈，社区认同和社区归属感也越高，有利于提升自我效能感，减少知觉压力，从而促进流动人口健康水平的提升。与此相反的是，无论是身份歧视还是制度歧视，都对流动人口的心理健康有负面作用。即感受到歧视的流动人口，其心理健康状况往往更差。根据健康社会决定因素理论，歧视是影响健康的一个重要社会决定因素，排斥性的制度环境令他们的生活缺乏尊严，歧视性的社会环境让他们感到压抑委屈。已有的研究从不同方面证明了歧视是影响流动人口心理健康的重要危险因素。[③] 对本地归属感和认同度较弱的流动人口往往因为在现实生活中体验到较强的歧视

---

① Ma J., Li C. J., and Kwan M. P., et al. "A Multilevel Analysis of Perceived Noise Pollution, Geographic Contexts and Mental Health in Beijing", *International Journal of Environmental Research and Public Health*, Vol. 15, No. 7, 2018.

② Evans G. W., and Kantrowitz E., "Socioeconomic Status and Health: the Potential Role of Environmental Risk Exposure", *Annual Review of Public Health*, Vol. 23, No. 1, 2002.

③ 刘庆、陈世海：《随迁老人精神健康状况及影响因素分析——基于深圳市的调查》，《中州学刊》2015 年第 11 期。

氛围，与本地居民保持较远的社会距离和较疏离的关系。他们会下意识地认为自己与本地居民有明显不同且属于不同类人群，甚至把自己定位为城市过客，觉得自己的“根”始终还在农村的家乡，无法产生归属感，进而难以实现心理层面的社会融入和身份认同，无形之中加剧了流动人口的孤独、寂寞与失落感，也将唤起更多的消极情绪和负面心理，最终可能导致内心深处的失衡。

值得注意的是，自我选择性隔离对流动人口心理健康有显著正向作用，即自我选择性隔离越强，流动人口的心理健康越好，说明对家乡文化习俗的认同有助于改善流动人口的心理健康状况。这与现有的研究结论不相同，可能的原因是自愿性隔离往往被视为群体成员出于自我选择而做出的自愿性结果，是他们对城市适应的一种选择。健康生态学理论将社会中的个体看作生态系统中的生物，认为其心理和行为受到个人外在因素和个人内在环境因素的影响，自我选择性隔离可以被视为个体内在环境因素。当在现实生活中遭受种种排斥时，主动选择自我隔离，反而可以弥补由于结构体制等制度要素形成的低人一等、寄人篱下的自卑心理，在这里有熟悉的环境、亲切的乡音，给他们带来更多心理上的安全感。同时，城市里的待人接物方式、价值观念、生活方式、风俗习惯、人际关系，使流动人口倍感不适应，而同乡、同族等群体共同居住所具有的乡土文化和习俗习惯则使他们更能感受到熟悉而亲切的家乡文化环境，乡土文化的传承延续使得流动人口可以从中找到个体的存在感和价值观，给他们的交往带来安全感、亲切感和人格的平等感，从而获得心理认同和情感归属。但这种隔离最终导致囿于习惯性的内部交往而不愿意主动突破这一心理边界，客观上形成了自我隔离现状，与城市主流社会相疏离，与主流文化相脱节。

第四节　总结与讨论

一　居住隔离显著降低了流动人口的健康水平

由于长期以来受到城乡二元户籍制度和住房政策的双重屏蔽作用，我国城市内部流动人口长期处于不利的居住条件之中，与本地居民间的居住隔离现象也日益显现。居住隔离会对流动人口健康造成不利的影响，即流动人口聚集带来社区流动人口比例不断上升对流动人口主观健康感知是不利的，无论是基于单个城市的小范围调查数据，还是全国范围的大样本调查数据，[①] 笔者的研究都表明居住隔离会导致流动人口健康水平的下降。尽管居住隔离对初来乍到的流动人口可起到一定程度的正向帮助，如获得社会支持网络、就业市场信息、生活扶助等，但随着居留时间的延长，隔离性的居住将会带来一系列负面的社会问题，并制约他们进一步的发展。

首先，居住隔离营造出一种对流动人口不利的资源配置格局和社会氛围，将广大流动人口屏蔽在城市社会资源之外，从而系统性地损害了流动人口的社会经济福祉，阻隔了他们向上层社会流动的机会。“孤岛化”的生活导致流动人口参加相关社会活动机会不断减少，意愿也不强烈，更不用说对城市文明的了解和知晓，由此导致其社会融合的困难。其次，相对于本地居民，流动人口对社会关系和资源的依赖更大，而流动人口与本地居民分割的居住方式和两者间在生活习惯上存在的巨大差异，使得流动人口被孤立、歧视和排斥，加剧了流动人口群体的边缘化，导致其与市民群体社会隔离不断加剧，最终导致流动人口只能生活在自己的聚居区，[②] 逐渐与主流社会脱节，生存环境日益封闭，缺乏与命运抗争的信心，久而久之不可避免地产生自卑、孤独、失落甚至绝望心理，甚至形成“隔离—封闭—自卑”的恶性循环。再次，居住区的分离是社会阶层分化的物化表现，造成流动人口在教育、就业、卫生、治安等方面很少能享受与本地居民同等数量和质量的公共服务资源和社会资源，尤其降低了流动人口医疗卫生资源和服务的可及性和利用水平，无形之中影响流动人口对人力资本的提升和健康的投资，导致健康水平下降。最后，由于政府管理的缺位，作为流动人口聚居区的城乡接合部和城中村往往是犯罪率高居不下、群体性事件频发、贫困亚文化滋生、火灾隐患频出的“问题街区”，社会治安复杂，可能面临着急剧的生活转变和慢性压力，这些转变和压力带来的心理状态恶化会造成个体健康水平的降低。

二 迁居行为和通勤距离显著影响流动人口的健康状况

相对于居住隔离，与隔离相伴而生的时空行为对流动人口的健康也具

---

① 俞林伟、朱宇：《居住隔离对流动人口健康的影响——基于 2014 年流动人口动态监测数据的分析》，《山东社会科学》2018 年第 6 期。

② 刘玉亭、吴缚龙、何深静：《转型期城市低收入邻里的类型、特征和产生机制——以南京市为例》，《地理研究》2006 年第 6 期。

有重要影响。尤其是迁居次数和通勤距离分别对流动人口自评健康和心理健康产生显著的负面作用。尽管以改善居住条件为目的的主动迁居对健康有促进作用，[①] 但是大部分流动人口往往是被动或被迫迁居。频繁的迁居打破了原有的生活常态，带来的是陌生、频繁变换的社会环境，需要经历琐碎、复杂的适应过程，进而影响流动人口自评健康状况。同时，在频繁的社会空间转换和职业流动过程中，流动人口往往容易丧失自我的位置感和空间感，这种位置感和空间感会极大地影响流动人口的自评健康感知水平。[②] 另外，流动人口的社会资本因被动迁居而受到负面冲击，带来社会关系数量缩减、质量降低、社会支持减少、社会身份变少，使人体验到更多压力和负性情感，进而影响其日常生活质量和长期的社会融合。通勤作为流动人口每日所进行的日常行为活动，与其健康的状况密切相关。[③] 因为通勤距离较长造成居住空间与工作空间不匹配，进而切断了流动人口获取工作和接受良好公共服务的机会。除此之外，通勤过长会耗费个人的时间和精力，与流动人口的经济理性相冲突，导致感受到的生活压力更大，负面情绪更多。长距离通勤活动与日常休闲或社会交往活动产生冲突，压缩了个人自由支配的闲暇时间，可能导致包括个人的睡眠、体育锻炼活动等一系列有益于健康的活动频率的降低。[④] 除此之外，每天因长距离通勤而暴露于拥堵、嘈杂的通勤环境也会增加流动人口的心理压力。以上这些问题会造成流动人口心理健康状况恶化，并表现为焦虑、精神衰弱、抑郁等症状。

三　居住隔离背后的主客观因素对流动人口健康产生重要影响

居住隔离对于流动人口健康的影响，不仅限于居住隔离情况本身，而且还通过居住区附近的环境污染、隐形的歧视以及主观心理感知等作用于流动人口。按照健康生态学理论，隐形的歧视和主观心理感知都可以被认

---

① 刘扬、周素红、张济婷：《城市内部居住迁移对个体健康的影响——以广州市为例》，《地理科学进展》2018 年第 6 期。

② 郑广怀：《迈向对员工精神健康的社会学理解》，《社会学研究》2010 年第 6 期。

③ 孙斌栋、吴江洁、尹春等：《通勤时耗对居民健康的影响——来自中国家庭追踪调查的证据》，《城市发展研究》2019 年第 3 期。

④ Mattissson K., Idris A. O., and Cromle E., et al., "Modelling the Association between Health Indicators and Commute Mode Choice: A Cross-sectional Study in Southern Sweden", *Journal of Transport & Health*, No. 11, 2018.

为是个体的社会环境因素，其产生的影响和作用可能更为深远持久且不易转移。首先，因居住空间的多重剥夺导致流动人口更易于遭受环境暴露风险，会因担心污染而对其心理健康产生不利影响。其次，主观心理感知对流动人口健康的影响呈现复杂化，歧视从居住选择和隔离中显露出来，无论是客观的制度性歧视还是主观的感知性歧视，都对流动人口心理健康有显著的影响，从回归系数来看，这种负面作用甚至超过居住隔离对其心理健康的影响。歧视往往还伴随着消极情感、羞耻、不信任、身份焦虑等不良情绪，这些心理压力和负面情绪不仅会对健康产生直接影响，并且还通过改变健康行为对健康产生间接影响。① 再次，如果在城市生活中不断接受到本地居民不喜欢、看不起等信号讯息，将可能遏止流动人口与本地居民接触的意愿。相反，加重该群体自我选择性的居住隔离，以弥补由于制度结构等要素形成的寄人篱下、低人一等的过客心态，进而导致出于自身偏好意愿而做出的自我选择性隔离反向促进了流动人口健康水平的提升。最后，社区满意度的提高意味着流动人口对社区有了一种特殊的感情，在心理上产生了依恋和归属，塑造了流动人口对社区的身份认同，驱动他们与本地居民接近、交往与接触，进而缓解了其生活压力，无形之中提升了其健康水平。

第五节　本章小结

本章利用温州市 2017 年的抽样调查数据，从自评健康和心理健康两方面，运用多元线性回归模型、二元 Logistic 回归模型等统计方法检验了居住隔离对流动人口健康的影响效应，获取了关于流动人口居住隔离与其健康的关系及其内在影响机制较为全面、深入的认识。主要研究结论包括以下几个方面。

（1）居住隔离显著降低了流动人口的健康水平。从微观层面看，以邻里类型为代表的居住隔离显著降低了流动人口的自评健康和心理健康，从宏观层面看，局部分异指数和孤立指数只对流动人口自评健康产生显著副作用，对心理健康没有显著影响。国际上大量文献已经证明移民在流入

① 程菲、李树茁、悦中山：《中国城市劳动者的社会经济地位与心理健康——户籍人口与流动人口的比较研究》，《人口与经济》2018 年第 6 期。

地的居住隔离情况对其健康有重要的影响作用。表现为居住隔离程度越小，越有利于移民健康水平（尤其是心理健康）的提高。本书表明，这一规律对中国流动人口群体同样是适用的。不管是宏观层面，还是微观尺度，居住隔离对流动人口的健康都有显著的不利影响。这一结论启示我们在推进我国新型城镇化建设过程中，要尽量避免将各类保障房、公共租赁房集中于特定区域，人为形成新的居住隔离，尽量遏制居住隔离对流动人口等弱势群体健康福祉造成的影响。

（2）与居住隔离相伴而生的时空行为是影响流动人口健康的另一重要因素。居住隔离通过迁居流动来实现，迁居对流动人口的自评健康造成显著负面影响，迁居次数越多越不利于流动人口的自评健康。居住隔离加大了流动人口的通勤距离，其对流动人口心理健康也有显著作用，通勤距离越长越不利于流动人口心理健康。

（3）居住隔离对于流动人口健康的影响，不仅限于居住隔离本身，而且群体间的排斥与歧视、环境污染暴露及所处的社区类型也是居住隔离引起不同健康结局的重要路径，造成健康结果的不平等。因居住空间的多重剥夺导致流动人口更易于遭受环境暴露风险，对其心理健康产生明显的负面冲击；相对于商品房社区，生活在城中村的流动人口自评健康和心理健康更差；居住隔离背后的社会歧视对流动人口心理健康的负面影响甚至超过居住隔离。较高的自我选择性隔离或社区满意度，反而给予流动人口更多情感慰藉，显著提升流动人口的健康水平。

本章的结论表明，消除居住隔离及其背后的社会歧视会对改善流动人口的健康状况起到重要作用，也是推进“以人为本”的新型城镇化和健康中国战略需要重点关注的一个方面。事实上，在西方发达国家的公共卫生领域，改善居住条件，实现居住融合早已被作为促进人口健康水平提升的重要措施之一（如美国的 Moving to opportunity 项目、英国的 Area-based initiatives 项目等）。[①] 在我国，随着经济社会发展水平的提高，这方面的工作也应及早提上议事日程，通过消除社区分化、促进社区均衡发展可以实现改善流动人口健康状况的目的。

---

① Leventhal T., and Brooks-Gunn J., “Moving to Opportunity: An Experimental Study of Neighborhood Effects on Mental Health”, *American Journal of Public Health*, Vol. 93, No. 9, 2003.

第六章

居住条件对流动人口健康影响的制度背景及作用机制

第三章、第四章和第五章分别从住房条件、社区环境和居住隔离三个方面探讨了居住条件对流动人口健康的影响，从中可以发现，不利的居住条件对流动人口健康造成负面影响，空间的拥挤、室内潮湿、隔音效果差、社区不安全、社区服务设施缺乏、社区社会失序和居住隔离等居住条件要素都会对流动人口身体健康造成不同程度的影响。在中国社会经济的二元结构现实中，居住条件对流动人口健康的影响是一个复杂的过程，其背后有着不可忽视的制度背景和复杂的作用机理。前面几章着重通过模型分析揭示居住条件影响流动人口健康的主要因素并对其作用机制进行初步分析，本章将在此基础上，利用政策文本分析和深度访谈资料来补充前面的分析结果，更全面、深入地挖掘居住条件对流动人口健康影响的制度背景和潜在机制，以弥补定量研究在解释居住条件对健康影响方面的不足。

第一节　居住条件对流动人口健康影响的制度背景

居住条件对流动人口健康的影响折射的是众多深层次的问题。从表面上看，流动人口的居住和健康问题是人口空间位移所产生的特殊群体自身发展问题，实际上隐含城乡二元结构、户籍身份等制度性、结构性因素问题。当前，中国处于经济社会多元复合转型的时期，因社会体制改革长期滞后于经济体制改革，体制的模式化和固化日益显现，并成为影响流动人口融入城市的根本要素之一，也是中国社会阶层断裂的根本原因。中国社会的一个显著特征是城乡二元结构，城乡二元结构不仅表现在人口地域分布的不同、产业格局的差别，更体现在二元身份的社会经济地位的不平等。以户籍制度为基础的二元社会结构深刻地影响着中国经济和社会的发展，就业、住房、教育、医疗、养老等一系列福利制度都通过户籍身份来实现，不同身份的人对应着有差别的公共服务和公共福利。改革开放之后，尽管城乡二元的壁垒逐渐发生了松动，城乡二元结构的差异在许多方面已经有所缩小，但总体上来讲，我国城乡居民在社会经济地位、住房保障、医疗保障等方面仍存在巨大的差别。户籍制度使流动人口在城市中常常处于“被遗忘的角落”：流出地对他们“鞭长莫及”，流入地对他们“近”而远之。因此，基于二元社会结构造成的福利和身份歧视，使得流动人口在与健康密切相关的居住条件、医疗保障等方面都处于不利和弱势地位。

一　户籍制度的福利排斥

中国是一个长期实行计划经济体制的发展中国家。中华人民共和国成立初期，为确保优先发展重工业的战略得以有效实施，缓解城市经济和社会压力、维护城市稳定和保障城市供给，政府必须采取有效措施将农民固定在土地上，严格限制农村人口自由流向城市，户籍管理制度应运而生。随着时代的演变，户籍制度逐渐成熟，明确将中国居民严格区分为农业户口和非农业户口、本地户口和外地户口。这种僵化性、强制性分类的居民身份制度与城乡分治的行政建制一起，逐步构成了城乡分割的二元社会制度。[①]

户籍制度本是一项政府职能部门对所辖人口基本状况进行登记和管理的行政管理制度。但在形成和发展过程中，由于种种原因，户籍制度的登记和统计功能被显著弱化，但附着于户籍制度之上的一些特殊福利和权益功能却依然发挥着重要作用。户籍制度有着利益分配的功能，分别与住房、教育、社会保障等诸多社会资源分配相挂钩，使户籍身份成为一种获取资源的途径和社会地位的象征；[②] 户籍制度还有着社会控制的功能，即限制人口的迁移和流动，造成城乡人口间的迁移流动被明确限制。户籍带来的影响辐射到人们经济生产和日常生活的各个领域，人们的身份角色、政治权利、资源享有、教育机会、职业获得、社会地位等，在某种程度上都受到户籍制度的制约，其最大的弊端是非基于人的能力而是根据先天因素形

---

① 杨菊华：《制度要素与流动人口的住房保障》，《人口研究》2018 年第 1 期。

② 陆益龙：《正义：社会学视野中的中国户籍制度》，《湖南社会科学》2004 年第 1 期。

成的身份歧视及不平等。[①] 户籍制度甚至被泛化到社会生活的各个领域，导致相当数量的流动人口对流入地缺乏心理认同，存在“漂泊”心态，从而使户口成为流动人口自我认知和社会身份识别的重要判断标准之一。

户籍制度造成的“城乡差分”与户籍所在地引起的“内外之别”的双二元户籍属性分割制度将流入地人群分为四大类别——城—城流动人口、乡—城流动人口、本地城镇户籍人口、本地农村户籍人口，由此带来了双重效应和歧视，即区分了“城市人”和“农村人”、“本地人”和“外地人”，造成城市与农村的断裂，市民与农民的鸿沟，本地与外来的隔离。这样的“双二元属性”和“双重效应”使得改变了生活场所和职业身份的流动人口仍然游离于现居住地的体制之外，造成他们在生活地域边界、工作职业边界与社会网络边界等方面与流入地居民形成区隔，长期被排除在包括教育、就业、住房、医疗等城市公共福利体系之外，游离于体制内与体制外、城市体系与农村体系、正规市场与非正规市场之间，[②] 与流入地社会处于一种非整合状态。他们实实在在地生活于流入地城市，但这里不是他们的安身之家，他们寄居于逼仄的出租屋中，高强度的体力劳动耗费着他们的青春，排斥性的制度环境令他们的生活缺乏尊严，歧视性的社会环境让他们感到压抑委屈，等待他们的是一个不确定的未来。

近年来我国开始推动户籍制度改革，陆续出台了一系列政策文件，如《国务院关于进一步推进户籍制度改革的意见》《国务院关于深入推进新型城镇化建设的若干建议》《国务院办公厅关于印发推动1亿非户籍人口在城市落户方案的通知》等，2019年国家发改委《关于实施2018年推进新型城镇化建设重点任务的通知》要求全面放宽城市落户条件，加快户籍制度改革。这些举措凸显中央高层推进户籍改革的坚强决心。但是各地在户籍改革实践中都有所保留，推进力度不够，改革的形式居多，内容较少，户籍制度背后附着的巨大公共服务差异在短期内并未得到根本消除，[③] 统一登记为居民户口背后名存实亡的“双二元属性”格局仍长期存

① 彭希哲、赵德余、郭秀云：《户籍制度改革的政治经济学思考》，《复旦学报》（社会科学版）2009年第3期。

② 王春光：《社会流动和社会重构——京城“浙江村”研究》，浙江人民出版社1995年版，第78页。

③ 丁宏、成前、倪润哲：《城镇化的不平等、市民化与居民健康水平》，《南开经济研究》2018年第6期。

在。因此，改革户籍制度并进一步消除户籍制度背后的巨大公共服务差异，促进流动人口市民化，是降低城镇化不平等效应对流动人口健康损耗的可行路径。

二 城乡分割的住房保障制度

经过十几年的实践探索，我国初步建立起包括住房公积金、经济适用房、廉租房、公租房制度在内的住房保障体系，以保障城市弱势群体住房权益为基础、兼顾社会公平，为解决城镇中低收入居民住房问题发挥了重要作用。但是，有别于其他国家的公共住房制度，我国保障性住房是以户籍作为准入标准的，廉租房、经济适用房、限价商品房、安居工程等具有保障性质的住房购买、租赁的目标群体必须拥有当地的户籍，主要针对城市户口中的困难家庭，作为外来者身份的城市流动人口无法享有这些福利。只有公共租赁房将居住一定期限的流动人口纳入保障范围，《国务院办公厅关于保障性安居工程建设和管理的指导意见》要求，公共租赁住房面向城镇中等偏下收入困难家庭、新就业无房职工和在城镇稳定就业的外来务工人员供应。《国家新型城镇化规划（2014—2020）》指出，要采取廉租住房、公共租赁住房、租赁补贴等多种方式改善农民工居住条件。但是，在公共租赁房的覆盖范围逐渐扩大到流动人口的同时，却不同程度存在质量设计低端化、区位规划边缘化、融资模式单一化、配套设施滞后化等问题。一些改善流动人口住房条件的实际做法多为“不得已而为之”的临时性政策手段或权宜之计，仅仅停留在探索层面，推进力度缓慢，短期性、应急性特征明显，缺乏统一性和整体规划。因此，在深圳、上海、广州等不少东部发达地区出现公共租赁房遇冷，甚至“被空置”“退房”的尴尬局面。[①]

住房公积金制度是我国一项重要的住房保障制度，对城镇居民改善住房条件发挥着巨大的促进作用。然而，住房公积金制度长期以来是城镇职工享受的权利，农民工群体被排除在外。直到2005年，建设部、财政部、中国人民银行出台的《关于住房公积金管理若干具体问题的指导意见》首次提出要将农民工纳入住房公积金保障体系。2006年国务院发布的《关于解决农民工问题的若干意见》进一步明确将农民工纳入公积金体

---

① 杨菊华等：《中国流动人口的城市逐梦》，经济科学出版社2018年版，第201页。

系。2006年后，各省（自治区、直辖市）纷纷响应中央的政策，出台相关执行办法。然而，随着时间的推移，由于现有住房公积金制度本身的问题和农民工自身特点等原因造成农民工公积金制度仍然面临着诸多困境，公积金的缴存比例依然较低，预期的设想未能实现。从农民工自身的角度来讲，农民工收入水平较低，即使参加了住房公积金，短时期内也可能不具备购房能力，账户内不断积累的资金却为高收入人群提供了购房资金支持，陷入“逆向补贴”的尴尬境地，间接损害了农民工的经济利益。现存住房公积金制度的缺陷使其缴存和使用公积金都面临巨大的不确定性，实际效用不大（如公积金按收入每月扣缴，但多数农民工就业于低端劳动力市场，收入较低，故缴纳的公积金额度很少，可享受的贷款额度相应较低，对购房作用不大），追求短期利益最大化的农民工宁可放弃公积金未来的“双倍收益”而选择“落袋为安”。[①] 因此，在本次调查中，仅仅只有3.95%的流动人口参加住房公积金。对地方政府来说，将农民工纳入住房公积金体系会增加管理成本和风险，农民工的高流动性和职业的不稳定不利于本地区公积金收益的管理。按照目前的住房公积金政策，公积金账户无法在不同地区实现续缴，异地提取使用公积金也存在很大困难。从企业角度来讲，住房公积金制度短期会增加企业的用工成本，压缩利润空间，不符合企业利益最大化原则，而且农民工一旦离开企业，缴存的公积金就成为一笔无法收回的“沉没成本”。[②]

三 城乡有别的医疗保障制度

中国特殊的历史背景、政治制度和经济基础决定了基本医疗保障制度的建立和发展有其自身的特殊性，存在明显的城乡分治和地区分割的特点。中国基本医疗保障制度长期实行的是城镇和农村地区两种不同的医疗保险双轨制，在城镇地区建立了城镇职工基本医疗保险为主，城镇居民基本医疗保险、商业医疗保险和医疗救助为补充的多层次医疗保障体系，在农村地区则实行新型农村合作医疗保险。虽然城镇职工基本医疗保险允许与用人单位签订劳动合同或建立稳定劳动关系的流动人口参加，但是由于

① 彭加亮、罗祎：《建立和完善面向农民工的住房公积金制度研究》，《华东师范大学学报》（哲学社会科学版）2016年第6期。

② 祝仲坤：《农民工住房公积金制度的“困境摆脱”》，《改革》2016年第7期。

职业的不稳定和高流动性，真正愿意参加城镇职工基本医疗保险的流动人口还是少数。城镇居民基本医疗保险也是以户籍人口为对象，能够参加城镇居民基本医疗保险的流动人口很少。对大多数来自农村地区的流动人口来说，新型农村合作医疗要求返回户籍所在地看病或报销在城市开支的医疗费用，往返报销程序复杂烦琐，报销比例低且存在滞后性；另外，新型农村合作医疗的缴费方式相对也较为固定和死板，与其高流动性不相适应，增加了按时缴纳费用的难度。2018 年国家医保局等 4 部门出台了《关于做好 2018 年城乡居民基本医疗保险工作的通知》指出要在 2019 年启动全国范围内统一的城乡居民医保制度，并要求妥善解决农民工异地就医问题，但在实践过程中各地对参保对象、缴费水平、统筹层次等方面还存在较大争议，具体政策对流动人口医疗保障产生怎样的影响还有待于观察。以上各种问题导致目前流动人口在医疗保障方面还是处于十分尴尬的境地。

按照现行的管理体制，目前中国的基本医疗保险制度实行属地化管理。各类医疗保险在覆盖范围、参保原则、保险性质、筹资方式、缴费水平、待遇水平、基金管理方式、管理体系和运行机制等方面都存在较大的城乡差异、地区差异以及行业差异，对参保人员的异地就诊费用报销以及基金账户的跨地域转移都有诸多限制。尽管国家就医疗保险关系转移接续问题出台了《流动就业人员基本医疗保障关系转移接续暂行办法》等相关政策文件，但由于各地待遇水平差异较大，政策执行不统一，细节规定不到位，配套措施不完善，医疗保险关系转移接续依然缺乏顺畅的衔接机制，流动人口在跨区域转移接续时，医疗保险依然显现出较差的便携性，医疗保险的保护力度仍相对有限。

区域分割的医疗保障制度造成城市医疗资源配置和布局也是以本地户籍人口为导向，流动人口难以与本地居民一起均等地享有本地的医疗服务资源，社区医疗卫生机构对流动人口健康保障发挥的功能还十分有限，针对流动人口的社区医疗卫生服务机制还不完善，社区医疗卫生服务的“本地—外来”不平等现象较为突出，流动人口在很大程度上被排斥在地方医疗资源再分配体系之外。[1] 长期实行的城乡差异和区域分割体制造成

① 侯慧丽、李春华：《身份、地区和城市——老年流动人口基本公共健康服务的不平等》，《人口与发展》2019 年第 2 期。

了流动人口收入偏低，缺乏卫生保健知识，这也是流动人口医疗服务获取不足或利用不足的部分原因，在一定程度上降低了其对健康风险的抵御能力。

四 城乡分立的二元土地制度

除了户籍制度外，城市二元土地制度是我国城乡二元结构下的另一个最重要的制度安排。按照我国现有的土地管理制度，农村土地归农民集体所有，个人以承包经营者的身份，享有土地的使用权、收益权和占有权，国家对集体土地享有随时征用权。城市土地则归国家所有，由地方政府垄断经营，对土地的性质、所有权和用途有着严格规定和管制，对国有土地实行高度集中化配置。城乡之间土地不得自由流动和转换，只能通过政府征收的形式将农村集体土地转变为国有建设用地。由于城乡二元分割的土地制度，农民对自己赖以生存的土地没有独立完整的产权，其承包的农用地、宅基地及其房屋不能作为商品流通，无法进入土地市场进行投资交易，故无法实现其土地的财产收益。由此给乡城流动人口的自由流动带来巨大障碍，进城务工经商也好，迁徙外地定居也好，都不能带走自己多年积累在土地上的财富，不能抵押农村的农用地、宅基地和房产，转化为可用资金，更无力在城市购买住房，只能蜗居在条件恶劣的城市出租屋而放任农村的土地住房闲置。因此，现行城乡分立的二元土地制度妨碍了土地要素在城乡之间合理流动和平等交换，无法为流动人口在城市安居置业提供保障和支撑，这在很大程度上制约了其进城的生活和住房水平。

在丰厚的土地出让收益驱动下，城市政府大规模地征用出让土地，从中获得高额的资产收益，土地出让收益事实上已经成为城市政府主要的收入来源，即产生所谓的“土地财政”。同时，在商品房生产和销售过程中，城市政府高额土地出让收益和房地产的巨额利润最终以高昂的房价形式转嫁给消费者。高度垄断的土地供应体制和高度市场化的土地配置模式不仅使得政府放弃了土地对住房的保障功能，而且成为城市高房价的重要推手。这种片面追求土地的经济效益而忽视社会效益的做法，导致包括流动人口在内的低收入住房困难群体完全暴露在市场化的风险之下，高昂的房价削弱了流动人口对城市住房的可及性，限制了他们改善住房条件的能力和余地。

第二节 居住条件对流动人口健康影响的作用机制

一 社会歧视机制

居住条件是城市居民经济地位和社会价值的集中体现。住房区位、住房模式及住房来源等也成为社会阶层划分的重要依据。住在什么样的社区、住什么档次的房屋、住多大的面积、与哪些人为邻，往往是一个人品味、身份和社会地位的象征。在房价高企的现实背景下，住房也日益获得了标志个体身份地位、提供情感寄托与归属、维系社会信任等功能。[①] 因此，当个人选择租住或者拥有一套住房时，不仅是选择一个可供居住的住所，同时也在选择邻居、周边环境、基础设施等。同时，社区、邻居、学校、商店、医院等也赋予了社区居民广泛的社会意义，并具有了经济社会身份和地位的符号意义。[②] 另外，居住条件不仅是物质层面的定义，同时也被视为一种心理环境，[③] 与阶层认同、生活质量紧密联系在一起。地理意义上的空间分异逐渐转化为情感和认同意义上的隔离，在不同场所往往有不同的活动经历，所产生的主观感知、价值判断和情感体验也有所差异。就如第二章所涉及的流动人口相对社会经济地位的作用，如果个体在社区内部拥有更高的社会经济地位和优越的身份感知，可以无形之中提供一个减少社会压力或展示社会声望的心理预期，以此来达到提升健康的效果。[④] 居住条件，尤其是住房来源在很大程度上也是区分本地人和外来人的标识，对流动人口群体更具有特殊的意义。流动人口居住条件的社会歧视机制如图 6-1 所示。

在实际生活中，人们总是习惯用居住条件来判断社会地位和生活水平

---

① 孙伟增、郑思齐：《住房与幸福感：从住房价值、产权类型和入市时间视角的分析》，《经济问题探索》2013 年第 3 期。

② 胡书芝、刘桂生：《住房获得与乡城移民家庭的城市融入》，《经济地理》2012 年第 4 期。

③ Bond L., Kearns A., and Mason P., et al., "Exploring the Relationships between Housing, Neighbourhoods and Mental Well-being for Residents of Deprived Areas", *BMC Public Health*, Vol. 12, No1, 2012.

④ Dunn, R. J., "Housing and Inequalities in Health: A Study of Socioeconomic Dimensions of Housing and Self-Reported Health from A Survey of Vancouver Residents", *Journal of Epidemiology & Community Health*, Vol. 56, No. 9, 2002.

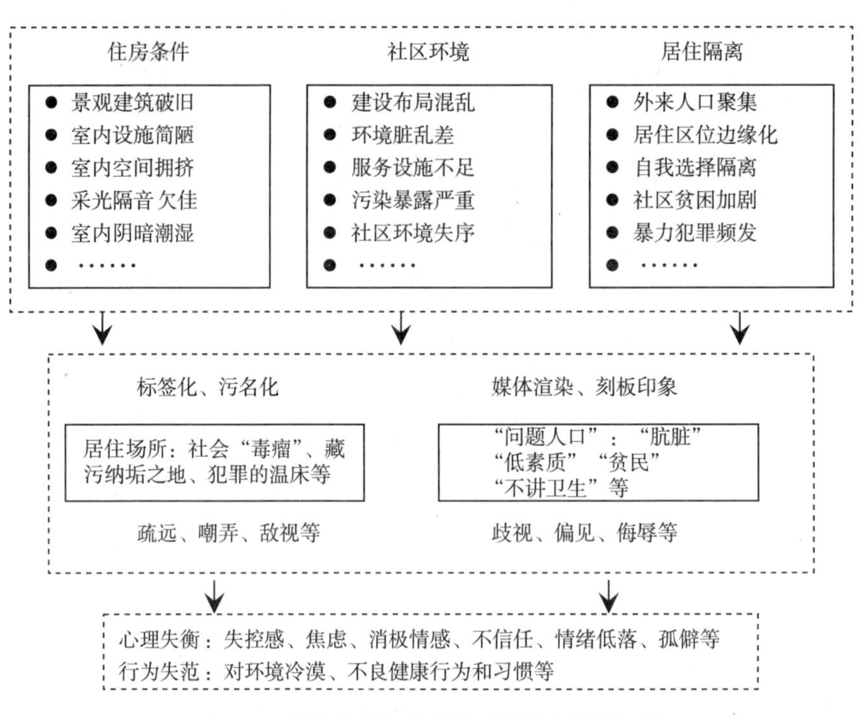

图 6-1　居住条件与健康关系的社会歧视机制

的高低。住房条件（包含类型、质量、外观、权属等）和社区环境（位置、景观、空间、结构等）在潜意识中捕获社会经济地位的象征，显示出个人的社会地位与身份类别，或透视社会贫富差距和阶层分化。笔者在实际调研中发现，不少流动人口集中居住的城中村道路年久失修，一下雨就积水，路面泥泞不堪；垃圾随意倾倒，夏天污水横流，苍蝇乱飞，耗子乱钻，臭气熏天；牛皮癣广告随处可见，层层叠叠，让人不胜其烦。这一景象造成流动人口居住环境给人的印象是“建设布局混乱、建筑密度过大；巷道狭窄拥挤、道路不通畅；环境脏乱差，卫生状况糟糕；周围各类机构少，市政基础设施不足；危旧平房集中、抗灾能力差，违章建筑比比皆是”。脏乱的聚居环境与亮丽的城市空间在人文景观、建筑格局、基础设施等方面形成巨大的反差，这种差异造成的隐形边界和心理歧视比实际的物理分割具有更强的社会效应。各种脏乱差的环境卫生问题和居住破败问题似乎都直接或间接地归咎于流动人口的存在。流动人口的居住地也一度被视为藏污纳垢之地或社会的“毒瘤”，甚至被认为是小偷、性工作者和下等阶层的聚居之地。同时，因社区功能的紊乱、空间景观的杂乱、社会秩序的混乱等，流动人口聚居区也一度被想象成为罪犯与失序的温床，以及不确定、不安全与不稳定的源头。居住于此的流动人口也被打上深深的烙印，被贴上“粗野”“肮脏”“贫民”“低素质”“不讲卫生”“随地大小便”“手脚不干净”“不遵守城市的规范”等之类的身份标签，甚至被“污名化”，进而成为“问题人口”。在实际调研中笔者也发现在流动人口聚居的城中村墙壁上写有不少针对随地大小便、乱倒垃圾的“严禁”“不准”等字眼，甚至是一些粗暴、狠毒的标语，用来警告流动人口。

> 这里（双屿街道营楼社区）的外地人素质都很差，随地大小便，垃圾乱扔，把这里的环境搞得乱七八糟，出租的房子也弄得乌七八黑，墙壁上乱涂乱画，靠近他们屋子都有种怪怪的味道，他们如果不租了，我们都要花大半天时间清洗整理，还要开窗通风好几天，不然都不好租，嫌太脏、太臭。尤其是那些收废品的，什么东西都捡过来。（编号 B2 受访者，56 岁，女，本地居民，便利店店主）

这样的负面评价在本地居民当中尤为常见，还有一位本地老人在接受访谈时说：

> 原来我们村里的环境还是挺好的，自从大量的外地人过来后，到处搞的臭烘烘，你看他们租的房子，又脏又臭，本地人经过都要捂着鼻子。按理讲有些污水应该倒进附近的下水道，他们都直接冲到马路边上，天气热的时候苍蝇就特别多，还有村子边上的河道原来挺干净的，以前夏天我们老人都坐在河边乘凉，现在水都是黑乎乎的，都是这些外地人把各种垃圾直接倒河里，我们跟他们说了还不听。（编号 B11 受访者，71 岁，男，本地居民，农民）

在实际访谈中，笔者也不止一次听到本地居民悉数罗列流动人口的种种“陋习”，指责他们是城市肮脏、混乱以及犯罪的罪魁祸首，并提出要对流动人口加强管理。这种污名化的看法或观念，通过大众舆论、新闻媒体的宣扬，深入人心，成为社会主流的意识形态，进而使得整个社会形成有关流动人口是问题人口的刻板印象——似乎较高的犯罪率、失业率以及城市环境的脏乱差等问题，都认为是流动人口造成的，尤其将之归咎于低文化程度的流动人口。持有偏见的人不仅对流动人口具有消极的刻板印象，而且更易采取歧视态度，甚至敌意行为，这种态度和行为进而影响周围人群对流动人口的整体印象，并因从众效应而导致群体性歧视，产生嘲弄、疏远、敌视、拒绝提供帮助等不良行为，甚至在某些地方冠以“低端人口”予以驱赶。流动人口时常遭遇的偏见、歧视、不公正待遇和社交困难，急剧拉低了他们的心理感受，直接伤害了流动人口的人格和尊严，极易诱发内心的不满、反感和抵抗情绪，催生群体性摩擦与冲突。正如 Wilson 在《真正的穷人：内城区、底层阶级与公共政策》中所指出的，社区的结构性劣势将导致社区内的穷人陷入社会孤立状态，与主流社会的个人、组织和机构缺乏各种联系，或缺乏彼此之间持续性的互动，其后果对健康的影响可想而知。

从健康风险发生的社会学角度来看，社会性因素被视为影响个体身心健康最为根本的原因。[①] 社会身份的污名化以及城市居民用回避、歧视甚至侮辱的态度对待流动人口，不仅会拉大城市居民与流动人口的空间与心理距离，还会逼迫流动人口个体或者群体感到无形的压抑和紧张的社会气氛。这种排斥不仅仅是一种外显的标示性称谓，更多的是针对流动人口的一种心理排斥。[②] 本书第五章的模型检验结果也证实身份歧视对流动人口心理健康的不利影响。在这样的社会环境中流动人口群体或个体容易出现焦虑或烦躁心理，甚至表现出反社会的行为倾向，可能导致环境行为的失范，对环境冷漠、很少维护、任由脏乱差等环境堕化、对不健康行为视若不见，这些心态都可能于健康不利。其边缘化的居住空间更易受到各种形式歧视和污名化，无疑会挫伤流动人口社区参与意愿和参与行为，不利于他们适应流入地的主流文化和生活方式。身份污名的社会后果还可能造成群体之间的区隔和疏离，甚至对立和冲突。[③] 如果个体知觉到更多的社会偏见时就不容易对自我形成积极的感知，反而容易使个体产生对环境的失控感和疏离感、较低的自尊、消极宿命论思想和敌意心态等，这种低自我

---

① 梁樱、侯斌、李霜双：《生活压力、居住条件对农民工精神健康的影响》，《城市问题》2017 年第 9 期。

② Li J., and Rose N., “Urban Social Exclusion and Mental Health of China's Rural-Urban Migrants: A Review and Call for Research”, *Health & Place*, No. 48, 2017.

③ 管健：《身份污名的建构与社会表征——以天津 N 辖域的农民工为例》，《青年研究》2006 年第 3 期。

价值感和消极情绪进而会通过神经内分泌系统外显为健康问题。[1]

另外，外在的污名还会直接影响流动人口的心理健康，在心理上产生社会距离，由此产生紧张、失落和自卑，并伴随身份焦虑、消极情感、羞耻、不信任等不良情绪，在行为上表现为更多的过分小心、拘谨、懦弱和对天性的抑制。如不太情愿邀请其他人来住处做客，从而可能导致社会隔离。这些负面感知和心理压力不仅对健康产生直接影响，甚至还通过改变健康行为方式对健康产生间接影响。就像有学者所指出的那样，当这些不公平情绪和心理感知无法消除，失望的情绪只能靠自己消解，其后果往往是自我折磨，这将唤起个人更多的负性情感体验，导致内心世界的失衡。[2] 流动人口担心周围的本地居民会基于所属群体的刻板印象来判断和对待自身，或者自己可能会无意间确证这种先入为主的负面看法，在心理上体验到刻板印象的威胁，从而表现为情绪低落、自卑自弃、孤僻离群，甚至发展为严重的心理障碍。

二 资源剥夺机制

流动人口在城市中由于劣势地位和社会排斥面临着多重剥夺处境，这使得流动人口成为城市中名副其实的弱势群体。首先，生活场所的边缘化与局限性是空间剥夺的表现；其次，居住区位堪忧的环境质量体现了流动人口社区社会资源可达性差，这是对流动人口城市社会资源的剥夺；再次，非正规就业由于制度性歧视使流动人口频频面临劳动时间的剥夺，劳动时间的剥夺间接导致对休闲活动的剥夺；最后，社会交往范围空间的局限，进而导致对向上流动机会的剥夺。正是在这种链式的重重盘剥之下，流动人口身不由已地陷入“恶性循环”,[3] 并产生强烈的不公平感和失落感，由多重剥夺所导致的躯体化伤害对流动人口健康产生严重的负面影响。可以说，流动人口空间资源剥夺的本质是社会资源和发展机会分配不公平的结果，将阻碍流动人口融入主流社会。其具体机制如图 6-2 所示。

---

① Marmot M. G., Bosma H., and Hemingway H., et al., “Contribution of Job Control and Other Risk Factors to Social Variations in Coronary Heart Disease Incidence”, *Lancet*, Vol. 350, No. 3, 1997.

② 花菊香：《支持与均衡：精神健康的实证研究》，人民出版社 2008 年版，第 198 页。

③ 王德、顾晶：《上海市流动人口的公共设施使用特征——以虹锦社区为例》，《城市规划学刊》2010 年第 4 期。

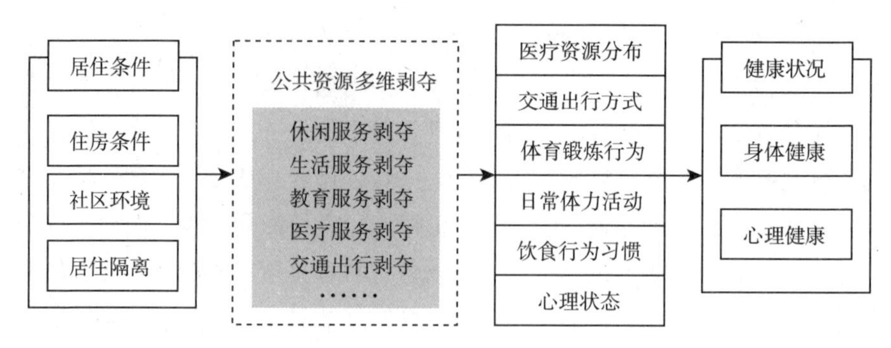

图 6-2 居住条件与健康关系的资源剥夺机制

从社会功能来说，住房和社区远不只是一个人居住的地方，更重要的是，它与一个人生活场所的利益与资源相互关联，包括教育、就业、安全、医疗、休闲、健身等社区公共服务资源。居住在不同的社区环境意味着享有不同的资源。社区提供各种服务的机构和服务设施等公共服务资源的种类、质量、分布以及可达性，以及对上述设施的经济承受能力和使用程度，都在不同程度上影响个体社会经济状态的提升和身心状态的改善。社区的公共基础设施分布，包括锻炼设施分布、商店提供的食物类别、绿化水平、垃圾的清理、环境污染等都会对社区居民的身体健康和心理健康有着重要影响。[①] 如开放绿地、公园、广场等社区公共服务资源是促进健康行为、减少社区压力、提高社区资源利用和预防慢性疾病不可或缺的部分，它们可以通过促进健康信息的传播与共享、提供社团组织活动机会和情感支持而改善个体生存预期，从而促进个体健康水平的提升。[②]

开放绿地、公园、广场等社区公共服务资源承载着流动人口日常活动，将直接作用于并表现为流动人口的情感体验，有利于引导其进行更多的体育锻炼和休闲活动，比如锻炼、散步等体育锻炼行为，改变久坐等不良的健康行为习惯，提高流动人口的身体健康和心理健康。同时作为互动交流的场所，社区公共服务资源有助于流动人口与本地居民开展互动而获

① Ouyang W., Wang B., Tian L., and Niu X., "Spatial Deprivation of Urban Public Services in Migrant Enclaves under the Context of A Rapidly Urbanizing China: An Evaluation Based on Suburban Shanghai", *Cities*, Vol. 60, No. 8, 2017.

② 王培刚、陈心广：《社会资本、社会融合与健康获得——以城市流动人口为例》，《华中科技大学学报》（社会科学版）2015 年第 3 期。

得社会支持、减少孤独感，实现社会资本的积累，同时让人置身于大自然从而缓解压力和疲劳，对心理健康有间接的促进作用。正如一位老家在江西的电焊工如是说：

> 这空地是村里建的，晚上村民都会到这边锻炼身体、聊聊天之类的，我有空都到这里转转，反正在家闲着没事，来这边还可以跟老乡、打工的一起聊聊，比如村里发生什么事情啊，哪里有活儿干啊，接触多了，本地人也都会问我们哪里来的，家里几口人啊，这样挺好，可以认识一些人，不至于太孤单。（编号 L02 受访者，男，43 岁，电焊工）

上述定性访谈资料的分析在一定程度上帮助我们解读了定量分析中社区服务设施对流动人口健康的重要性。但在实际上，大量违法建筑挤占了流动人口的公共空间，大大增加了社区建筑密度与开放强度，甚至侵占原先的交通空间、绿化空地和消防通道等公共资源，影响了流动人口日常户外活动的开展。

社区卫生服务设施等健康资源更是流动人口习得健康知识，增强健康意识和提高健康素养的过程。由于现行医疗保障制度在实际操作层面尚未完全实现跨省、跨地区间衔接运作，没有本地户籍的流动人口身处制度设计的真空地带，无法享有当地城市优质丰富的医疗资源，社区卫生服务设施的配置也是以城市居民为主，没有充分考虑流动人口的就医需求。社区医疗服务资源配置的不均衡，降低流动人口的就医可及性，影响生活质量，间接影响流动人口的健康状况。因为医疗资源分布和配置的不合理，许多“黑诊所”满足了部分流动人口便捷或廉价的就医需求，给其提供了生存空间。就像一位流动人口所说“我们打工的图方便、便宜嘛，吃三顿药打个针也就是十几块钱，要是去大医院只够挂个号”。正因为有这样的需求，在调研中发现不少“黑诊所”藏匿于城中村、城乡接合部等流动人口密集区，“黑诊所”非法行医致死人命事件不时见诸报端。尽管有关部门严厉打击，还是屡禁不止。因此，对规模巨大的流动人口来说，居住条件及其相关问题不仅是一种不可或缺的基本民生需求，而且演变成为一种特殊的社会剥夺机制，这种机制通过社区公共资源剥夺而作用于流动人口。相反，流动人口社区附近开办的各类中低档次购物商店、洗浴中心、棋牌室等购物、闲暇场所为流动人口的购物与闲暇活动提供了区位上的便利性、消费能力与社会距离上的可接近性。可以说良好的社区公共服务资源为流动人口的城市适应提供了极大便利，实现以较低的生活成本进入城市，更好地融入城市生活。

> 我以前住龙湾海城（城郊），在那边生活很不方便，大的医院也没有，看病很不方便，万一家里小的（孩子）发高烧要挂点滴，当地诊所都不敢看，让我们到市区儿童医院，碰上晚上车都打不到，因为太偏了，出租车都不经过那里，搬到这边（南郊）就好多了，人也开心多了，以前一碰到晚上孩子不舒服就焦虑得不行，总是担心要不要跑市区医院。（编号 L06 的受访者，女，28 岁，制鞋厂工人）

就如上述这位制鞋工人所描述的那样，社区公共服务资源在多大程度上满足流动人口的生理与心理需求，将直接影响其精神状态。这一访谈结果也有效回应了笔者在第四章基于模型分析得到的关于社区服务设施对流动人口自评健康和心理健康有重要影响的结论。另外，基于深度访谈资料的整理挖掘，笔者发现外来流动人口对公共交通的依赖性较强，郊区公共交通基础设施发展落后，无形之中提高了流动人口的生活成本和出行成本，形成了居住分异下的社区公共交通资源可获得性失衡，进一步限制其生存和发展机会。

> 我们这里本地人都搬走了，大部分都是外地人住，当地政府根本不会考虑我们外地人的出行，因为这里随时有可能会拆迁，平时我们要是去趟市区办点事情都要走好远才能到公交站，而且那个公交站是为隔壁村设的，有时候回来晚了公交车都停掉了，我们都要转好几转（公交车）才能到家，真是心累啊。（编号 L03 受访者，男，33 岁，车床加工工人）

由此可见，社区公共服务资源的可及性差或剥夺不仅会直接产生疲劳、精神衰弱、焦虑等不健康的心理状态，也会主要影响个体可支配通勤出行的能力，造成空间失配和通勤压力，长距离的通勤活动对个人时间占用最直接的影响就是压缩了个人本可以自由支配的闲暇时间。[①] 可支配时间的减少造成更多日常活动的时空约束，可能会导致一系列日常休闲、体育锻炼、社会交往等有益于健康的活动数量的减少，导致长期的生活和工作压力无法得到有效排解，甚至是减少个人的睡眠时间，造成人体生理过程的紊乱，从而对个体身心健康造成间接的负面效应。[②]

三　心理压力机制

按照压力理论的解释，个人不是孤立存在的，而是嵌入多种交错的生活场域中，包括住房、社区在内的居住场所都是重要的生活场域，构成个体心理压力来源的重要背景。首先，流动人口租住的私人出租房多为年代久远的旧房或居民自行搭建的违章建筑，材料简陋，在防火、隔音、隔热、防潮、通风等方面均存在明显缺陷，在建筑荷载的承受能力方面更存在较大的安全隐患，再加上私拉电线、违章用电、线路老化等情况较为严重，消防通道被大量杂物阻塞，逃生设施不完善，火灾和安全隐患较为突出。其次，由于流动人口居住场所大都是城中村或城郊接合部，不仅房屋质量和居住环境较差，而且往往更容易成为城市改造的对象。大规模的拆迁改造导致廉价住房供应量急剧缩减，房屋租金不断上涨，流动人口因此可能被迫流离失所。这种情况使得低收入流动人口面临更大的经济困惑和生计压力，容易陷入心理紧张和无助的状态。再次，由于受自身经济条件的限制，流动人口“群租”问题较多，居住空间十分有限，拥挤环境造成的空间压迫感尤为突出，造成人际关系紧张，对他人的敌意增强，亲社会行为减少，攻击行为增加。复次，居住区位的边缘性也导致流动人口持续承受着高水平的环境污染风险，包括危险废弃物污染、邻近工业区的空气污染、居住地周围的道路噪声污染以及水污染等。最后，由于政府管理的缺位，作为流动人口聚居区的城乡接合部和城中村往往被视为犯罪率高居不下、群体性事件频发、贫困亚文化滋生的“问题街区”，生活在这里的流动人口不得不面对失业、暴力犯罪、家庭破裂等问题，也可能面临着

---

① 吴江洁、孙斌栋：《发达国家通勤影响个人健康的研究综述与展望》，《世界地理研究》2016 年第 3 期。

② 孙斌栋、阎宏、张婷麟：《社区建成环境对健康的影响——基于居民个体超重的实证研究》，《地理学报》2016 年第 10 期。

急剧的生活转变和慢性压力，这些转变和压力带来的心理恶化都可能会造成个体健康水平的降低。[①] 上述长期积累的居住压力无法及时排解，最终折射出较低的生活质量和较差的健康状况。各种压力源和作用机制如图6-3所示。

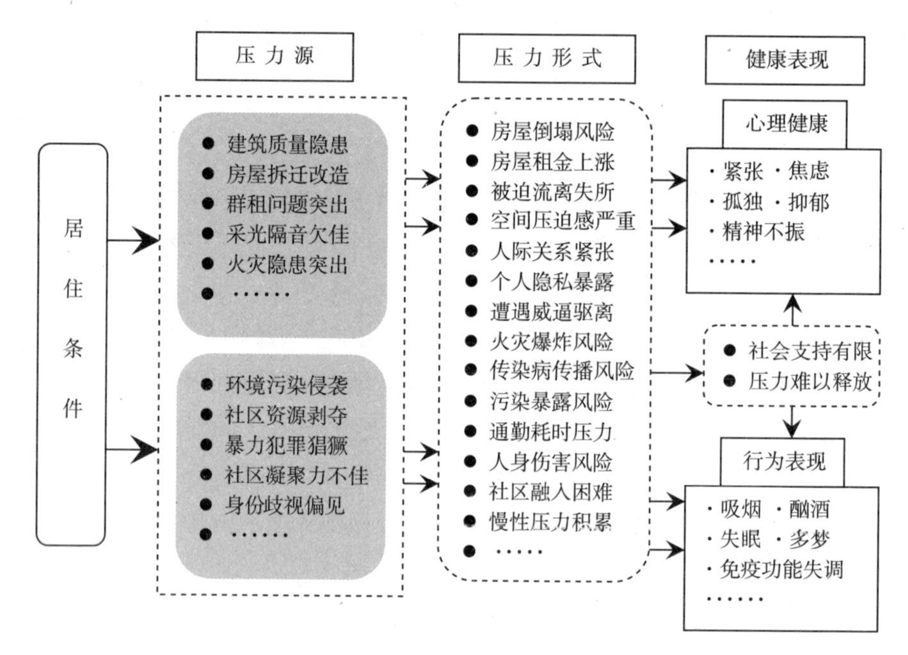

图6-3 居住条件与健康关系的心理压力机制

下述访谈资料正反映了流动人口所承受的上述与居住相关的心理压力。

> 村里的消防查得很严，经常过来查，去年说我这里烧饭的隔板是木头的，要我们换防火板材，把电都断了，让我们换了材料再开通，后来我们打电话叫房东给换了防火板。前几天又来，通知不能再烧煤气炉，要改用电磁炉。这样查还让不让人住啊！你说说看我们外地人租个房子多难，天天查这个查那个。（编号L01受访者，女，52岁，

① 梁樱、侯斌、李霜双：《生活压力、居住条件对农民工精神健康的影响》，《城市问题》2017年第9期。

洗碗工）

现在温州到处在拆迁，搞得我们外地人都没有房子住，而且房租越来越贵，很多老乡都打算回老家了，房东跟我说这里明年可能也要拆迁，让我早点打算，搞得我压力好大，天天提心吊胆，担心什么时候又要搬家了，总觉得有种不踏实的感觉，睡觉都不安稳。（编号L05受访者，男，56岁，装修工人）

虽然我们住的是楼房，但是靠近这边大马路，如果有大卡车经过，感觉房子都在摇晃，还以为是地震了呢！双屿那边房屋倒塌，听说死了好几个外地人，我们都怕怕的，生怕房子会塌下来。所以房租到期，我们可能也要搬到隔壁的村里去，那边不靠马路，也安静些。（编号L16受访者，女，37岁，快递公司职员）

由此可知，与本地居民相比，流动人口在城市生活需要付出高昂的代价，承受更多的生活压力。既要面对更多的压力源，又迫于有限的社交圈和匮乏的资源，在应对心理压力时能力更显得不足，很难通过自身的努力得以改善，长期积累的心理压力难以得到有效释放。这种不利的生活状态逐渐变成一种缺乏保障和安全感的慢性应激过程，甚至构成一种持久的健康威胁和压迫机制，持续累积形成慢性压力，通过加剧心理压力的负面心理效应间接影响流动人口的心理健康。如果引起心理压力产生的各种外界刺激得不到有效缓解，身体和心理的应激反应就会一直持续下去，[①] 引起身体的异常反应，使其功能遭受损伤，甚至引起病变。[②] 首先表现为紧张、焦虑等情绪上的不安，进而演变为意志消沉，热情减退，对事物冷漠不感兴趣，容易疲劳，挫折感增强；在持续不断的心理压力影响下，则会感到孤独、抑郁。另外，由于身体长久积蓄的压力无处释放，流动人口的心态容易受到愤怒、沮丧等不良情绪的控制。为了缓解精神上的紧张不

① 胡宏伟、曹杨、吕伟：《心理压力、城市适应、倾诉渠道与性别差异——女性并不比男性新生代农民工心理问题更严重》，《青年研究》2011年第3期。

② Evans G. W., "The Built Environment and Mental Health", *Journal of Urban Health-bulletin of the New York Academy of Medicine*, Vol. 80, No. 4, 2003.

安，精神压力过大者常常会采用暴饮暴食、吸烟或者酗酒等不良健康行为来平缓自己的压力，长此以往就会染上烟瘾、酒瘾以及其他不良的生活习惯。长期处于压力负荷状态还会引发一系列身体疾病，比如轻者会引起肾上腺素分泌增加，出现血糖增加、血压升高、心跳加快等症状；重者则会导致失眠多梦、盗汗、心律不齐、免疫系统功能失调等症状。精神不振、多病又会导致注意力不集中，工作效率低下，人际关系不佳，难以适应工作和生活。

四　社会资本机制

社区社会资本是指人们在社区地域范围内通过交往形成的关系网络，以及关系网络中所蕴含的规范、信任、积极情感等，这些社区要素能够促进居民参与社区公共事务、促进相互合作，从而维护和增进社区共同体的形成。[①] 社区社会资本通常被认为是一种社区保护因素，会直接影响人们包括健康在内的各种生活状态。[②] 具体地说，社区社会资本对居民健康的影响大致可以通过对犯罪的预防、对卫生保健的提倡与不健康行为的控制、对政治参与的鼓励、对卫生保健与各种服务设施的促进以及对居民个人的心理状态和社会关系等的正面影响来实现。流动人口进入城市后往往面临着原有社会网络被打破以及社会交往和社会支持的变动和匮乏，甚至遭遇经济排斥和身份歧视，更容易在心理上形成不安、恐慌和焦虑等心理压力，需要通过一个良好的社区环境来建立社会联系和人际信任，弥补亲友等社会关系不足所带来的健康问题，具体作用机制如图 6-4 所示。

> 这边的邻居（本地人）还是蛮好的，虽然我们是外地来的，感觉他们也没有看不起我们，反倒经常帮助我们，我们刚来温州人生地不熟，他们还给我老公介绍工作，我们回老家（湖南）也会带些肉肠给他们，他们也会拿些本地菜给我们。上次我一个老乡的孩子皮肤瘙痒一直好不了，他们还给介绍这里的医生，后来给治好了。（编号

---

① 方亚琴、夏建中：《社区、居住空间与社会资本——社会空间视角下对社区社会资本的考察》，《学习与实践》2014 年第 11 期。

② 王培刚、陈心广：《社会资本、社会融合与健康获得——以城市流动人口为例》，《华中科技大学学报》（社会科学版）2015 年第 3 期。

L19 受访者，女，41 岁，辅料加工厂工人）

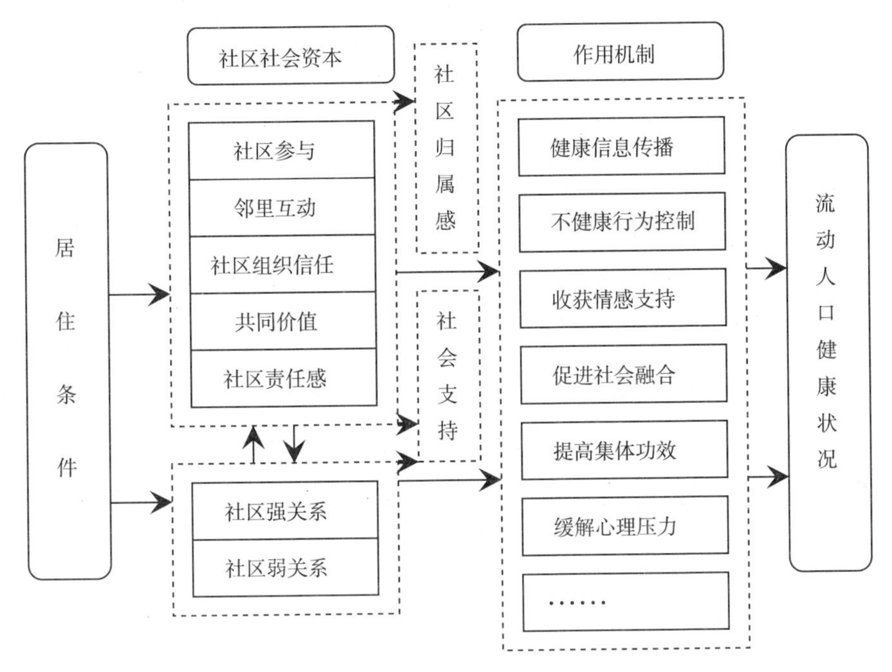

图 6-4　居住条件与健康关系的社会资本机制

显然，这位外来工人从与本地居民的邻里交往中获得了有利的就业资源和就医信息，在礼尚往来中不断增进感情。俗话说“远亲不如近邻”，频繁互惠和邻里互动培养流动人口和本地居民的平等、包容心态，从而获得更多的社会支持和社会网络关系，增加流动人口社区归属感，增加由人际交往带来的愉悦感和满足感，获取更多积极的情感体验，提高生活质量和幸福感，从而帮助流动人口维持良好的健康水平。并由此获得相应的信息、情感、物质等社会资源，相互之间能够较为容易地实现健康信息共享和健康文化内化。相互学习参与和传播健康的生活理念和生活方式以及健康知识，潜移默化影响更多人的生活习惯与行为准则，引导流动人口更积极地从事有利于健康的预防性活动，[①] 降低危害健康行为发生可能性。另外，在邻里交往互动过程中拉家常、聊天甚至互诉衷肠，有利于及时获得

① Kawachi I. and Berkman L., eds., *Neighborhood and Health*, London: Oxford University Press, 2003, pp. 12-18.

邻里的情感支持和心理慰藉，弥补在外务工期间社会资本的不足，有助于缓解和释放心理压力，对精神健康和情感适应都有重要的促进作用。①

社区参与是一种重要的社区社会资本形式，人们在参与各类社区活动的过程中可以交流感情，沟通信息，提供帮助和分享快乐，提升对他人的信任水平，从而获得自身福祉的提升，增强通过社会关系、社会网络获取有益资源和信息的能力，进而构建起互惠互利的社会支持网络。社区参与还可以直接促进居民的身心健康，例如，社会参与可以降低躯体化、抑郁、焦虑、人际敏感等症状发生的风险，减少认知损害发生的概率，提高个体对环境变化的适应能力等，所有这些社会参与的益处无疑能够对个体的健康水平产生重要的提升作用。②

> 刚来温州的时候挺孤单的，人生地不熟，周围也没有老乡亲戚，当时就觉得温州钱好赚就过来了。前些年就知道干活，干完了就回来吃饭睡觉，也没去跟邻居多说话，有什么心事都憋得慌。现在好多了，通过村里活动帮帮忙，给他们弄弄电路板、接接电线，每次帮忙还给300块工钱，这样下来与不少村里人都认识，他们有什么事情也都会叫上我，圈子也慢慢打开了，心情也舒畅了，这不是挺好的吗？（编号L16受访者，男，52岁，电工）

上述访谈案例中我们可以看出在社区参与过程中，流动人口通过社会网络的增加和社交活动的参与，打破了群体之间的隔阂，促进了两个群体的交往。这对于缓和工作和生活中积累的紧张情绪与压力具有积极的意义，③ 可以及时排解心中的苦闷、压抑、焦虑等消极情绪，也有更多机会通过活动获得情感沟通和社会支持，实现个体价值的体现，在社区中获得尊重、支持和理解，并产生情感体验，满足情感与归属的需要，改善个体心理与生理健康。同时，社区参与有助于社区责任感和社区凝聚力的培

① Stevenson H. C.，"Raising Safe Villages：Cultural-Ecological Factors that Influence the Emotional Adjustment of Adolescents"，*Journal of Black Psychology*，Vol. 24，No. 1，1998.

② 池上新：《政治参与影响健康吗？——来自集体与个体层面的双重验证》，《公共行政评论》2018年第4期。

③ Chen J.，and Chen S.，"Mental Health Effects of Perceived Living Environment and Neighborhood Safety in Urbanizing China"，*Habitat International*，Vol. 46，2015.

养，营造健康和谐的社区氛围，增进社区的社会凝聚力，通过促进健康信息的传播与共享而降低危险行为的发生，还包括提供活动机会和情感支持来改善个体心理预期。这些都会潜移默化地影响更多人的生活习惯与行为准则，进而促进个体健康水平的提升。例如，温州一位40岁出头的外来缝纫工说：

> 以前这边很乱的，抢劫、盗窃经常发生，派出所的人也经常过来。后来被温州电视台曝光后，街道、村里都很重视，村里小巷都安装了摄像头，村里也安排了夜间巡逻。现在我们外地人也要求参加，晚上巡逻还给补贴。平时一旦有什么苗头，我们也会及时跟村里反映。现在我们住这边安心多了，也总算有种家的感觉，跟周围本地人交往接触也多起来，要是以前本地人家里被偷了什么东西，他们都用异样的眼光看着我们，感觉好像是我们偷的一样，还哪有心情跟他们交往。(编号L23受访者，女，43岁，缝纫工)

可见，较强的社区责任感和社区参与意味着较好的社区主人翁意识，会对社区建设表现出强烈的责任心，融入意愿更为主动，流动人口从内心深处认识到自己的社区身份归属，在情感上、心理上形成更多的共鸣，共享情感越多，越容易拉近与街邻的距离，更易以一种平和、平等的心态与本地居民相处，并提供相互帮助与支持，就越可能建立长期稳定的邻里关系并积极投入社区事务中，并产生强烈的居留意愿作为对社区支持的回报。最终，在一定程度上削弱流动人口在异乡产生的陌生感和焦虑感，使流动人口具备更好的生活和精神状态。

第三节　本章小结

本章在前期定量分析结果的基础上，利用深度访谈资料和政策文本分析，进一步深入挖掘居住条件对流动人口健康影响的作用机制。研究结果显示，一方面流动人口居住条件与健康之间的复杂关系的背后反映的是城镇化发展的不健全和相应配套政策的不成熟，以及现存的制度设计对外来流动人口的相对剥夺和结构性排斥，另一方面，改革开放前的城乡不平等关系已演变成城市中拥有本地户口的居民与没有本地户口的流动人口之间的不平等关系。其中，户籍制度和城乡二元结构造成流动人口长期被排除在包括教育、就业、住房、医疗等城市公共福利体系之外，使得流动人口在与健康密切相关的居住条件、医疗保障等方面处于不利和弱势地位。

从社会歧视机制方面看，不利的居住条件通过身份标签、主观偏见、歧视态度、敌意行为及社会隔离等方式，无形之中强加于流动人口，在心理上拉大了流动人口与本地居民的社会距离，唤起更多的负面情绪体验，引发其内心世界的失衡，甚至通过改变健康行为方式对其健康产生间接影响。

从资源剥夺机制方面看，社区公共服务资源不仅为流动人口提供了生活的便利，而且为其社会交往提供了场所，有利于提高流动人口的愉悦感和归属感。社区公共资源的空间剥夺通过对交通出行、医疗服务、日常休闲、社会交往、体育健身等方面的限制，对流动人口的身心健康产生了间接的负面影响。

从心理压力机制方面看，由于受自身经济条件的限制，流动人口承受更多不利居住条件造成的负面影响和心理压力，这种负面影响甚至演变成一种持久的健康威胁和压迫机制，持续累积形成慢性压力，使负面情绪难以缓解，同时迫于资源缺乏，心理压力无处释放，从而间接影响流动人口的心理健康。

从社区社会资本机制方面看，社区社会资本是流动人口融入社区的重要心理资源，它通过邻里互动、社区参与、社区凝聚力、社区归属感等微观机制实现社区成员间的相互扶持和情感交流，对个体心理压力起到缓冲作用，创造出心理认同、情感归属和人际信任的氛围，从而能够有效地缓解不利居住条件对流动人口身体健康造成的负面影响。

第七章

结论与展望

流动人口作为我国城镇化进程的重要参与力量，其居住条件和健康水平是衡量当前城镇化质量的重要依据之一。居住条件作为影响个体健康的重要因素之一，对流动人口群体的健康有重要影响。近年来，流动人口居住条件的弱势地位及相关健康问题不仅成为地理学、社会学、经济学等多学科领域中的重要研究议题，而且也是中国改善民生、建设和谐社会过程中亟待解决的问题，但迄今这方面的研究尚不多见，其发展需要更多不同研究案例的支撑；已有研究也多把居住条件狭义地理解为住房条件，忽视了住房所在社区的环境及其与更大的社会空间的关系对流动人口健康的影响。鉴于此，本书突破迄今研究的上述不足和局限，把居住条件的含义拓展到住房条件、社区环境和居住隔离三个不同层次的维度，利用2017年温州市流动人口调查数据和典型个案的深度访谈资料，就居住条件对流动人口健康的影响进行了深入研究。其结果不仅有助于进一步揭示流动人口居住和健康问题的重要性与严峻性，而且有助于深化微观地理环境视角下居住条件与健康关系的理论认识，对贯彻“以人为本”的可持续发展理念，推进中国新型城镇化和健康中国建设也具有重要意义。本书的主要结论及其相关理论和政策启示如下。

第一节　主要结论

一　流动人口居住条件的弱势地位突出，健康优势并不明显

与本地居民相比，温州市流动人口居住条件表现出明显劣势，住房来源多样，主要以租赁住房为主，住房拥有率极低，住房面积狭小，室内基本设施较为简陋，因工作变动导致迁居频繁。城中村是流动人口最主要的

居住社区类型，其社区环境不佳，社区服务设施、公共空间十分有限，社区周边存在不同程度的环境暴露风险；流动人口社区交往和社区参与程度较低，社区安全感、社区凝聚力和社区归属感明显不及本地居民。流动人口居住区位呈边缘化特征并与城市主流社会相隔离，有将近1/3的流动人口面临居住隔离问题。流动人口（特别是乡城流动人口）在居住方面相比本地居民处于更为不利的地位。

流动人口总体健康状况良好，慢性病患病率显著低于本地居民，但相对于本地居民，在自评健康和心理健康方面未表现出明显的健康选择优势，反而存在自我健康认知的高估倾向和流动经历对健康的内在损耗效应。流动人口与本地居民慢性病患病率差异集中表现为城乡差异，而心理健康的差异更多的是体现为户籍属地造成的本地/外地差别。这种户籍制度所造成的身份差异，使流动人口背负沉重的健康成本。人口、社会经济、生活方式和社会支持等因素在各健康维度上有不同程度的影响，其中，心理上的“相对剥夺感”是影响流动人口健康状况的重要形成机制之一。另外，倡导良好的健康行为与生活习惯、获取更多的社会支持对改善流动人口健康状况具有重要的积极作用。

二　住房条件对流动人口健康状况有显著影响，但这种影响低于笔者基于相关文献得出的理论预期

本书研究结果显示，住房条件对流动人口健康状况存在显著影响，这表明在国外其他地方所做的研究中关于住房条件对移民健康有显著影响的结论在中国流动人口群体中同样适用。更为重要的是，本书还揭示了这种影响的具体作用方式。具体来看，在自评健康方面，住房类型和室内基本设施两个变量对流动人口自评健康有显著影响，即居住楼房不利于流动人口自评健康，改善室内基本设施能提高流动人口自评健康状况；在慢性病患病方面，住房类型、室内采光情况、隔音效果、潮湿情况与流动人口慢性患病率有显著关联，即住楼房导致流动人口有更高的慢性病患病率，改善室内采光、隔音和潮湿等情况有利于降低流动人口患慢性病的概率；在心理健康方面，减少住房拥挤、改善隔音状况能显著提升流动人口心理健康水平。这些住房变量都是维持住房居住功能所必需的基本生计因素，而且事关流动人口日常生活生产的顺利进行。但是，这种住房条件对流动人口健康的影响迄今还没有引起流动人口本人和政府有关部门的足够重视。

尽管住房条件对流动人口健康有显著影响，但值得注意的是，住房条件对流动人口健康的这种影响低于笔者基于相关文献得出的理论预期；换言之，尽管流动人口在住房条件上表现出明显的劣势地位，但住房条件对其健康的影响并不如人们所想象得那么强烈。首先，大多数流动人口专注于“挣钱养家”而早出晚归，超长时间的劳作使其在栖身住所滞留的时间有限。同时，职业和居所的不稳定和居留预期的不确定更使其与住所的联系并不紧密。这些因素使得住房条件对流动人口健康的影响在短期内不易得以呈现。其次，流动人口对住房条件的要求大大低于本地居民，对生活环境的期望较低，对不利住房条件的忍耐性较高。为了节省经济开支，他们往往倾向于投入更少的资金用于改善自己的住房条件，所租的房屋也仅仅是一种临时性、替代性的安身之所或只是工作之余的一处休息场所。这种无奈的选择造成流动人口对住房条件的依赖程度相对较小，容忍范围更大，使得他们对住房的需求和期望在较低层次上就可以得到满足。这是造成住房因素对其健康的影响不如本地居民的重要原因之一。由此可见，流动人口住房的临时性、较强的职业流动性、较低的感知水平和较高的住房满意度等因素可能在一定程度上“缓冲”了不利住房条件对流动人口健康造成的负面影响。

三　社区环境对流动人口健康的影响相比住房条件更为突出

社区环境对流动人口健康具有独立的、不容忽视的重要影响；相对于住房条件，这种影响表现得更突出。具体来讲，在自评健康方面，社区安全感、社区服务设施和社区社会失序对流动人口自评健康有显著影响，即提高社区安全感、降低社区社会失序程度和改善社区服务设施会显著提高流动人口自评健康。在慢性病患病率方面，社区环境质量、社区物理失序和社区流动人口占比与流动人口慢性病患病率有微弱的关联。即社区环境质量越差、物理失序越严重，社区流动人口数量越多则流动人口患慢性病的概率越高；居住区位越靠近市中心则越有利于改善流动人口慢性病患病情况。在心理健康方面，提高社区安全感、降低社区失序程度和改善社区服务设施能够显著改善流动人口心理健康水平。这些结论对改善流动人口社区环境、降低其健康风险具有重要意义，但这种重要性却往往被流动人口本人和有关部门所忽视。它要求当今各级政府必须改变只注重于如何为流动人口提供住房保障或仅限于解决住宿问题的传统做法，在为流动人口提供住房时更要关注住房所在的社区环境，尤其是社区的安全和公共服务设施。总体上来看，塑造良好的社区环境比只简单地提供住房对流动人口来说更具有实际意义和现实内涵。

由于受到社会经济因素、社会支持网络等约束，流动人口日常活动半径和社交范围相对有限，甚至很多是社区职住一体者，在社区滞留的时间更长，暴露于各种社区影响的程度更高，对社区资源的依赖性更强。以上这些因素造成社区环境与流动人口健康间具有紧密的关系，也导致流动人口受社区环境的平均影响效应要明显大于本地居民。但是，流动人口对社区环境的依赖更多的是生存需要的物质依赖，并非心理上的依恋或认同。因此在以后社区治理中不仅要关注物理环境，更要从社会环境入手，丰富流动人口的情感体验和精神感受，继而提升其健康水平。另外，无论是流动人口还是本地居民，社区环境对主观健康的影响大于客观身体健康。相比以慢性病为代表的客观健康指标，自评健康、心理健康等对自身健康状况的主观感知和评价受社区环境的影响更突出，尤其是心理健康的社区效应最为强烈。

四 居住隔离对流动人口健康有显著的不利影响

首先，从微观层面看，以邻里类型为代表的居住隔离显著降低了流动人口的自评健康和心理健康；从宏观层面看，局部分异指数和孤立指数只对流动人口自评健康产生显著作用，对心理健康没有显著影响。其次，相对于居住隔离，与隔离相伴而生的时空行为对流动人口的健康也具有重要影响。居住隔离通过迁居流动来实现，迁居次数越多越不利于自评健康；居住隔离加大了流动人口的通勤距离，通勤距离越长越不利于心理健康。再次，居住隔离还通过社区类型、居住区附近的环境污染、隐形的歧视以及主观心理感知等作用于流动人口的健康。相对于商品房社区，生活在城中村的流动人口自评健康和心理健康更差。因居住空间的多重剥夺导致流动人口更易于遭受环境暴露风险，对其心理健康产生明显的负面冲击；居住隔离背后隐藏的社会歧视对流动人口心理健康的负面影响甚至超过居住隔离的影响。最后，较高的自我选择性隔离或社区满意度，反而给予流动人口更多情感呵护或心理慰藉，显著提升流动人口的健康水平。由此可见，居住隔离是一种特殊的社会剥夺机制，流动人口在居住空间上遭受的聚集与隔离、排斥与歧视以及由此引发的社会不满情绪，是影响其健康的重要因素之一。通过消除居住隔离，促进群与群间的居住融合来增进流动人口的健康状况是十分必要的。这些结论对于我国推进“以人为本”的新型城镇化建设都具有重要意义。

五　居住条件对健康的影响存在明显的群体异质性

首先，住房条件对流动人口健康的影响明显弱于对本地居民的影响，住房条件对流动人口的影响主要集中在事实层面的客观健康状况（如慢性病患病率），对自评健康的影响则较小；而对本地居民的影响则作用于心理层面的主观健康感知（如自评健康、心理健康）。其次，流动人口健康受社区环境的影响效应要明显强于本地居民。对流动人而言，社区环境的健康效应更多地与个人自评与自报的健康状况有关，与慢性病患病率等客观健康指标的关联较小；对本地居民来说，社区环境对心理健康的影响较强烈，对自评健康和慢性病患病率的影响较小，这也说明研究中采用多维健康指标的重要意义。再次，影响流动人口和本地居民健康的居住条件变量存在较大差异，对流动人口健康起作用的变量主要是室内基本设施、拥挤程度、隔音效果、社区安全、社区服务设施等满足基本生活需要的因素。对本地居民而言，则是住房来源、室内采光、室内空气质量、社区凝聚力、社区环境质量等属于更高品位的需求因素。但是，随着流动人口城市社会融入的加深以及居住条件的改善，居住条件对流动人口和本地居民健康的影响效果可能会趋于一致。最后，正因为上述结论在两个群体间存在差异，改善居住条件和健康的相关公共政策也要充分尊重和理解本地居民与流动人口的差异性需求，通过多种方式和措施来满足不同人群的生活需求，确保政策实施的精准性和有效性。

第二节　理论思考

一　居住条件与健康间的关系赋予健康社会决定因素理论新的内涵

尽管住房、社区等空间因素与健康间的关系很早以前就在相关文献有所报道，但是对这种关系的解释往往集中在生活于该空间的个人因素，包括与健康相关的下游因素，如生活方式、社会经济地位、社会关系等方面存在的个体特征差别，而健康的上游决定因素，如结构性及环境性因素往往被忽略。近年来，健康领域的学者和政策制定者越来越关注宏观社会环境对健康状况的影响，也逐渐认识到只注重个体因素而忽视中宏观社会环境来研究健康具有很大的局限性。本书发现包括住房条件、社区环境和居住隔离在内的居住条件对流动人口健康具有独立的、不容忽视的影响，这种影响的方向、强弱因个人社会经济属性、户籍身份等因素的不同而产生差异。它甚至是一种因滞留时间、活动空间等因素的介入而呈现出持久的跨越时空的影响，对弱势群体的影响更加突出。同时，健康不是简单的个人问题，而是与一定的社会因素相关联。个人的情境或境遇需要置于社会转型和社会结构之中加以理解，不应忽视社会情境，特别是居住情境的作用。因此，对健康的影响因素研究需要从过去过分注重健康的个人风险因素转移到对多层次的多维因素的重视和检验，区分较高层面的环境背景效应（contextual effects）和较低层面的个体组合效应（compositonal effects）。多层次的影响健康的社会环境因素应该成为健康社会决定因素理论的重要内容。本书的研究从理论到方法上为健康研究提供了一个社会生态学视角，为理解社会与健康的关系提供了更为宽广的视野。

二　时空效应对居住条件与健康间关系的影响需要受到重视

本书研究表明，尽管健康社会决定因素理论、健康生态学理论、社会资本理论、地点理论等经典理论对居住条件与流动人口健康关系问题的不同方面有一定的解释力，但未能完整地解释居住条件与健康关系因受时空效应的影响而呈现的复杂性。事实上，当前时间和空间属性对于理解人类日常生活经历的重要性越来越受到关注，已有学者提出时间和空间属性的加入对于健康影响、居住隔离、环境暴露和可达性的研究具有重要意义。[①] 因此从根本上说，居住条件对个人健康的影响大小取决于个人在生活上对当地环境的依赖程度，包括在住房、社区等地点所花的时间，以及日常活动的空间范围。从时间上看，本书结论中住房条件对流动人口健康的影响不如预期主要是由于其在住房内滞留的时间有限或居留时间很短，造成这种影响难以在短期得以显现。从空间上看，由于受社会经济因素、社会支持网络等约束，流动人口日常活动空间较为有限，在社区滞留的时

---

① Kwan, Mei-Po, “The Uncertain Geographic Context Problem”, *Annals of the Association of American Geographers*, Vol. 102, No. 5, 2012.

间更长，暴露于社区影响的程度更高，从而使社区环境相比住房条件对流动人口健康的影响更为突出。正因为上述与居住条件相关的时间和空间特点上的不同导致流动人口和本地居民受到不同环境因素的约束，并对健康产生不同程度的影响效果。因此，在后续的研究中，时空约束或时空效应对居住条件与健康间关系的影响需要受到更多重视。

三　居住条件的健康效应凸显健康地理学思想的人本化转向

传统的“健康社会决定因素理论”“健康生态学理论”等都强调物质环境对个体健康的影响，忽视个体对物质环境的感知和心理反应以及人的主观能动性。事实上，居住条件对居民健康影响是一个复杂的过程，个人主观因素发挥着重要作用，而且不同影响因素之间可能相互联系、相互制约。居住条件不仅直接影响个体健康，而且通过个体主观感知间接作用于健康，这种直接与间接的影响因个人背景因素不同而有所差异，对流动人口和本地居民的健康也产生不同的影响效果，甚至因居住空间内部层级结构差异而不同。随着地理学理论和研究方法的多维转向及强调人的主观能动性的人本主义思想的兴起，在居住条件与健康关系的微观尺度研究中应该将个体对健康以及对“地点”的更多主观感知纳入研究框架，既考虑社会宏观结构对健康的影响，又关注人的主观感受，强调人对空间的感受与体验，并站在人的角度去理解居住条件的健康效应。

第三节　政策启示

当前我国已经进入城镇化发展中后期，大规模和快速的城镇化成为当前我国社会经济转型的突出背景。2014 年 3 月，国务院颁布的《国家新型城镇化规划（2014—2020）》强调了我国要走以人为本的新型城镇化道路。新型城镇化的首要任务是要解决两亿多流动人口的半城镇化问题，如何使流动人口融入城市，与城市居民一样享受同等的发展机会和共享发展成果，成为推动我国城镇化健康发展和解决人的城镇化的核心议题。实现流动人口市民化，首先要解决的是流动人口的居住和健康问题。流动人口的居住条件和健康状况是其社会融合的基础，与社会融入水平和市民化程度紧密相关。本书结论已证实居住条件对流动人口健康有着重要影响。在发达国家的公共卫生和城市规划领域，改善居住条件已被视作增进人口健康的重要措施之一。在推动经济可持续增长及经济结构调整对城镇化水平和质量要求日益提高的情况下，各项公共政策都要更具包容性和开放性，这对改善并逐步化解流动人口的城市居住和健康问题具有十分重大的现实意义。基于本书前面的研究结果，笔者就改善流动人口居住条件，提升其健康水平提出以下政策建议。

一 积极推进户籍制度改革，营造包容性的制度环境

我国长期形成的城乡分割的二元结构，是阻碍流动人口融入城市的体制根源，城乡分割和基于户籍制度的公共管理体制也是流动人口问题的一个核心影响要素。因此，首先要改革城乡二元户籍制度及相关福利体系，逐步剥离户籍背后的各种福利待遇，打通户籍制度供给与流动人口落户需求之间的渠道。其次积极推行以身份证号为唯一标识、全国统一的居住证制度，提高居住证的“含金量”，不断扩大向居住证持有者提供公共服务的范围，发挥居住证制度在城乡就业一体化、公共服务均等化方面的实质作用。最后还要大力弘扬平等、包容的公民精神，消除对流动人口的社会偏见和歧视，创建更多样化的包容性社区。在实质上赋予流动人口市民权，促进流动人口实现在制度层面和心理层面的融入。这样才能为提升流动人口健康水平和社区融入创造良好的制度环境。

二 切实改善流动人口的居住条件，提高其居住质量

各级政府应该将改善流动人口的居住条件纳入最基本的民生保障范畴。首先，城市有关部门要不断完善住房管理法规来改善流动人口居住条件，对出租房屋的建筑质量、采光通风、隔音、防火、卫生、容纳人数等设置具体标准，对不合格的住房要及时予以整改或取缔。要积极开展环境卫生综合整治，改善流动人口周边居住环境，降低污染暴露水平和健康风险水平。其次，在今后针对流动人口的住房公共服务改革中应该重点改善流动人口的居住质量，改变其住房简陋、拥挤、潮湿和隔音差等状况，着重提高其居住舒适度和安全感。最后，根据流动人口的居住意愿与实际支付能力，大力探索、发展适应流动人口的经济租用房、经济适用房、限价商品房、公租房和廉租房等多元化和差异化的住房保障体系，扩大住房来源供给，促进职住平衡。鼓励流动人口与本地居民进行多元混居，促进彼此间的居住融合，为改善流动人口健康状况提供住房条件上的基础保障。

三　加大社区公共服务供给，提高流动人口公共服务可及性

社区服务设施的便利性与流动人口健康水平密切相关。因此，流动人口社区公共服务设施配置需要更多考虑空间正义与公平性的问题，以体现民生福祉和人文关怀。一方面，政府应该将流动人口社区公共服务需求纳入城市基础设施总体规划，在流动人口聚集较多的社区合理布局教育、就业、医疗卫生、交通出行、餐饮娱乐等与流动人口日常生活密切相关的公共服务设施，提高社区公共服务设施的可及性和便利性，减少流动人口在社区的生活成本；另一方面，为满足流动人口日益增长的休闲娱乐需求，社区应增加景观绿地、公园、广场等公共空间和篮球场、健身器材等体育设施，通过体育健身、休闲娱乐、健康促进等活动达到提高流动人口健康水平和社会融入的双赢效果。帮助流动人口在社区建立自己的公共生活，从而更好地融入流入地城市和社区，间接促进流动人口健康水平的提高。

四　加强社区安全建设，为流动人口营造安全的生活环境

前面的实证研究发现，社区社会安全感的提升有利于提高流动人口健康水平，因此，应采取以下两方面的政策措施，以通过提高社区社会安全感促进流动人口健康水平的提高。一方面，从政府的角度来看，应该加强社区警务建设，对社区人流密集场所和重点区域布设监控系统，加强夜间监控和巡查，推广社区网格化管理，提升社区社会治安防控水平，切实保障流动人口的人身安全；另一方面，从流动人口角度来看，应充分利用社区参与的优势，鼓励流动人口参与社区安全建设，通过微博、微信、社区App等手段，搭建社区网络空间互动平台，及时发布社区安全及便民信息，激发流动人口参与社区建设的热情，最终为改善流动人口健康状况创造良好的治安环境。

五　努力提高流动人口收入水平，缩小贫富差距

居住条件的分化在一定程度上是经济地位差异的表现，从长远来看，通过提高收入来改善流动人口居住条件更有利于其健康水平的提升。首先，要改革收入分配制度，破除体制壁垒，实现同工同酬，降低流动人口和本地居民之间的收入不平等。其次，提升流动人口的人力资本水平，通过职业培训和技能提升，努力增加流动人口的收入水平，逐步缩小贫富差

距，畅通流动人口不断向上流动的社会机制，构建更合理的收入分配格局。最后，应坚持以人为本，尤其要重点关注社区内低收入流动人口群体的居住条件和健康状况，为其提供必要的社会帮助，改善其经济状况和居住条件，以减少城市贫困现象。

六 积极倡导社区邻里互动，促进流动人口社区融入

本书研究发现，社区社会资本对流动人口健康有重要的促进作用，因此引导流动人口培育社区社会资本并实现社区整合也是一项重要工作。首先，要鼓励发展流动人口社区组织，降低流动人口社区参与的门槛，激发其参与社区建设的积极性，提升流动人口的成就感和主人翁感，继而提升其健康水平。其次，倡导邻里互动，通过卫生整治、义务巡逻、花草养护、困难帮扶等一系列邻里活动构筑双方沟通交流和互帮互助的平台，缩短与本地居民的心理距离，提高社区凝聚力，提升流动人口的社区认同感和获得感。最后，积极倡导社区公共话题的形成，如开展广场舞竞技、亲子运动会、歌唱比赛、亲子读书会等丰富多彩的活动，增加社区对流动人口的亲和力，在交往过程中不断拓展社区的社会网络，逐渐消除对城市生活的陌生感和隔阂感，提高流动人口在城市社区的亲切感，促进其更好地融入社区生活，继而为实现整体健康水平的提高打下有效基础。

第四节 研究不足与展望

尽管越来越多的人意识到居住条件与健康关系研究的重要性，但居住条件与健康关系的研究依然受到来自理论视角与方法策略上的多方挑战。尽管本书力求在流动人口居住条件与健康关系的研究上做尽可能全面、深入的探讨，但由于受研究水平、实践经验和人力物力上的限制，许多问题还需进一步研究。这些问题包括以下几个方面。

第一，截面数据对考察居住条件与健康状况间因果关系的限制。在当今纷繁复杂的社会生活中，健康被多种因素所影响。健康的变化是一个长期的、持续变化且存在不确定性的过程，加之职业的流动性和居住的不稳定性，居住条件对流动人口健康影响的长期性、历时性和复杂性并存，不利的居住条件对流动人口健康造成的影响具有长期累积效应，可能需要较长的时间才能显现。因此，健康状况的好坏，不能仅仅基于某一个时点来

判断，而需要通过一个长期的跟踪调查过程来衡量。但由于受时间和经费的限制，本书使用的是通过问卷调查得到的截面数据，虽然它能够让我们了解流动人口居住条件和健康状况的特征，以及比较流动人口和本地居民在上述几方面的差异，但是截面数据的缺点在于对反映原因与结果的变量测量都在一个时间点上，从而在识别与判断因果关系时无法保证原因与结果在时间上的先后顺序，因此，也就无法更好地揭示流动人口居住条件对其健康影响关系的内在作用机理，也不能跟踪流动人口居住条件与健康状况关系的动态变化。因此，在今后的研究中，需要使用纵向跟踪数据进一步厘清居住条件与健康的复杂因果关系，同时在后续的研究中要关注更多的个体特征和社会因素，以获得对流动人口健康状况更为充分的模型解释，从而更全面、更系统地揭示影响流动人口健康的主要因素。

第二，本书的统计分析方法中没有考虑变量的内生性问题。流动人口本身带有一种“自选择”效应，由于流动人口自身的个体属性、行为偏好和生活习惯都会影响其对居所的选择，仅使用多层模型有可能高估流动人口健康与居住条件因素的相关关系，导致居住条件对流动人口健康的影响会因个人社会经济特征、行为偏好以及生活态度的不同而有所差异。随着计算机对复杂数据模型处理技术的提高，未来的研究可进一步利用倾向得分分配技术，解决选择性偏差所导致的模型结果偏误问题。其次，本书对于交互作用仅仅考察了户籍身份与其他变量的交互，但是居住条件的含义越来越复杂，而且又往往与年龄、性别等个人因素存在交互作用，这些居住条件对流动人口健康影响的深层次关系还有待于今后进一步深入研究。

第三，数据采集的地区范围和方式的局限。首先，由于受到时间和经费的限制，我们的样本只选择了温州这一个城市，尽管在实际调查中我们尽最大可能使抽样具有代表性，但是温州市流动人口的研究结论是否能推广到其他城市的流动人口，还有待在今后更多城市的研究中得以检验。其次，居住条件的主观评估通过调查对象回答有关问题来测量，通常带有很强的个人偏好，居住在同一个地点的个人，虽然同在一个住房或社区环境中，但是对住房和社区的主观评价不尽相同。相比之下，居住条件的客观评价通常基于各类统计年鉴资料和人口普查数据，这些客观评估数据才能真正反映背景变量的实际。因此，同时应用居住条件的主观与客观评估数据才能更有效、更科学地检验其对健康的影响。另外，应以什么样的空间单位来研究社区对健康的影响是一个至今仍未达成共识的问题，如何定义社区或确定社区的研究单元也一直没有一个被广泛接受的标准。国外主要以特定行政边界或邮政投递区域等统计空间单元为划分依据，如人口普查区、邮政编码区；国内主要以居委会、居住小区为研究单元。随着空间分析技术日益成熟和智能手机的普遍使用，从某一个地理位置出发，根据特定环境的多变半径范围构建个性化社区，能更好地测量与个人活动范围相对应的社区资源分布情况。因此，下一步的研究也需要检验社区的定义或范围是否影响社区环境与健康关系的研究结果。

附　　录

温州市新居民居住融合与健康调查问卷表（部分内容）

尊敬的先生/女士：

您好！

为了维护温州市新居民的合法权益，使政府相关管理部门提供更好的服务，××××大学组织了此次调查，希望能得到您的支持和协助。在此，需要耽误您一些时间，请把您的真实情况和想法告诉我们，调查资料也将严格保密，仅供研究使用。

对您的配合和支持我们表示衷心的感谢！

××××大学社会调查小组

被访者地址：______区（县/市）______街道（镇）______（村/社区/小区等）

调查社区/居委会所属位置：1. 市中心　　2. 近郊　　3. 远郊

A. 基本情况

A1　您的性别：1. 男　　2. 女　　A2　您的出生年份：________

A3　您的户籍所在地是：____省____市____区　A4　流动类型：1. 跨省流动　2. 省内跨市　3. 市内跨县

A5　您现在的户口性质是：1. 外地非农户口　2. 外地农业户口

A6　您的文化程度：

1. 不、初识字（文盲半文盲）　　2. 小学　　3. 初中

4. 高中或中专　　5. 大专及以上

A7　您目前的婚姻状况：

1. 已婚且与配偶住一起　　2. 已婚但不与配偶住一起　　3. 未婚

4. 未婚同居　　5. 丧偶　　6. 离婚

A8　包括您自己在内，您家里有______口人，他们中现在有______个跟您住在一起。

您有______个孩子，其中有______个未满16周岁的孩子。他们中现在有______个跟您住在一起。

您家有______个老人，其中有______个年满60周岁的老人。他们中现在有______个跟您住在一起。

A9　您最早离开老家外出务工是______年（或在______岁出来打工）；您是______年来温州工作的？

B. 工作情况

B1　您目前这份工作是从什么时候开始做起的？______年。您来温州之前，您已经工作过几个城市？

1. 没有　2. 一个　3. 二个　4. 三个　5. 四个　6. 五个　7. 六个及以上　8. 记不清

B2　您目前工作职业（职业性质）：

1. 国家机关、党群组织责任人　2. 企业、事业单位负责人　3. 专业技术人员　4. 公务员、办事员和有关人员　5. 经商　6. 商贩　7. 餐饮　8. 家政/保洁/装修　9. 其他商业、服务业人员　10. 农林牧渔水利业生产人员　11. 生产、运输设备操作人员　12. 无固定职业　13. 其他______　14. 失业

备注：专业技术人员指工程师、科研人员、医生、教师、经济师、律师、会计师等从事专业技术工作的人员。

B3　您目前的工作属于哪一个行业？

1. 制造业　2. 采掘　3. 农林牧渔　4. 建筑　5. 电煤水热生产供应　6. 批发零售　7. 住宿餐饮　8. 社会服务　9. 金融/保险/房地产　10. 交通运输、仓储通信　11. 卫生、体育和社会福利　12. 居民服务、修理和其他服务业　13. 教育、文化及广播电影电视　14. 文化、体育和娱乐　15. 党政机关和社会团体 16. 其他______

B4　您目前与工作单位有签订劳动合同吗？

1. 有　　2. 没有　　3. 不清楚

B5　到目前为止您共换过多少次工作？

1. 没有换过　2. 一次　3. 二次　4. 三次　5. 四次　6. 五次　7. 六次及以上

B6　您平均每天大约工作______小时；平均每个星期工作______天；1个月有______天休息。

B7　您每个月的平均工资收入有多少钱？______元，平均每个月日常消费开支______元。

B8　2016年一年您的家庭总收入：______元，其中去年家庭总支出：______元。

B9　按照目前的收支情况，您觉得您自己的经济地位在温州属于哪个层次？

1. 上等　2. 中上等　3. 中等　4. 中下等　5. 下等

C. 住房状况

C1　您在温州打工期间，总共搬过______次家，您从______年搬到这个房屋里居住。

C2　您最近一次搬家的原因是什么？（多选）

1. 工作地点更换　2. 房租不合适　3. 周边环境不好　4. 家人随迁，面积太小　5. 小孩上学　6. 上班不便　7. 房东收回　8. 拆迁改造　9. 购买新住房　10. 与房主或邻居不和　11. 老乡熟人少 12. 其他______

C3　您目前居住的房屋类型是：

1. 楼房　2. 平房　3. 地下室　4. 工棚　5. 农民楼房　6. 其他______

C4　您目前居住的房屋是（来源）：

1. 自己的　2. 租的　3. 亲戚/朋友的　4. 老板提供的　5 政府的廉租房/公租房　6. 其他______

C5　您每个月的平均住房支出（如房租/房贷）要用______元钱。

C6　您目前居住的房屋有______平方米，有______个卧室，共有______人住在这个房屋里。

C7　您目前的房屋跟谁一起住？

1. 单独居住　2. 家人　3. 老乡　4. 同事/朋友/同学　5. 其他

C8　您目前居住的房屋有哪些基本设施？（多选）

1. 卫生间　2. 厨房　3. 自来水　4. 天然气/煤气　5. 电视机　6. 空调　7. 热水器　8. 洗衣机　9. 电冰箱　10. 电风扇　11. 网络

C9　您目前居住的房屋有以下哪些问题？（多选）

1. 洗澡不方便　2. 上厕所不方便　3. 经常停水、停电　4. 采光不好

5. 通风条件差　6. 电线路老化　7. 空间很拥挤　8. 隔音效果很差　9. 卫生条件很差　10. 财物经常被偷　11. 存在火灾隐患　12. 房屋很吵　13. 老鼠蟑螂很多　14. 雨天漏水　15. 室内很潮湿　16. 其他______　17. 没有以上情况

C10　您目前居住的房屋室内空气质量如何？

1. 较好　2. 一般　3. 较差

C11　您对目前居住状况总体上满意吗？

1. 非常满意　2. 满意　3. 一般　4. 不满意　5. 很不满意

C12　您工作的单位与现在住的地方是在：

1. 同一街道内　2. 同一城区内　3. 不同城区

C13　从住的地方步行到工作单位需要多长时间，您觉得这样的距离远吗？

1. 步行 15 分钟以内（1 公里以内）　2. 步行 30 分钟以内（2 公里以内）　3. 步行 30 分钟以上（3 公里及以上）

1. 挺远　2. 一般　3. 不远

D. 社区状况

D1　请您回忆一下，您第一次外出工作时居住的地方情况：

A 社区类型	B 居住环境	C 房屋类型	D 房屋产权	E 住房面积（平方米）	F 共同居住人数	G 邻里类型	H 跟谁一起来

A. 社区类型：

1. 别墅区/高级商品房社区　2. 普通商品房社区　3. 经济适用房社区　4. 机关事业单位社区

5. 企业单位制社区　6. 未经改造的老城区　7. 城中村　8. 其他______

B. 居住环境：

1. 周围是当地市民的居住小区　2. 相对独立的外来人口聚居地　3. 当地市民与外地人的混合居住区　4. 其他______

C. 房屋类型：

1. 楼房　2. 平房　3. 地下室　4. 工棚　5. 农民楼房　6. 其他______

D. 房屋产权：

1. 自己的　2. 租的　3. 亲戚/朋友的　4. 老板提供的　5 政府的廉租房/公租房　6. 其他______

E. 邻里类型：

1. 外地人　2. 本地人　3. 外地人和本地人数量差不多　4. 不清楚

F. 跟谁一起来：

1. 自己一人来　2. 之前有家人亲戚来　3. 之前有朋友来　4. 与家人亲戚一起来　5. 与朋友老乡一起来

D2　当时住的地方，周围的邻居中老乡多吗？

1. 有很多　2. 有几位　3. 没有

D3　当时住的地方，居住区的居民大多相互认识。

1. 非常同意　2. 同意　3. 不同意　4. 非常不同意

D4　当时住的地方，居住区的居民乐于相互帮助。

1. 非常同意　2. 同意　3. 不同意　4. 非常不同意

D5　当时住的地方，居住区的居民通常相处融洽。

1. 非常同意　2. 同意　3. 不同意　4. 非常不同意

D6　当时住的地方，居住区的居民相互信赖。

1. 非常同意　2. 同意　3. 不同意　4. 非常不同意

D7　您在外务工期间共搬过多少次家？

1. 没有搬过　2. 一次　3. 二次　4. 三次　5. 四次　6. 五次　7. 六次及以上

D8　您目前居住的社区类型：

1. 别墅区/高级商品房社区　2. 普通商品房社区　3. 经济适用房社区　4. 机关事业单位社区　5. 企业单位制社区　6. 未经改造的老城区　7. 城中村　8. 其他______

D9　您目前居住的社区环境：

1. 周围是当地市民的居住小区　2. 相对独立的外来人口聚居地　3. 当地市民与外地人的混合居住区　4. 其他______

D10　您目前居住周围的邻居类型是：

1. 外地人　2. 本地人　3. 外地人和本地人数量差不多　4. 不清楚

D11　您目前居住周围的邻居中老乡多吗？

1. 有很多　2. 有几位　3. 没有

D12　您在这个居住区已经生活多长时间？______年

D13　您目前居住区附近是否有以下主要设施？（多选）

1. 图书馆　2. 电影院　3. 健身房　4. 街头免费健身器材　5. 公交/地铁站　6. 咖啡馆/餐馆/酒吧　7. 幼儿园/小学/中学/高校　8. 超市/便利店　9. 其他______　10. 无以上设施

D14　您家附近步行或骑自行车10分钟内是否有公园、运动场或可提供活动的空地？

1. 有　2. 没有

D15　您目前居住区附近是否有化工厂、印染厂、钢铁厂等工厂？

1. 有　2. 没有

D16　您目前居住区的室外空气质量如何？

1. 较好　2. 一般　3. 较差

D17　您目前居住区的室外噪声质量如何？

1. 较好　2. 一般　3. 较差

D18　您目前居住区是否有以下情况？（多选）

1. 路面有很多污水　2. 很多垃圾无人处理　3. 墙壁上到处是“牛皮癣广告”　4. 路灯没有或光线昏暗　5. 小区臭气难闻　6. 小区杂草丛生　7. 小区道路坑洼不平　8. 基础设施老化失修　9. 没有物业管理　10. 有各类加工作坊　11. 流浪狗、猫乱串　12. 其他______　13. 没有以上情况

D19　您目前居住区是否发生过以下情况？（多选）

1. 公共设施（如绿化、橱窗）经常被破坏　2. 垃圾随意乱扔　3. 小区里散养家禽　4. 邻里经常争吵　5. 轿车乱停乱放　6. 居民乱搭乱建　7. 流动摊贩较多　8. 随地大小便　9. 其他______　10. 没有以上情况

D20　您目前居住区是否发生过以下情况？（多选）

1. 故意伤害　2. 入室盗窃　3. 抢劫 4. 抢夺　5. 打架/斗殴　6. 强奸　7. 非法赌博　8. 吸毒/贩毒　9. 嫖娼/卖淫　10. 非法传销　11. 火灾　12. 黑车/黑摩乱串　13. 其他______　14. 没有以上情况

D21　您居住区附近是否有网吧、游戏室、舞厅等未成年人不宜的娱乐场所？

1. 有　2. 没有　3. 不清楚

社区网络

D22　居住区里和你见面会打招呼的邻居有______人，关系好到可以登门拜访的居民有______人。

D23　与关系密切（经常联系）的亲戚朋友中，分别有______个亲戚和______个朋友生活在这个居住区。

社区凝聚力

D24　您居住区的居民大多相互认识。

1. 非常同意　2. 同意　3. 不同意　4. 非常不同意

D25　您居住区的居民乐于相互帮助。

1. 非常同意　2. 同意　3. 不同意　4. 非常不同意

D26　您居住区居民通常相处融洽。

1. 非常同意　2. 同意　3. 不同意　4. 非常不同意

D27　您居住区居民可以相互信赖。

1. 非常同意　2. 同意　3. 不同意　4. 非常不同意

社区互动

D28　您与附近居民有相互打招呼问候吗？

1. 经常　2. 有时　3. 很少　4. 从未

D29　您与附近居民有相互串门问候吗？

1. 经常　2. 有时　3. 很少　4. 从未

D30　您与附近居民有相互帮忙支持（如照看孩子、拿快递等）吗？

1. 经常　2. 有时　3. 很少　4. 从未

社区安全

D31　您对目前居住区感到安全吗？

1. 总是很安全　2. 大部分时间安全　3. 有时安全　4. 从不安全

D32　您所在居住区近期是否有发生治安犯罪事件（如抢劫、盗窃、赌博、卖淫等）？

1. 是　2. 否

D33　您居住区的很多居民晚上不敢出门？

1. 非常同意　2. 同意　3. 不同意　4. 非常不同意

社区参与

D34　您是否经常参加居住社区的各类文体活动或会议？

1. 经常　2. 偶尔　3. 从未

D35　您与居住地村（居）委会、妇联、民政、志愿者等组织是否有联系？

1. 经常　2. 偶尔　3. 从不联系

D36　当您碰到困难时，您是否向居（村）委会等社区组织寻求过帮助？

1. 是　2. 否

社会责任感

D37　如果有玩耍的孩子在破坏社区的花木或公共物品，您是否会阻止他们？

1. 是　2. 否

D38　当遇到坏人时，居住区周围的邻居是否能够挺身而出？

1. 是　2. 否

社区归属感

D39　我在居住的社区里有家的感觉。

1. 非常同意　2. 同意　3. 不同意　4. 非常不同意

D40　我喜欢我居住的这个社区。

1. 非常同意　2. 同意　3. 不同意　4. 非常不同意

D41　告诉别人我住在这个社区很自豪。

1. 非常同意　2. 同意　3. 不同意　4. 非常不同意

D42　如果不得不搬离这个社区我会遗憾。

1. 非常同意　2. 同意　3. 不同意　4. 非常不同意

D43　从总体上看，您喜欢自己目前的居住区吗？

1. 非常喜欢　2. 有些喜欢　3. 既不喜欢也不讨厌　4. 一般讨厌　5. 非常讨厌

D44　您是否打算在这个居住区长期居住（5年以上）？

1. 打算　2. 不打算　3. 没想好

E. 社会交往

E1　您是否觉得遵守家乡的风俗或保持家乡的生活方式对您来说很重要？

1. 非常同意　2. 同意　3. 既不同意也不反对　4. 不同意　5. 非常不同意

E2　您觉得自己在温州有受到歧视（如被别人看不起）吗？

1. 有　2. 没有　3. 不清楚

E3　您在温州是否遇到以下受歧视情况？（多选）

1. 是　2. 否

1. 在公共场所遭人白眼、被人瞧不起　2. 被人禁止进入服务场所　3. 在公共场所被警察盘问　4. 在同工作单位与本地同工不同酬　5. 应聘工作要求温州户口　6. 孩子因户口问题在当地入学困难

E4　您对本地话的熟悉程度：

1. 完全可以听说　2. 基本可以听说　3. 能听但不能说　4. 能听一些但不能说　5. 既不能听也不能说

E5　您与当地温州人的交往程度如何？

1. 经常交往，关系密切　2. 有一定交往，关系一般　3. 偶尔交往，关系陌生　4. 从不交往

E6　您觉得自己是哪里人？

1. 本地人　2. 半个本地人　3. 外地人　4. 不清楚

E7　您是否打算在温州长期居住（5 年以上）？

1. 打算　2. 不打算　3. 没想好

E8　以下关于社会支持的陈述，您是否同意：	1. 完全同意	2. 有点同意	3. 有点不同意	4. 完全不同意
1. 如果我想外出旅行一天，我能够很容易找到人和我同行				
2. 我感到没人能够分担我很私密的烦恼和恐惧				
3. 如果我生病了，我能够很容易找到人帮我处理日常家务				
4. 当我遇到家庭方面的问题时，我能够找到人征求意见				
5. 如果我某天下午决定当晚去看电影，我能够很容易找到人同去				
6. 对于处理个人问题方面的建议时，我知道该向谁求助				
7. 我很少被人邀请去参加各种活动（如逛街、吃饭、看电影等）				
8. 如果我想找人共进午餐，很容易就找得到				
9. 如果我在离家 10 公里的地方遇到困难一筹莫展，我能够打电话找到人前来帮我				
10. 如果我搬家需要帮助，我很难找到人帮忙				

E9　在温州，您经常联系（打电话、微信、上门拜访等）的朋友有_____个，这些朋友中温州人有_____个，经常联系（打电话、微信、

上门拜访等）的亲戚有______个，这些亲戚中温州人有______个。

E10 您未来有何打算？

1. 继续留在温州工作 2. 去其他城市打工 3. 挣些钱然后回老家 4. 没有明确的打算

E11 您是否愿意把户口迁入本地？

1. 是 2. 否

F. 社会保障情况

F1 您有下列何种社会保障？

1. 城镇职工养老保险 2. 城镇居民养老保险 3. 新型农村社会养老保险 4. 工伤保险 5. 失业保险 6. 生育保险 7. 住房公积金 8. 都没有

F2 您目前参加了下列哪种社会医疗保险？是否参加？在何处参加？

A 新型农村合作医疗保险	1. 是 2. 否（跳问下一行）	1. 本地 2. 户籍地 3. 其他地方
B 城乡居民合作医疗保险	1. 是 2. 否（跳问下一行）	1. 本地 2. 户籍地 3. 其他地方
C 城镇居民医疗保险	1. 是 2. 否（跳问下一行）	1. 本地 2. 户籍地 3. 其他地方
D 城镇职工医疗保险	1. 是 2. 否（跳问下一行）	1. 本地 2. 户籍地 3. 其他地方
E 公费医疗保险	1. 是 2. 否（跳问下一行）	1. 本地 2. 户籍地 3. 其他地方
F 其他商业医疗保险	1. 是 2. 否（跳问下一行）	1. 本地 2. 户籍地 3. 其他地方

G. 健康状况

G1 您身高______米，体重______公斤

G2 过去一年内是否有接受过身体的健康体检？

1. 有 2. 没有

G3 您是否吸烟？

1. 总是 2. 经常 3. 偶尔 4. 从不

G4 您是否饮酒？

1. 总是 2. 经常 3. 偶尔 4. 从不

G5 您平时有进行体育锻炼吗？

1. 总是 2. 经常 3. 偶尔 4. 从不

G6 您每天吃早饭吗？

1. 总是 2. 经常 3. 偶尔 4. 从不

G7　您每天睡眠时间多长？

1. 不到6个小时　2. 6—8个小时　3. 9—10个小时　4. 超过10个小时

G8　您最近一个月是否有过下列感受和想法：（请尽量以快速、不假思索的方式填答）

压力知觉量表（ISEL-9）	1. 从不	2. 很少	3. 偶尔	4. 经常	5. 总是
1. 为一些预料之外的事情突然发生而感到心烦意乱					
2. 感觉无法控制自己生活中重要的事情					
3. 感到紧张不安和压力					
4. 能成功地处理生活中令人烦躁的事					
5. 感觉到能有效地处理生活中发生的重要变化					
6. 感觉到有信心能够处理好自己的问题					
7. 感觉到事情在按照自己的意愿在发展					
8. 发现不能完成自己所必须要做的事情					
9. 能够解决生活中令人不愉快的事					
10. 感觉到能够控制自己生活中的事情					
11. 常生气，因为很多事情的发生是超出自己所能控制					
12. 发觉自己在惦记着一些必须要完成的事情					
13. 感觉到自己能够控制如何使用自己的时间					
14. 常感到困难的事情堆积如山，而自己无法克服它们					

G9　您认为您现在的健康状况怎么样？

1. 非常好　2. 很好　3. 好　4. 一般　5. 差

G10　与打工前在家相比，您认为自己当前的健康状况这样？

1. 变好了　2. 没有变化　3. 变差了

G11　过去12个月（一年中）您是否被医生告知患有以下的慢性疾病？

1. 是　2. 否

1. 哮喘　2. 糖尿病　3. 高血压/高血脂/高胆固醇　4. 心脏病　5. 慢性气管炎　6. 中风　7. 关节炎　8. 消化道溃疡/肠胃炎　9. 肾结石/肾炎/泌尿系统疾病　10. 癫痫　11. 甲肝/乙肝　12. 性病　13. 癌症

14. 其他慢性病______

G12 过去两周内，您是否觉得有身体不适或受过伤？

1. 有 2. 没有

G13 过去两周内，您是否有下列症状（包括今天）？

1. 是 2. 没有

1. 感冒/流感 2. 发烧/咽喉痛/咳嗽 3. 腹泻/胃痛 4. 头痛/头晕 5. 关节/肌肉酸痛 6. 皮肤瘙痒/皮疹/皮炎 7. 眼睛酸胀 8. 心脏/心口痛 9. 食欲减退 10. 肩/颈/腰酸痛 11. 耳鸣 12. 胸闷/气短 13. 失眠 14. 其他感染或疾病______ 15. 没有以上情况

G14 如果您生病需要看医生，是否可以在附近很方便找到医院或诊所就诊？

1. 是 2. 否

G15 从您住的地方步行到最近的医疗机构（诊所/卫生院/大医院等）需要多长时间？

1. 1公里以内（步行15分钟以内） 2. 2公里以内（步行30分钟以内） 3. 3公里及以上（步行30分钟以上）

G16 您过去30天是否有过下列情况：

Hopkins Symptoms CheckList（HSCL）量表	没有	很少	偶尔	经常	总是
1. 在过去30天中，您是否经常会感到紧张？					
2. 在过去30天中，您是否经常会感到绝望？					
3. 在过去30天中，您是否经常会感到孤独？					
4. 在过去30天中，您是否经常会感到焦虑或烦躁？					
5. 在过去30天中，您是否经常会感到沮丧以至于没什么事情能让您开心？					
6. 在过去30天中，您是否经常会感到做什么事情都费劲？					
7. 在过去30天中，您是否经常会感到自己毫无价值？					

G17 当事情不确定时（如面试、找工作），您通常都会做最好的预期？

1. 非常同意 2. 同意 3. 不同意 4. 非常不同意

G18　总体上来看，您对你目前的生活满意吗？

1. 很满意　2. 满意　3. 一般　4. 不满意　5. 很不满意

G19　总体而言，您对自己所过生活的感觉怎么样？

1. 非常幸福　2. 幸福　3. 一般 4. 不幸福　5. 非常不幸福

我们的调查结束，再次感谢您的配合！

受访者手机号码：（便于回访联系）＿＿＿＿＿＿

调查时间：＿＿＿年＿＿＿月＿＿＿日

调查员：＿＿＿＿＿　核对员：＿＿＿＿＿　录入员：＿＿＿＿＿

村（居）委会数据（受访者不用回答）：

H1　实际居住在本社区（村）总人口有＿＿人，其中，户籍人口有＿＿人，外来流动人口＿＿人。

H2　2016 年，本社区（村）有＿＿＿户低保家庭户和困难户家庭，60 岁以上老人有＿＿＿人。

H3　本社区（村）总面积＿＿＿万平方米，登记的医疗机构（诊所、社区卫生服务站）有＿＿＿家。

采访效果评估：

1. 被访人的态度	1. 友好且感兴趣　2. 不太感兴趣　3. 不耐烦　4. 不愿合作
2. 被访人的可信程度	1. 完全可信　2. 一般说可信　3. 有时看起来不可信

参考文献

一 中文译著

［美］保罗·诺克斯、史蒂文·平奇：《城市社会地理学导论》，柴彦威、张景秋等译，商务印书馆 2005 年版。

［美］罗伯特·帕特南：《独自打保龄：美国社区的衰落与复兴》，刘波、祝乃娟等译，北京大学出版社 2011 年版。

［美］威廉·朱利叶斯·威尔逊：《真正的穷人：内城区、底层阶级和公共政策》，成伯清译，上海人民出版社 2007 年版。

二 中文著作

董维真：《公共健康学》，中国人民大学出版社 2009 年版。

国家人口和计划生育委员会流动人口服务管理司：《中国流动人口发展报告 2011》，中国人口出版社 2011 年版。

花菊香：《支持与均衡：精神健康的实证研究》，人民出版社 2008 年版。

黄怡：《城市社会分层与居住隔离》，同济大学出版社 2006 年版。

李志刚、顾朝林：《中国城市社会空间结构转型》，东南大学出版社 2011 年版。

吕萍：《农民工住房理论、实践与政策》，中国建筑工业出版社 2012 年版。

柯兰君：《都市里的村民》，中央编译出版社 2001 年版。

王春光：《社会流动和社会重构——京城“浙江村”研究》，浙江人民出版社 1995 年版。

王兴中：《中国城市社会空间结构研究》，科学出版社 2000 年版。

温福星、邱皓政：《多层次模式方法论阶层线性模式的关键问题与试解》，经济管理出版社 2015 年版。

吴启焰：《大城市居住空间分异的理论与实证研究》，科学出版社 2016 年版。

吴明伟：《我国城市化背景下的流动人口聚居形态研究》，东南大学出版社 2005 年版。

吴缚龙、马润潮、张京祥：《转型与重构：中国城市发展多维透视》，东南大学出版社 2007 年版。

吴缚龙、宁越敏：《转型期中国城市的社会融合》，科学出版社 2018 年版。

杨菊华等：《中国流动人口的城市逐梦》，经济科学出版社 2018 年版。

夏建中：《美国社区的理论与实践研究》，中国社会出版社 2009 年版。

项飚：《跨越边界的社区：北京“浙江村”的生活史》，生活·读书·新知三联书店 2000 年版。

孙薇薇：《亲人的力量：中国城市亲属关系与精神健康研究》，中国社会科学出版社 2014 年版。

姚华松：《流动人口的空间透视》，中央编译出版社 2012 年版。

袁媛：《中国城市贫困的空间分异研究》，科学出版社 2014 年版。

张雷、雷雳、郭伯良：《多层线性模型应用》，教育科学出版社 2005 年版。

张展新：《城市社区中的流动人口》，社会科学文献出版社 2009 年版。

张中华：《地点理论研究》，社会科学文献出版社 2018 年版。

三　中文论文

边燕杰、刘勇利：《社会分层、住房产权与居住质量——对中国“五普”数据的分析》，《社会学研究》2005 第 3 期。

蔡禾、贺霞旭：《城市社区异质性与社区凝聚力》，《中山大学学报》（社会科学版）2014 年第 2 期。

柴彦威、刘璇：《城市老龄化问题研究的时间地理学框架与展望》，《地域研究与开发》2002 年第 3 期。

柴彦威、张艳、刘志林：《职住分离的空间差异性及其影响因素研究》，《地理学报》2011 年第 2 期。

池上新：《政治参与影响健康吗？——来自集体与个体层面的双重验证》，《公共行政评论》2018 年第 4 期。

陈宏胜、刘振东、李志刚：《中国大城市新移民社会融合研究——基于六市抽样数据》，《现代城市研究》2015 年第 6 期。

陈江容、吴林雄、胡娟等：《昆明市社区居民环境污染感受与身心健康的关系》，《环境与职业医学》2018 年第 12 期。

陈杰、郝前进：《快速城市化进程中的居住隔离——来自上海的实证研究》，《学术月刊》2014 年第 5 期。

陈云：《居住空间分异：结构动力与文化动力的双重推进》，《武汉大学学报》（哲学社会科学版）2008 年第 5 期。

陈云凡：《新生代农民工住房状况影响因素分析：基于长沙市 25 个社区调查》，《南方人口》2012 年第 1 期。

程建新、刘军强、王军：《人口流动、居住模式与地区间犯罪率差异》，《社会学研究》2016 年第 3 期。

陈旭峰、钱民辉：《社会融入状况对社区文化参与的影响研究——两代农民工的比较》，《人口与发展》2012 年第 1 期。

程菲、李树茁、悦中山：《中国城市劳动者的社会经济地位与心理健康——户籍人口与流动人口的比较研究》，《人口与经济》2018 年第 6 期。

崔岩：《流动人口心理层面的社会融入和身份认同问题研究》，《社会学研究》2012 年第 5 期。

邓睿、冉光和、肖云：《生活适应状况、公平感知程度与农民工的城市社区融入预期》，《农业经济问题》2016 年第 4 期。

丁宏、成前、倪润哲：《城镇化的不平等、市民化与居民健康水平》，《南开经济研究》2018 年第 6 期。

杜维婧、陶茂萱：《健康的社会决定因素》，《中华预防医学杂志》2011 年第 6 期。

杜维婧：《我国农村居民健康的社会决定因素研究》，博士学位论文，中国疾病预防控制中心，2012 年。

段成荣、孙玉晶：《我国流动人口统计口径的历史变动》，《人口研究》2006 年第 4 期。

段成荣、杨舸：《我国流动人口的流入地分布变动趋势研究》，《人口研究》2009 年第 6 期。

方晓义、蔺秀云、林丹华等：《流动人口的生活工作条件及其满意度对心身健康的影响》，《中国临床心理学杂志》2007 年第 1 期。

方亚琴、夏建中：《社区、居住空间与社会资本——社会空间视角下对社区社会资本的考察》，《学习与实践》2014 年第 11 期。

冯长春、李天娇、曹广忠等：《家庭式迁移的流动人口住房状况》，《地理研究》2017 年第 4 期。

符婷婷、张艳、柴彦威：《大城市郊区居民通勤模式对健康的影响研究——以北京天通苑为例》，《地理科学进展》2018 年第 4 期。

顾丽娟、［加拿大］Mark、Rosenber 等：《社会经济及环境因子对不同收入群体自评健康的影响》，《地理研究》2017 年第 7 期。

顾朝林：《论构建和谐社会与发展社会地理学问题》，《人文地理》2007 年第 3 期。

顾朝林：《转型发展与未来城市的思考》，《城市规划》2011 年第 11 期。

顾朝林、［比利时］C. 克斯特洛德：《北京社会极化与空间分异研究》，《地理学报》1997 年第 5 期。

管健：《身份污名的建构与社会表征——以天津 N 辖域的农民工为例》，《青年研究》2006 年第 3 期。

关信平、刘建娥：《我国农民工社区融入的问题与政策研究》，《人口与经济》2009 年第 3 期。

郭星华、邢朝国：《高学历青年流动人口的社会认同状况及影响因素分析——以北京市为例》，《中州学刊》2009 年第 6 期。

郭星华、才凤伟：《新生代农民工的社会交往与精神健康——基于北京和珠三角地区调查数据的实证分析》，《甘肃社会科学》2012 年第 4 期。

郭岩、谢铮：《用一代人时间弥合差距——健康社会决定因素理论及其国际经验》，《北京大学学报》（医学版）2009 年第 2 期。

韩秀霞、陆如山：《全球健康问题社会决定因素委员会正式启动》，《国外医学情报》2005 年第 10 期。

和红、任迪：《新生代农民工健康融入状况及影响因素研究》，《人口研究》2014 年第 6 期。

和红、王硕：《不同流入地青年流动人口的社会支持与生活满意度》，《人口研究》2016 年第 3 期。

何深静、刘玉亭、吴缚龙等：《中国大城市低收入邻里及其居民的贫困集聚度和贫困决定因素》，《地理学报》2010 年第 12 期。

何深静、齐晓玲：《广州市三类社区居住满意度与迁居意愿研究》，《地理科学》2014 年第 11 期。

何雪松、黄富强、曾守锤：《城乡迁移与精神健康：基于上海的实证研究》，《社会学研究》2010 年第 1 期。

何炤华、杨菊华：《安居还是寄居？不同户籍身份流动人口居住状况研究》，《人口研究》2013 年第 6 期。

胡宏伟、曹杨、吕伟：《心理压力、城市适应、倾诉渠道与性别差异——女性并不比男性新生代农民工心理问题更严重》，《青年研究》2011 年第 3 期。

胡荣、陈斯诗：《影响农民工精神健康的社会因素分析》，《社会》2012 年第 6 期。

胡书芝、刘桂生：《住房获得与乡城移民家庭的城市融入》，《经济地理》2012 年第 4 期。

胡金星、朱曦、公云龙：《租房与农民工留城意愿——基于上海的实证研究》，《华东师范大学学报》（哲学社会科学版）2016 年第 4 期。

胡宏、徐建刚：《复杂理论视角下城市健康地理学探析》，《人文地理》2018 年第 6 期。

黄乾：《教育与社会资本对城市农民工健康的影响研究》，《人口与经济》2010 年第 2 期。

侯慧丽、李春华：《身份、地区和城市——老年流动人口基本公共健康服务的不平等》，《人口与发展》2019 年第 2 期。

黄四林、侯佳伟、张梅等：《中国农民工心理健康水平变迁的横断历史研究：1995—2011》，《心理学报》2015 年第 4 期。

蓝宇蕴：《我国“类贫民窟”的形成逻辑——关于城中村流动人口聚居区的研究》，《吉林大学社会科学学报》2007 年第 5 期。

雷敏、张子珩、杨莉：《流动人口的居住状态与社会融合》，《人口与社会》2007 年第 4 期。

黎熙元、陈福平：《社区论辩：转型期中国城市社区的形态转变》，

《社会学研究》2008年第2期。

李建民、王婷、孙智帅：《从健康优势到健康劣势：乡城流动人口的“流行病学悖论”》，《人口研究》2018年第6期。

李君甫、齐海岩：《农民工住房区位选择意向及其代际差异研究》，《华东师范大学学报》（哲学社会科学版）2018年第2期。

李礼、陈思月：《居住条件对健康的影响研究——基于CFPS2016年数据的实证分析》，《经济问题》2018年第9期。

李培林：《巨变：村落的终结——都市里的村庄研究》，《中国社会科学》2002年第1期。

李培林、李炜：《近年来农民工的经济状况和社会态度》，《中国社会科学》2010年第1期。

李如铁、朱竑、唐蕾：《城乡迁移背景下“消极”地方感研究——以广州市棠下村为例》，《人文地理》2017年第3期。

李园、翟凤英：《社区社会经济状况对居民肥胖影响的多水平分析研究》，《环境卫生学杂志》2007年第3期。

李志刚、吴缚龙：《转型期上海社会空间分异研究》，《地理学报》2006年第2期。

李志刚：《中国城市“新移民”聚居区居住满意度研究——以北京、上海、广州为例》，《城市规划》2011年第12期。

李志刚、刘晔：《中国城市“新移民”社会网络与空间分异》，《地理学报》2011年第6期。

李志刚、吴缚龙、肖扬：《基于全国第六次人口普查数据的广州新移民居住分异研究》，《地理研究》2014年第11期。

李志刚、刘晔、陈宏胜：《中国城市新移民的“乡缘社区”：特征、机制与空间性——以广州“湖北村”为例》，《地理研究》2011年第10期。

李志刚：《中国大都市新移民的住房模式与影响机制》，《地理学报》2012年第2期。

连玉峰、陈金娟、黄彪等：《珠海市1992—1996年各类人口传染病发病情况分析》，《中国公共卫生》1998年第5期。

李春江、马静、柴彦威等：《居住区环境与噪声污染对居民心理健康的影响——以北京为例》，《地理科学进展》2009年第7期。

梁宏：《代际差异视角下的农民工精神健康状况》，《人口研究》2014年第4期。

梁樱、侯斌、李霜双：《生活压力、居住条件对农民工精神健康的影响》，《城市问题》2017年第9期。

梁樱：《心理健康的社会学视角——心理健康社会学综述》，《社会学研究》2013年第2期。

林李月、朱宇：《两栖状态下流动人口的居住状态及其制约因素——以福建省为例》，《人口研究》2008年第3期。

林李月、朱宇、梁鹏飞等：《基于六普数据的中国流动人口住房状况的空间格局》，《地理研究》2014年第5期。

林赛南、李志刚、郭炎：《流动人口的"临时性"特征与居住满意度研究——以温州市为例》，《现代城市研究》2018年第12期。

刘传江：《新生代农民工的特点、挑战与市民化》，《人口研究》2010年第2期。

刘海泳、顾朝林：《北京流动人口聚落的形态、结构与功能》，《地理科学》1999年第6期。

刘厚莲：《我国特大城市流动人口住房状况分析》，《人口学刊》2016年第5期。

刘精明、李路路：《阶层化：居住空间、生活方式、社会交往与阶层认同——我国城镇社会阶层化问题的实证研究》，《社会学研究》2005年第3期。

刘佳燕、闫琳：《住房·社区·城市——快速城市化背景下我国住房发展模式探讨》，《城市与区域规划研究》2008年第1期。

刘林平、万向东、吴玲：《企业状况、认知程度、政府监督与外来工职业病防治——珠江三角洲外来工职业病状况调查报告》，《南方人口》2004年第4期。

刘林平、郑广怀、孙中伟：《劳动权益与精神健康——基于对长三角和珠三角外来工的问卷调查》，《社会学研究》2011年第4期。

刘庆、陈世海：《随迁老人精神健康状况及影响因素分析——基于深圳市的调查》，《中州学刊》2015年第11期。

刘涛、曹广忠：《大都市区外来人口居住地选择的区域差异与尺度效应——基于北京市村级数据的实证分析》，《管理世界》2015年第1期。

刘晓霞、邹小华、王兴中：《国外健康地理学研究进展》，《人文地理》2012年第3期。

刘望保、谢丽娟、张争胜：《城中村休闲空间建设与本、外地人口之间的社区融合——以广州市石牌村为例》，《世界地理研究》2013年第3期。

刘扬、周素红、张济婷：《城市内部居住迁移对个体健康的影响——以广州市为例》，《地理科学进展》2018年第6期。

刘杨、陈舒洁、林丹华：《歧视与新生代农民工心理健康：家庭环境的调节作用》，《中国临床心理学杂志》2013年第5期。

刘晔、刘于琪、李志刚：《"后城中村"时代村民的市民化研究——以广州猎德为例》，《城市规划》2012年第7期。

刘晔、田嘉玥、刘于琪等：《城市社区邻里交往对流动人口主观幸福感的影响——基于广州的实证》，《现代城市研究》2019年第5期。

刘义、刘于琪、刘晔等：《邻里环境对流动人口主观幸福感的影响》，《地理科学进展》2018年第7期。

刘玉亭、吴缚龙、何深静：《转型期城市低收入邻里的类型、特征和产生机制：以南京市为例》，《地理研究》2006年第6期。

刘臻、汪坤、何深静等：《广州封闭社区研究：社区环境分析及其对社区依恋的影响机制》，《现代城市研究》2017年第5期。

柳林、杨刚斌、何深静：《市场转型期中国大城市低收入社区住房分异研究》，《地理科学》2014年第8期。

卢海阳、邱航帆、杨龙等：《农民工健康研究：述评与分析框架》，《农业经济问题》2018年第1期。

陆益龙：《正义：社会学视野中的中国户籍制度》，《湖南社会科学》2004年第1期。

陆文聪、李元龙：《农民工健康权益问题的理论分析：基于环境公平的视角》，《中国人口科学》2009年第3期。

陆杰华、郭冉：《基于地区和社区视角下老年健康与不平等的实证分析》，《人口学刊》2017年第2期。

卢楠、王毅杰：《居住隔离与流动人口精神健康研究》，《社会发展研究》2019年第2期。

罗竖元：《流动经历与新生代农民工的健康水平——基于湖南省的实

证调查》，《中国青年研究》2013 年第 8 期。

罗仁朝、王德：《上海市流动人口不同聚居形态及其社会融合差异研究》，《城市规划学刊》2008 年第 6 期。

蒋耒文、庞丽华、张志明：《中国城镇流动人口的住房状况研究》，《人口研究》2005 年第 4 期。

蒋善、张璐、王卫红：《重庆市农民工心理健康状况调查》，《心理科学》2007 年第 1 期。

蒋长流：《非公平就业环境中农民工健康负担压力及其缓解》，《经济体制改革》2006 年第 5 期。

姜明伦、于敏、李红：《农民工健康贫困测量及影响因素分析——基于环境公平视角》，《农业经济与管理》2015 年第 6 期。

景晓芬：《空间隔离视角下的农民工城市融入研究》，《地域研究与开发》2015 年第 5 期。

寇丽平、裴岩：《城市外来人口聚居区的风险分析与治理》，《中国人民公安大学学报》（社会科学版）2010 年第 1 期。

马静、柴彦威、符婷婷：《居民时空行为与环境污染暴露对健康影响的研究进展》，《地理科学进展》2017 年第 10 期。

米松华、李宝值、朱奇彪：《农民工社会资本对其健康状况的影响研究——兼论维度差异与城乡差异》，《农业经济问题》2016 年第 9 期。

倪天璐、邵祁峰：《浅谈社区认同感的环境营造——以南京市五台花园为例》，《盐城工学院学报》（社会科学版）2007 年第 3 期。

聂伟、风笑天：《农民工的城市融入与精神健康——基于珠三角外来农民工的实证调查》，《南京农业大学学报》（社会科学版）2013 年第 5 期。

宁越敏：《中国城市化特点、问题及治理》，《南京社会科学》2012 年第 10 期。

宁越敏、杨传开：《新型城镇化背景下城市外来人口的社会融合》，《地理研究》2019 年第 1 期。

牛建林、郑真真、张玲华等：《城市外来务工人员的工作和居住环境及其健康效应——以深圳为例》，《人口研究》2011 年第 3 期。

牛建林：《人口流动对中国城乡居民健康差异的影响》，《中国社会科学》2013 年第 2 期。

潘国庆、李勤学、张宏等：《流动人口将成为急性肠道传染病控制的重要对象》，《中国公共卫生管理》1995 年第 3 期。

彭大松：《社区特征如何影响流动人口的健康——基于分层线性模型的分析》，《人口与发展》2018 年第 6 期。

彭加亮、罗祎：《建立和完善面向农民工的住房公积金制度研究》，《华东师范大学学报》（哲学社会科学版）2016 年第 6 期。

彭希哲、赵德余、郭秀云：《户籍制度改革的政治经济学思考》，《复旦学报》（社会科学版）2009 年第 3 期。

齐兰兰、周素红、古杰：《医学地理学发展趋势及当前热点》，《地理科学进展》2013 年第 8 期。

齐良书、李子奈：《与收入相关的健康和医疗服务利用流动性》，《经济研究》2011 年第 9 期。

齐亚强等：《我国人口流动中的健康选择机制研究》，《人口研究》2012 年第 1 期。

齐亚强：《自评一般健康的信度和效度分析》，《社会》2014 年第 6 期。

邱培媛、杨洋、吴芳等：《国内外流动人口心理健康研究进展及启示》，《中国心理卫生杂志》2010 年第 1 期。

邱婴芝、陈宏胜、李志刚等：《基于邻里效应视角的城市居民心理健康影响因素研究——以广州市为例》，《地理科学进展》2019 年第 2 期。

任焰、梁宏：《资本主导与社会主导——“珠三角”农民工居住状况分析》，《人口研究》2009 年第 2 期。

沈建法：《中国人口迁移、流动人口与城市化》，《地理科学》2019 年第 1 期。

邵长龙、秦立建：《完善我国农民工基本医疗保险制度的研究》，《价格理论与实践》2013 年第 2 期。

宋全成、张倩：《中国老年流动人口健康状况及影响因素研究》，《中国人口科学》2018 年第 4 期。

宋月萍、李龙：《新生代农民工婚恋及生殖健康问题探析》，《中州学刊》2015 年第 1 期。

孙博文、李雪松、伍新木：《社会资本的健康促进效应研究》，《中国人口科学》2016 年第 6 期。

孙斌栋、阎宏、张婷麟：《社区建成环境对健康的影响——基于居民个体超重的实证研究》，《地理学报》2016年第10期。

孙斌栋、吴江洁、尹春等：《通勤时耗对居民健康的影响——来自中国家庭追踪调查的证据》，《城市发展研究》2019年第3期。

孙秀林、施润华：《社区差异与环境正义——基于上海市社区调查的研究》，《国家行政学院学报》2016年第6期。

孙秀林、顾艳霞：《中国大都市外来人口的居住隔离分析——以上海为例》，《东南大学学报》（哲学社会科学版）2017年第4期。

孙秀林、施润华、顾艳霞：《居住隔离指数回顾：方法、计算、示例》，《山东社会科学》2017年第12期。

孙伟增、郑思齐：《住房与幸福感：从住房价值、产权类型和入市时间视角的分析》，《经济问题探索》2013年第3期。

唐有财、侯秋宇：《身份、场域和认同：流动人口的社区参与及其影响机制研究》，《华东理工大学学报》（社会科学版）2017年第3期。

田北海、耿宇瀚：《农民工与市民的社会交往及其对农民工心理融入的影响研究》，《学习与实践》2013年第7期。

田莉、王博祎、欧阳伟等：《外来与本地社区公共服务设施供应的比较研究——基于空间剥夺的视角》，《城市规划》2017年第3期。

田明：《农业转移人口空间流动与城市融入》，《人口研究》2013年第4期。

田毅鹏、齐苗苗：《城乡接合部“社会样态”的再探讨》，《山东社会科学》2014年第6期。

陶印华、申悦：《医疗设施可达性空间差异及其影响因素——基于上海市户籍与流动人口的对比》，《地理科学进展》2018年第8期。

宛恬伊：《新生代农民工的居住水平与住房消费——基于代际视角的比较分析》，《中国青年研究》2010年第5期。

王春光：《新生代农村流动人口的社会认同与城乡融合的关系》，《社会学研究》2001年第3期。

王春光：《农村流动人口的“半城市化”问题研究》，《社会学研究》2006年第5期。

王德、顾晶：《上海市流动人口的公共设施使用特征——以虹锦社区为例》，《城市规划学刊》2010年第4期。

王桂新、苏晓馨、文鸣：《城市外来人口居住条件对其健康影响之考察——以上海为例》，《人口研究》2011 年第 2 期。

王桂新、张得志：《上海外来人口生存状态与社会融合研究》，《人口与发展》2006 年第 5 期。

王海涛、范向华：《住房与健康》，《环境与健康杂志》2005 年第 4 期。

王培刚、陈心广：《社会资本、社会融合与健康获得——以城市流动人口为例》，《华中科技大学学报》（社会科学版）2015 年第 3 期。

王兴中：《社会地理学社会——文化转型的内涵与研究前沿方向》，《人文地理》2004 年第 1 期。

王兴中、王立、谢利娟等：《国外对空间剥夺及其城市社区资源剥夺水平研究的现状与趋势》，《人文地理》2008 年第 6 期。

王洋、金利霞、张虹鸥等：《广州市居民住房条件的空间分异格局与形成机制》，《地理科学》2017 年第 6 期。

王玉君、杨文辉、刘志林：《进城务工人员的住房变动及其影响因素——基于十二城市问卷调查的实证分析》，《人口研究》2014 年第 4 期。

王志理、王如松：《流动人口城市居住生态及其政策分析》，《中国人口·资源与环境》2012 年第 S1 期。

王宗萍、邹湘江：《新生代流动人口住房状况研究——兼与老生代的比较》，《中国青年研究》2013 年第 8 期。

汪坤、刘臻、何深静：《广州封闭社区居民社区依恋及其影响因素》，《热带地理》2015 年第 3 期。

魏立华、阎小培：《中国经济发达地区城市非正式移民聚居区——“城中村”的形成与演进——以珠江三角洲诸城市为例》，《管理世界》2005 年第 8 期。

魏立华、刘玉亭：《转型期中国城市“社会空间问题”的研究述评》，《国际城市规划》2010 年第 6 期。

吴江洁、孙斌栋：《发达国家通勤影响个人健康的研究综述与展望》，《世界地理研究》2016 年第 3 期。

吴启焰、张京祥、朱喜钢：《现代中国城市居住空间分异机制的理论研究》，《人文地理》2002 年第 3 期。

吴敏、段成荣、朱晓：《高龄农民工的心理健康及其社会支持机制》，

《人口学刊》2016年第4期。

吴瑞君：《关于流动人口涵义的探索》，《人口与经济》1990年第3期。

吴蓉、黄旭、刘晔等：《广州城市居民地方依恋测度与机理》，《地理学报》2019年第2期。

吴蓉、黄旭、刘晔等：《地方依恋对城市居民社区参与的影响研究——以广州为例》，《地理科学》2019年第5期。

吴晓：《城市中的“农村社区”——流动人口聚居区的现状与整合研究》，《城市规划》2001年第12期。

吴晓瑜、李力行：《城镇化如何影响了居民的健康》，《南开经济研究》2014年第6期。

吴维平、王汉生：《寄居大都市：京沪两地流动人口住房现状分析》，《社会学研究》2002年第3期。

肖扬、陈颂、汪鑫、黄建中：《全球城市视角下上海新移民居住空间分异研究》，《城市规划》2016年第3期。

肖云、邓睿：《新生代农民工城市社区融入困境分析》，《华南农业大学学报》（社会科学版）2015年第1期。

熊景维：《我国进城农民工城市住房问题研究》，博士学位论文，武汉大学，2013年。

熊景维、季俊含：《农民工城市住房的流动性约束及其理性选择——来自武汉市628个家庭户样本的证据》，《经济体制改革》2018年第1期。

徐道稳：《农民工工伤状况及其参保意愿调查》，《中国人口科学》2009年第1期。

许传新：《“落地未生根”——新生代农民工城市社会适应研究》，《南方人口》2007年第4期。

杨肖丽、韩洪云、王秋兵：《代际视角下农民工居住环境影响因素研究——基于辽宁省的抽样调查》，《中南财经政法大学学报》2015年第4期。

杨菊华、朱格：《心仪而行离：流动人口与本地市民居住隔离研究》，《山东社会科学》2016年第1期。

杨菊华：《中国流动人口的社会融入研究》，《中国社会科学》2015年第2期。

杨菊华：《制度要素与流动人口的住房保障》，《人口研究》2018年第1期。

杨林生、李海蓉、李永华等：《医学地理和环境健康研究的主要领域与进展》，《地理科学进展》2010年第1期。

杨敏：《作为国家治理单元的社区——对城市社区建设运动过程中居民社区参与和社区认知的个案研究》，《社会学研究》2007年第4期。

杨巧、杨扬长：《租房还是买房——什么影响了流动人口住房选择?》，《人口与经济》2018年第6期。

杨上广、王春兰：《大城市社会空间演变态势剖析与治理反思——基于上海的调查与思考》，《公共管理学报》2010年第1期。

杨洋、周玉锦、邱培媛：《欧美学术界有关城市空间分异对于健康影响的研究综述》，《中国社会医学杂志》2013年第3期。

姚华松、薛德升、许学强：《1990年以来西方城市社会地理学研究进展》，《人文地理》2007年第3期。

叶旭军、施卫星、李鲁：《城市外来农民工的健康状况与政策建议》，《中华医院管理杂志》2004年第9期。

易龙飞、朱浩：《流动人口居住质量与其健康的关系——基于中国15个大中城市的实证分析》，《城市问题》2015年第8期。

于一凡、胡玉婷：《社区建成环境健康影响的国际研究进展——基于体力活动研究视角的文献综述和思考》，《建筑学报》2017年第2期。

俞林伟、朱宇：《居住隔离对流动人口健康的影响——基于2014年流动人口动态监测数据的分析》，《山东社会科学》2018年第6期。

俞林伟：《居住条件、工作环境对新生代农民工健康的影响》，《浙江社会科学》2016年第5期。

俞林伟：《以居住融合促进流动人口健康水平提升》，《中国人口报》2018年9月24日。

苑会娜：《进城农民工的健康与收入——来自北京市农民工调查的证据》，《管理世界》2009年第5期。

袁媛、许学强：《广州市流动人口居住隔离及影响因素研究》，《人文地理》2008年第5期。

袁媛、林静、谢磊：《近15年来国外居民健康的邻里影响研究进展——基于CiteSpace软件的可视化分析》，《热带地理》2018年第3期。

詹绍康、叶喜福、庄幼宪等：《上海市闵行区外来人口孕产期保健问题与对策研究》，《中国公共卫生》1999 年第 10 期。

曾锐、唐国安：《拥挤空中的居住行为分析——以深圳城中村为例》，《中外建筑》2011 年第 6 期。

曾贱吉、欧晓明：《农民工公共卫生状况调查——以珠三角地区为例》，《城市问题》2014 年第 11 期。

湛东升、张文忠、党云晓等：《中国流动人口的城市宜居性感知及其对定居意愿的影响》，《地理科学进展》2017 年第 10 期。

翟振武、侯佳伟：《北京市外来人口聚集区：模式和发展趋势》，《人口研究》2010 年第 1 期。

张少尧、时振钦、宋雪茜等：《城市流动人口居住自选择中的空间权衡分析——以成都市为例》，《地理研究》2018 年第 12 期。

张文宏、刘琳：《城市移民与本地居民的居住隔离及其对社会融合度评价的影响》，《江海学刊》2015 年第 6 期。

张延吉、秦波、唐杰：《基于倾向值匹配法的城市建成环境对居民生理健康的影响》，《地理学报》2018 年第 2 期。

张瑜、仝德、［加拿大］Ian MacLACHLAN：《非户籍与户籍人口居住空间分异的多维度解析——以深圳为例》，《地理研究》2018 年第 12 期。

张子珩：《中国流动人口居住问题研究》，《人口学刊》2005 年第 2 期。

赵宏波、冯渊博、董冠鹏等：《大城市居民自评健康与环境危害感知的空间差异及影响因素——基于郑州市区的实证研究》，《地理科学进展》2018 年第 12 期。

赵晔琴：《“居住权”与市民待遇：城市改造中的“第四方群体”》，《社会学研究》2008 年第 2 期。

郑广怀：《迈向对员工精神健康的社会学理解》，《社会学研究》2010 年第 6 期。

郑思齐、曹洋：《农民工的住房问题：从经济增长与社会融合角度的研究》，《广东社会科学》2009 年第 5 期。

郑思齐、廖俊平、任荣荣等：《农民工住房政策与经济增长》，《经济研究》2011 年第 2 期。

郑晓瑛、宋新明：《人口健康与健康生态学模式》，《世界环境》2010

年第 4 期。

郑真真、连鹏灵:《劳动力流动与流动人口健康问题》,《中国劳动经济学》2006 年第 1 期。

周菲:《城市农民工收入与健康:职业地位的影响》,《经济论坛》2009 年第 22 期。

周春山、陈素素、罗彦:《广州市建成区住房空间结构及其成因》,《地理研究》2005 年第 1 期。

周春山、叶昌东:《中国城市空间结构研究评述》,《地理科学进展》2013 年第 7 期。

周大鸣:《外来工与“二元社区”——珠江三角洲的考察》,《中山大学学报》(社会科学版)2000 年第 2 期。

周建华、周倩:《高房价背景下农民工居住空间的分异——以长沙市为例》,《城市问题》2013 年第 8 期。

周素红、何嘉明:《郊区化背景下居民健身活动时空约束对心理健康影响——以广州为例》,《地理科学进展》2017 年第 10 期。

周小刚、陆铭:《移民的健康:中国的成就还是遗憾》,《经济学报》2016 年第 3 期。

朱荟:《社会资本与心理健康:因果方向检定和作用路径构建》,《人口与发展》2015 年第 6 期。

朱竑、李如铁、苏斌原:《微观视角下的移民地方感及其影响因素——以广州市城中村移民为例》,《地理学报》2016 年第 4 期。

朱磊:《农民工的“无根性居住”概念建构与解释逻辑》,《山东社会科学》2014 年第 1 期。

朱胜进、唐世明:《新生代农民工身心健康状况及对策“用工荒”关系分析》,《浙江学刊》2011 年第 6 期。

朱伟珏:《社会资本与老龄健康——基于上海市社区综合调查数据的实证研究》,《社会科学》2015 年第 5 期。

祝仲坤:《农民工住房公积金制度的“困境摆脱”》,《改革》2016 年第 7 期。

四 英文文献

Acevedo-Garcia, D., and Lochner, K. A., et al., “Future Directions in

Residential Segregation and Health Research：A Multilevel Approach”，*American Journal of Public Health*，2003，Vol. 93，No. 2，2003.

Agudelosuárez A.，Gilgonzález D.，and Rondapérez E.，et al.，“Discrimination，Work and Health in Immigrant Populations in Spain”，*Social Science & Medicine*，Vol. 68，No. 10，2009.

Anderson，K. F.，and Fullerton，A. S.，“Residential Segregation，Health，and Health Care：Answering the Latino Question”，*Race and Social Problems*，Vol. 6，No. 3，2014.

Aneshensel C. S.，and Sucoff C. A.，“The Neighborhood Context of Adolescent Mental Health”，*Journal of Health & Social Behavior*，Vol. 37，No. 4，1996.

Arcury T. A.，Trejo G.，and Suerken C. K.，et al.，“Housing and Neighborhood Characteristics and Latino Farmworker Family Well－being”，*Journal of Immigrant and Minority Health*，Vol. 17，No. 5，2015.

Baker E.，Mason K.，and Bentley R.，et al.，“Exploring The Bi－directional Relationship between Health and Housing in Australia”，*Urban Policy and Research*，Vol. 32，No. 1，2014.

Baker E.，Lester L. H.，and Bentley R.，et al.，“Poor Housing Quality：Prevalence and Health Effects”，*Journal of Prevention & Intervention in the Commmunity*，Vol. 44，2016.

Bakian A. V.，Huber R. S.，and Coon H.，et al.，“Acute Air Pollution Exposure and Risk of Suicide Completion”，*American Journal of Epidemiology*，Vol. 181，No. 5，2015.

Balfour J. L.，and Kaplan G. A.，“Neighborhood Environment and Loss of Physical Function in Older Adults：Evidence from the Alameda County Study”，*American Journal of Epidemiology*，Vol. 155，No. 6，2002.

Banks K. H.，Kohn－wood L. P.，and Spencer，“An Examination of the African American Experience of Everyday Discrimination and Symptoms of Psychological Distress”，*Community Mental Health Journal*，Vol. 42，No. 6，2006.

Bathum M. E.，and Baumann L. C.，“A Sense of Community among Immigrant Latinas”，*Family & Community Health*，Vol. 30，No. 3，2007.

Bentley R. J.，Pevalin D.，and Baker E.，et al.，“Housing

Affordability, Tenure and Mental Health in Australia and the United Kingdom: A Comparative Panel Analysis", *Housing Studies*, Vol. 31, No. 2, 2016.

Berger M., and Messer J., "Public Financing of Health Expenditures, Insurance, and Health Outcomes", *Applied Economics*, Vol. 34, No. 17, 2002.

Blenkner M., "Environmental Change and the Aging Individual", *Gerontologist*, Vol. 20, No. 2, 1967.

Bonnefoy X., "Inadequate Housing and Health: An Overview", *International Journal Environment & Pollution*, Vol. 30, No. 3/4, 2007.

Bond L., Kearns A., and Mason P., et al., "Exploring the Relationships between Housing, Neighbourhoods and Mental Wellbeing for Residents of Deprived Areas", *BMC Public Health*, Vol. 12, No. 1, 2012.

Boreham R., Stafford M., and Taylor R., eds., *Health Survey for England 2000: Social Capital and Health*, London: The Stationery Office, 2002.

Clark W. A. V., Cadwallader M., "Residential Preferences: An Alternate View of Intraurban Space", *Environment and Planning A*, Vol. 5, No. 6, 1973.

Chaix B., "Geographic Life Environments and Coronary Heart Disease: A Literature Review, Theoretical Contributions, Methodological Updates, and A Research Agenda", *Social Science Electronic Publishing*, Vol. 30, No. 1, 2009.

Charles C. Z., "The Dynamics of Racial Residential Segregation", *Annual Review of Sociology*, Vol. 29, 2003.

Chen J., "Internal Migration and Health: Re-examining the Healthy Migrant Phenomenon in China", *Social Science & Medicine*, Vol. 72, No. 8, 2011.

Chen J., "Perceived Disrimination and Subjective Well-being among Rural-to-Urban Migrants in China", *The Journal of Sociology & Social Welfare*, Vol. 40, No. 1, 2013.

Chen J., Chen S., and Landry P. F., et al., "How Dynamics of Urbanization Affect Physical and Mental Health in Urban China", *The China Quarterly*, Vol. 220, No. 4, 2014.

Chen J., and Chen S., "Mental Health Effects of Perceived Living Environment and Neighborhood Safety in Urbanizing China", *Habitat International*, Vol. 46, 2015.

Chen Y. Y., Wong G. H., and Lum T. Y., et al., "Neighborhood Support Network, Perceived Proximity to Community Facilities and Depressive Symptoms among Low Socioeconomic Status Chinese Elders", *Aging & Mental Health*, Vol. 20, No. 4, 2015.

Chen H., Zhu Z., and Sun D., et al., "The Physical and Psychological Health of Migrants in Guangzhou, China: How does Neighborhood Matter?" *The Journal of Health Care Organization, Provision, and Financing*, Vol.53, 2016.

Chuang Y. C., Li Y. S., and Wu Y. H., et al., "A Multilevel Analysis of Neighborhood and Individual Effects on Individual Smoking and Drinking in Taiwan", *BMC Public Health*, Vol. 7, No. 1, 2007.

Cohen B., "Social Determinants of Health: Canadian Perspectives", *Canadian Journal of Public Health*, Vol. 96, No. 5, 2005.

Coleman J. S., "Social Capital in the Creation of Human Capital", *American Journal of Sociology*, Vol. 94, 1988.

Cohen S., Williamson G. M., "Stress and Infectious Disease in Humans", *Psychological Bulletin*, Vol. 109, No. 5, 1991.

Constant A. F., Roberts R., and Zimmermann K. F., "Ethnic Identity and Immigrant Homeownership", *Urban Studies*, Vol. 46, No. 9, 2009.

Coulson N. E., "Why Are Hispanic- and Asian-American Homeownership Rates So Low: Immigration and Other Factors", *Journal of Urban Economics*, Vol. 45, No. 2, 1999.

Cox M., Boyle P. J., and Davey P. G., et al., "Locality Deprivation and Type 2 Diabetes Incidence: A Local Test of Relative Inequalities", *Social Science & Medicine*, Vol. 65, No. 9, 2007.

Coyne J. C., and Downey G., "Social Factors and Psychopathology: Stress, Social Support, and Coping Processes", *Annual Review of Psychology*, Vol. 42, No. 1, 1991.

Crowder K., and South S. J., "Spatial Dynamics of White Flight: the Effects of Local and Extra-Local Racial Conditions on Neighborhood Out-Migration", *American Sociological Review*, Vol. 73, No. 5, 2008.

Cuesta M. B., and Budría S., "Income Deprivation and Mental Well-being: the Role of Non - Cognitive Skills", *Economics & Human Biology*, Vol. 17, 2015.

Cummins S., Curtis S., and Diez-Roux A. V., et al., "Understanding and Representing Place in Health Research: A Relational Approach", *Social Science & Medicine*, Vol. 65, No. 9, 2007.

Emile D., ed., *The Social Element of Suicide*, New Yok: Free Press, 1897.

Dalgard O. S., and Tambs K., "Urban Environment and Mental Health—A Longitudinal Study", *British Journal of Psychiatry*, Vol. 171, No. 6, 2018.

Diez-Roux A. V., Nieto F. J., and Muntaner C., et al., "Neighborhood Environments and Coronary Heart Disease: A Multilevel Analysis", *American Journal of Epidemiology*, Vol. 146, No. 1, 1997.

Diez-Roux A. V., and Mair C., "Neighborhoods and Health", *Annals of the New York Academy of Sciences*, Vol. 1186, No. 1, 2010.

Diez - Roux A. V., "Investigating Neighborhood and Area Effects on Health", *American Journal of Public Health*, Vol. 91, No. 11, 2001.

Do, D. P., and Finch, B. K., et al., "Does Place Explain Racial Health Disparities? Quantifying the Contribution of Residential Context to the Black/White Health Gap in the United States", *Social Science & Medicine*, Vol. 67, 2008.

Doyle S., Kelly-Schwartz A., and Schlossberg M., et al., "Active Community Environments and Health: the Relationship of Walkable and Safe Communities to Individual Health", *Journal of the American Planning Association*, Vol. 72, No. 1, 2006.

Du H., and Li S. M., "Migrants, Urban Villages, and Community Sentiments: A Case of Guangzhou, China", *Asian Geographer*, Vol. 27, 2010.

Du H., and Li S. M., Hao P., "Anyway, You Are An Outsider: Temporary Migrants in Urban China", *Urban Studies*, Vol. 55, No. 14, 2017.

Duncan O. D., and Duncan B., "Residential Distribution and Occupational Stratification", *American Journal of Sociology*, Vol. 60, No. 5, 1955.

Dunn, R. J., and Hayes M. V., "Social Inequality, Population Health, and Housing: A Study of Two Vancouver Neighborhoods", *Social Science & Medicine*, No. 51, 2000.

Dunn, R. J., "Housing and Inequalities in Health: A Study of Socioeconomic Dimensions of Housing and Self-reported Health from a Survey of Vancouver Residents", *Journal of Epidemiology & Community Health*, Vol. 56, No. 9, 2002.

Dunn R. J., "Housing, Neighborhoods and Health", *International Encyclopedia of Human Geography*, No. 5, 2009.

Eibner C., Sturn R., and Gresenz C. R., "Does Relative Deprivation Predict the Need for Mental Health Services?" *Journal of Mental Health Policy & Economics*, Vol. 7, No. 4, 2004.

Eibner C., and Evans W. N., "Relative Deprivation, Poor Health Habits, and Mortality", *Journal of Human Resources*, No. 3, 2005.

Ellen I. G., and Turner M. A., "Does Neighborhood Matter? Assessing Recent Evidence", *Housing Policy Debate*, Vol. 8, No. 4, 1997.

Estabrooks P. A., Lee R. E., and Gyurcsik N. C., "Resources for Physical Activity Participation: Does Availability and Accessibility Differ by Neighborhood Socioeconomic Status", *Annals of Behavioral Medicine*, Vol. 25, No. 2, 2003.

Evans G. W., and Kantrowitz E., "Socioeconomic Status and Health: the Potential Role of Environmental Risk Exposure", *Annual Review of Public Health*, Vol. 23, No. 1, 2002.

Evans G. W., "The Built Environment and Mental Health", *Journal of Urban Health - bulletin of the New York Academy of Medicine*, Vol. 80, No. 4, 2003.

Evans G. W., Wells N. M., and Moch A., "Housing and Mental Health: A Review of the Evidence and Methodological and Conceptual Critique", *Journal of Social Issues*, Vol. 59, No. 3, 2003.

Ewing R., "Travel and the Built Environment: A Synthesis", *Transportation Research Record*, Vol. 1780, No. 1, 2001.

Fan, C. C., "Migration and Labor Market Returns in Uban China: Results from A Rcent Survey in Guangzhou", *Environment and Planning A*, No. 3, 2001.

Fan Y., Das K. V., and Chen Q., "Neighborhood Green, Social Support, Physical Activity, and Stress: Assessing the Cumulative Impact",

Health & Place, Vol. 17, No. 6, 2011.

Findley S. E., "The Directionality and Age Selectivity of the Health-migration Relation: Evidence from Sequences of Disability and Mobility in the United States", *International Migration Review*, Vol. 22, No. 3, 1988.

Fitzpatrick K., and Lagory M., eds., *Unhealthy Places: the Ecology of Risk in the Urban Landscape*, New York: Routledge, 2000.

Florida R., Mellander C., and Rentfow P. J., "The Happiness of Cities", *Regional Studies*, Vol. 47, No. 4, 2013.

Forst S. S., Goins R. T., and Hunter R. H., et al., "Effects of the Built Environment on Physical Activity of Adults Living in Rural Settings", *American Journal of Health Promotion*, Vol. 24, No. 4, 2010.

Franzini L., and Spears W., "Contributions of Social Context to Inequalities in Years of Life Lost to Heart Disease in Texas, USA", *Social Science & Medicine*, Vol. 57, No. 10, 2003.

Frost, S. S., Goins, R. T., and Hunter, R. H., et al., "Effects of the Built Environment on Physical Activity of Adults Living in Rural Settings", *American Journal of Health Promotion*, Vol. 24, No. 4, 2010.

Forrest R., "Who Cares about Neighborhoods?" *International Social Science Journal*, Vol. 59, No. 191, 2010.

Fuller T. D., Edwards J. N., and Sermsri S., et al., "Housing, Stress, and Physical Well-being: Evidence from Thailand", *Social Science & Medicine*, Vol. 36, No. 11, 1993.

Fuller-Thomson, E., Hulchanski, J. D., and Hwang, S., "The Housing/Health Relationship: What do We Know?" *Reviews on Environmental Health*, Vol. 15, No. 1/2, 2000.

Gee G. C., Spencer M. C., and Chen J., et al., "Racial Discrimination and Health among Asian Americans: Evidence, Assessments, and Directions for Future Research", *Epidemiological Reviews*, Vol. 31, No. 1, 2009.

Geelen L. M. J., Huijbregts M. A. J., and Hollander H. D., et al., "Confronting Environmental Pressure, Environmental Quality and Human Health Impact Indicators of Priority Air Emissions", *Atmospheric Environment*, Vol. 43, No. 9, 2009.

Gerdtham U. G., and Johannesson M., "Absolute Income, Relative Income, Income Inequality, and Mortality", *Journal of Human Resources*, Vol. 15, No. 1, 2004.

Gibbons, J., and Yang, T. C., "Self-Rated Health and Residential Segregation: How does Race/Ethnicity Matter?" *Journal of Urban Health*, Vol. 91, No. 4, 2014.

Gibson M., Petticrew M., and Bambra C., et al., "Housing and Health Inequalities: A Synthesis of Systematic Reviews of Interventions Aimed at Different Pathways Linking Housing and Health", *Health & Place*, Vol. 17, No. 1, 2010.

Goldman N., Pebley A. R., and Greighton M. J., et al., "The Consequences of Migration to the United States for Short-Term Changes in the Health of Mexican Immigrants", *Demography*, Vol. 51, No. 4, 2014.

Grier, S. A., and Kumanyika, S. K., "The Context for Choice: Health Implications of Targeted Food and Beverage Marketing to African Americans", *American Journal of Public Health*, 2008, Vol. 98, No. 9, 2008.

Grootaert C., and Van Bastelaer T., eds., *Understanding and Measuring Social Capital*, New York: World Bank, 2002.

Gu D., Zhu H., and Wen M., "Neighborhood - Health Links: Differences between Rural-to-Urban Migrants and Natives in Shanghai", *Demographic Research*, Vol. 33, No. 1, 2015.

Guite H. F., Clark C., and Ackrill G., "The Impact of the Physical and Urban Environment on Mental Well - being", *Public Health*, Vol. 120, No. 12, 2006.

Habib R. R., Mahfoud Z., and Fawaz M., et al., "Housing Quality and Ill Health in A Disadvantaged Urban Community", *Public Health*, Vol. 123, No. 2, 2009.

Haines V. A., Hurlbert J. S., and Beggs J. J., "Exploring the Determinants of Support Provision: Provider Characteristics, Personal Networks, Community Contexts, and Support Following Life Events", *Journal of Health & Social Behavior*, Vol. 37, No. 3, 1996.

Hart J. E., and Laden F., "Ischaemic Heart Disease Mortality and Years of Work in Trucking Industry Workers", *Occupational & Environmental Medicine*, Vol. 70, No. 8, 2013.

Hansson E., Mattisson K., and Björk J., et al., "Relationship between Commuting and Health Outcomes in A Cross - Sectional Population Survey in Southern Sweden", *BMC Public Health*, Vol. 11, No. 1, 2011.

Havard S., Reich B. J., and Bean K., et al., "Social Inequalities in Residential Exposure to Road Traffic Noise: An Environmental Justice Analysis Based on the Record Cohort Study", *Occupational & Environmental Medicine*, Vol. 68, No. 5, 2011.

Hawley A. H. , ed., *Human Ecology: A Theory of Community Structure*, Berlin: The Roland Press, 1950.

Hays, R. A., and Kogl, A. M., "Neighborhood Attachment, Social Capital Building, and Political Participation: A Case Study of Low and Moderate Income Residents of Waterloo, Iowa", *Journal of Urban Affairs*, Vol. 29, No. 2, 2010.

He, S., Liu Y., and Wu F. et al., "Social Groups and Housing Differentiation in China's Urban Villages: An Institutional Interpretation", *Housing Studies*, Vol. 25, No. 5, 2010.

Heidrich J., Liese A. D., and Löwel H., et al., "Self-Rated Health and Its Relation to All - Cause and Cardiovascular Mortality in Southern Germany. Results from the Monica Augsburg Cohort Study 1984 - 1995", *Annals of Epidemiology*, Vol. 12, No. 5, 2002.

Hillery G. A., "Definitions of Community: Areas of Agreement", *Rural Sociology*, Vol. 20, No. 2, 1955.

Howden-Chapman P., "Housing Standards: A Glossary of Housing and Health", *Journal of Epidemiology & Community Health*, Vol. 58, No. 3, 2004.

Howden - Chapman P., Chandola T., and Stafford M., et al., "The Effect of Housing on the Mental Health of Older People: the Impact of Lifetime Housing History in Whitehall Ⅱ", *BMC Public Health*, No. 11, 2011.

Hu X., Cook S., and Salazar M. A., "Internal Migration and Health in China", *Lancet*, Vol. 373, No. 51, 2008.

Hu Y., and Coulter R., "Living Space and Psychological Well-being in

Urban China: Differentiated Relationships across Socio-Economic Gradients", *Environment & Planning A*, Vol. 49, No. 4, 2017.

Hui E. C. M., Yu K. H., and Ye Y., "Housing Preferences of Temporary Migrants in Urban China in the Wake of Gradual Hukou Reform: A Case Study of Shenzhen", *International Journal of Urban & Regional Research*, Vol. 38, No. 4, 2014.

Hunter L. M., "The Spatial Association between U. S. Immigrant Residential Concentration and Environmental Hazards", *International Migration Review*, Vol. 34, No. 2, 2000.

Jasso G., Douglas S. M., and Mark R., et al., *Immigrant Health: Selectivity and Acculturation in : Critical Perspectives on Racial and Ethnic Differences in Health in Late Life*, National Research Council, 2004.

Jayne M., and Leung H. H., "Embodying Chinese Urbanism: Towards A Research Agenda", *Area*, Vol. 46, No. 3, 2014.

Jin L., Wen M., and Fan J. X., et al., "Trans-Local Ties, local Ties and Psychological Well-being among Rural-to-Urban Migrants in Shanghai", *Social Science & Medicine*, Vol. 75, No. 2, 2012.

Jordan K., Krivokapic - Skoko B., and Collins J., "The Ethnic Landscape of Rural Australia: Non-Anglo-Celtic Immigrant Communities and the Built Environment", *Journal of Rural Studies*, Vol. 25, No. 4, 2009.

Kawachi I., and Bruce P. K. and Roberta, "Social Capital and Self-Rated Health: A Contextual Analysis ", *American Journal of Public Health*, Vol. 89, No. 8, 1999.

Kawachi I., Subramanian S. V., and Kim D., *Social Capital and Health*, New York: Springer, 2008.

Kawachi I., and Berkman L., eds., *Neighborhood and Health*, London: Oxford University Press, 2003.

Karien Dekker, "Social Capital, Neighborhood Attachment and Participation in Distressed Urban Areas: A Case Study in The Hague and Utrecht, the Netherlands", *Housing Studies*, Vol. 22, No. 3, 2007.

Katz L. F., Kling J. R., and Liebman J. B., "Moving to Opportunity in Boston: Early Results of A Randomized Mobility Experiment", *Quarterly Jour-*

nal of Economics, Vol. 116, No. 2, 2000.

Kearns A., and Forrest R., "Social Cohesion and Multilevel Urban Governance", *Urban Studies*, Vol. 37, No. 5/6, 2000.

Kearns R. A., "Place and Health: Towards A Reformed Medical Geography", *Professional Geographer*, Vol. 45, No. 2, 2010.

Kempen R. V., and Ozuekren A. S., "Ethnic Segregation in Cities: New Forms and Explanations in a Dynamic World", *Urban Studies*, Vol. 35, No. 10, 1998.

Krieger J., and Higgins D. L., "Housing and Health: Time again for Public Health Action", *American Journal of Public Health*, Vol. 92, No. 5, 2002.

Kwan, Mei-Po, "The Uncertain Geographic Context Problem", *Annals of the Association of American Geographers*, Vol. 102, No. 5, 2012.

Labovitz S., "Criteria for Selecting A Significance Level: A Note on the Sacredness of 0. 05", *The American Sociologist*, Vol. 3, No. 3, 1968.

Lee, M. A., "Neighborhood Residential Segregation and Mental Health: A Multilevel Analysis on Hispanic Americans in Chicago", *Social Science & Medicine*, Vol. 68, No. 11, 2009.

Leavitt J., and Loukaitou-Sideris A., "A Decent Home and A Suitable Environment: Dilemmas of Public Housing Residents in Los Angeles", *Journal of Architectural & Planning Research*, Vol. 12, No. 3, 1995.

Leventhal T., and Brooks-Gunn J., "Moving to Opportunity: An Experimental Study of Neighborhood Effects on Mental Health", *American Journal of Public Health*, Vol. 93, No. 9, 2003.

Li J., and Rose N., "Urban Social Exclusion and Mental Health of China's Rural-Urban Migrants: A Review and Call for Research", *Health & Place*, No. 48, 2017.

Li J., and Liu Z., "Housing Stress and Mental Health of Migrant Populations in Urban China", *Cities*, No. 81, 2018.

Li L., Wang H., and Ye X., et al., "The Mental Health Status of Chinese Rural-Urban Migrant Workers", *Social Psychiatry & Psychiatric Epidemiology*, Vol. 42, No. 9, 2007.

Li Z., and Wu F., "Residential Satisfaction in China's Informal Settlements: A Case Study of Beijing, Shanghai, and Guangzhou", *Urban Geography*, Vol. 34, No. 7, 2013.

Liebkind K., and Jasinskaja-Lahti I., "The Influence of Experiences of Discrimination on psychological Stress: A Comparison of Seven Immigrant Groups", *Journal of Community and Applied Social Psychology*, Vol. 10, No. 1, 2000.

Lin S. N., and Gaubatz P., "New Wenzhou: Migration, Metropolitan Spatial Development and Modernity in A Third-Tier Chinese Model City", *Habitat International*, No. 50, 2015.

Lin S., and Gaubatz P., "Socio-Spatial Segregation in China and Migrants' Everyday Life Experiences: the Case of Wenzhou", *Urban Geography*, Vol. 38, No. 7, 2017.

Lin S. N., and Li Z. G., "Residential Satisfaction of Migrants in Wenzhou, An 'Ordinary City' of China", *Habitat International*, No. 66, 2017.

Liu R., and Wong T. C., "Urban Village Redevelopment in Beijing: The State-Dominated Formalization of Informal Housing", *Cities*, No. 72, 2018.

Liu Y., Li Z. G., and Breitung W., "The Social Network of New-Generation Migrants in China's Urbanized Villages: A Case Study of Guangzhou", *Habitat International*, Vol. 36, No. 1, 2012.

Liu Y., Zhang F., and Wu F., et al., "The Subjective Wellbeing of Migrants in Guangzhou, China: The Impacts of the Social and Physical Environment", *Cities*, No. 60, 2017.

Liu Y., Dijst M., and Faber J., et al., "Healthy Urban Living: Residential Environment and Health of Older Adults in Shanghai", *Health & Place*, No. 47, 2017.

Liu Y., Zhang F., and Liu Y., et al., "Economic Disadvantage and Migrants' Subjective Well-being in China: The Mediating Effects of Relative Deprivation and Neighborhood Deprivation", *Population, Space and Place*, Vol. 25, No. 2, 2018.

Lu Y., "Test of the Healthy Migrant Hypothesis: A Longitudinal Analysis of Health Selectivity of Internal Migration in Indonesia", *Social Science & Medi-*

cine, Vol. 67, No. 8, 2008.

Lu Y., "Rural-Urban Migration and Health: Evidence from Longitudinal Data in Indonesia", *Social Science & Medicine*, Vol. 70, No. 3, 2010.

Lu Y., Hu P., and Treiman D. J., "Migration and Depressive Symptoms in Migrant-Sending Areas: Findings from the Survey of Internal Migration and Health in China", *International Journal of Public Health*, Vol. 57, No. 4, 2012.

Ludwig, J., Duncan, G. J., Gennetian, L. A. et al., "Neighborhood Effects on the Long - term Well - being of Low - income Adults", *Science*, Vol. 37, No. 6, 2012.

Ma J., Li C. J., and Kwan M. P., et al. "A Multilevel Analysis of Perceived Noise Pollution, Geographic Contexts and Mental Health in Beijing", *International Journal of Environmental Research and Public Health*, Vol. 15, No. 7, 2018.

Maass R., Kloeckner C. A., and Lindstr M. B., et al., "The Impact of Neighborhood Social Capital on Life Satisfaction and Self-rated Health: A Possible Pathway for Health Promotion?" *Health & Place*, No. 42, 2016.

Macintyre S., Ellaway A., and Cummins S., "Place Effects on Health: How Can We Conceptualise, Operationalise and Measure Them", *Social Science & Medicine*, Vol. 55, No. 1, 2002.

Malmberg B., Nielsen M. M., and Andersson E., et al., *Residential Segregation of European and Non - european Migrants in Sweden: 1990 - 2012*, Stockholm University, 2016.

Markevych I., Schoierer J., and Hartig T., et al., "Exploring Pathways Linking Green Space to Health: Theoretical An Methodological Guidance", *Environmental Research*, No. 158, 2017.

Massey D. S., and Denton N. A., "The Dimensions of Residential Segregation", *Social Forces*, Vol. 67, No. 2, 1988.

Massey D. S., and Denton, N. A., *American Apartheid: Segregation and the Making of the Underclass*, Boston: Harvard University Press, 1993.

Manzo, L. C., and Perkins, D. D., "Finding Common Ground: the Importance of Place Attachment to Community Participation and Planning", *Jour-*

nal of Planning Literature, Vol. 20, No. 4, 2006.

Marmot M. G., Bosma H., and Hemingway H., et al., "Contribution of Job Control and Other Risk Factors to Social Variations in Coronary Heart Disease Incidence", *Lancet*, Vol. 350, No. 3, 1997.

Matheson F. I., Moineddin R., and Glazier R. H., "The Weight of Place: A Multilevel Analysis of Gender, Neighborhood Material Deprivation, and Body Mass Index among Canadian Adults", *Social Science & Medicine*, Vol. 66, No. 3, 2008.

Mattissson K., Idris A. O., and Cromle E., et al., "Modelling the Association between Health Indicators and Commute Mode Choice: A Cross - sectional Study in Southern Sweden", *Journal of Transport & Health*, No. 11, 2018.

Mays V. M., Cochran S. D., and Barnes N. W., "Race, Race - Based Discrimination, and Health Outcomes among African Americans", *Annual Review of Psychology*, Vol. 58, No. 1, 2007.

Meyers A., Frank D. A., and Roos N., et al., "Housing Subsidies and Pediatric Under - Nutrition", *Archives of Pediatrics & Adolescent Medicine*, Vol. 149, No. 10, 1995.

Mohnen S. M., Volker B. Flap M., et al., "Health-related Behavior as a Mechanism behind the Relationship between Neighborhood Social Capital and Individual Health—A Multilevel Analysis", *BMC Public Health*, Vol. 12, No. 1, 2012.

Molnar B. E., Gortmaker S. L., and Bull F. C., et al., "Unsafe to Play? Neighborhood Disorder and Lack of Safety Predict Reduced Physical Activity among Urban Children and Adolescents", *American Journal of Health Promotion*, Vol. 18, No. 5, 2004.

Morenoff, J. D., Sampson, R. J., and Raudenbush, S. W., "Neighborhood Inequality, Collective Efficacy, and the Spatial Dynamics of Urban Violence", *Criminology*, Vol. 39, No. 3, 2001.

Moore M., Gould P., and Keary B. S., "Global Urbanization and Impact on Health", *International Journal of Hygiene and Environmental Health*, Vol. 206, No. 4/5, 2003.

Mossey J. M., and Shapiro E., "Self - rated Health: A Predictor of Mortality among the Elderly", *American Journal of Public Health*, Vol. 72, No. 8, 1982.

Mou J., Griffiths S. M., and Fong H., et al., "Health of China' Rural-Urban Migrants and Their Families: A Review of Literature from 2000 to 2012", *British Medical Bulletin*, No. 106, 2013.

Musterd S., and Ostendorf W., "Residential Segregation and Integration in the Netherlands", *Journal of Ethnic & Migration Studies*, Vol. 35, No. 9, 2009.

Nair C., and Karim R., "An Overview of Health Care Systems: Canada and Selected OECD Countries", *Health Reports*, Vol. 5, No. 3, 1993.

Nair C., Nargundkar M., and Johansen H., et al., "Canadian Cardio-vascular Disease Mortality: First Generation Immigrants Versus Canadian Born", *Health Reports*, Vol. 2, No. 3, 1990.

Nauman E., Vanlandingham M., and Anglewicz P., et al., "Rural-to-Urban Migration and Changes in Health among Young Adults in Thailand", *Demography*, Vol. 52, No. 1, 2015.

Nielsen T., and Hansen, K. B., "Do Green Areas Affect Health? Results from A Danish Survey on the Use of Green Areas and Health Indicators", *Health & Place*, 2007, Vol. 13, No. 4, 2007.

Nowok B., Van Ham M., and Findlay A. M., et al., "Does Migration Make You Happy? A Longitudinal Study of Internal Migration and Subjective Well-being", *Environment and Planning A*, Vol. 45, No. 4, 2013.

Nyqvist F., Pape B., and Pellfolk T., et al., "Structural and Cognitive Aspects of Social Capital and All-Cause Mortality: A Meta-analysis of Cohort Studies", *Social Indicators Research*, Vol. 116, No. 2, 2014.

O' Campo P., Salmon C., and Burke J., "Neighbourhoods and Mental Well-being: What are the Pathways?" *Health & Place*, Vol. 15, No. 1, 2009.

Owen N., and Leslie E., "Environmental Factors Associated with Adults' Participation in Physical Activity: A Review", *American Journal of Preventive Medicine*, Vol. 22, No. 3, 2002.

Olmos J. C. C., and Garrido Á. A., "African Immigrants in Almería (Spain): Spatial Segregation, Residential Conditions and Housing Segmentation",

Sociológia, Vol. 39, No. 6, 2007.

Ouyang, W., Wang, B., Tian, L., and Niu, X., " Spatial Deprivation of Urban Public Services in Migrant Enclaves under the Context of a Rapidly Urbanizing China: An evaluation based on suburban Shanghai", *Cities*, Vol. 60, No. 8, 2017.

Palloni A., and Arias E., "Paradox Lost: Explaining the Hispanic Adult Mortality Advantage", *Demography*, Vol. 41, No. 3, 2004.

Palmer N. A., Perkins D. D., and Xu Q., " Social Capital and Community Participation among Migrant Workers in China", *Journal of Community Psychology*, Vol. 39, No. 1, 2011.

Pascoe E. A., and Smart Richman L., "Perceived Discrimination and Health: A Meta-Analytic Review", *Psychological Bulletin*, Vol. 135, No. 4, 2009.

Pearlin L. I., Menaghan E. G., and Lieberman M. A., et al., " The Stress Process", *Journal of Health & Social Behavior*, Vol. 22, No. 4, 1981.

Perlin S. A., Wong D., and Sexton K., "Residential Proximity to Industrial Sources of Air Pollution: Interrelationships among Race, Poverty, and Age", *Journal of the Air & Waste Management Association*, Vol. 51, No. 3, 2001.

Pickett, K. E., and Pearl, M., " Multilevel Analyses of Neighborhood Socioeconomic Context and Health Outcomes: A Critical Review", *Journal of Epidemiology and Community Health*, Vol. 55, No. 2, 2001.

Poortinga W., "Community Resilience and Health: The Role of Bonding, Bridging, and Linking Aspects of Social Capital", *Health & Place*, Vol. 18, No. 2, 2012.

Pruchno R., Wilson genderson M., and Gupta A. K., " Neighborhood Food Environment and Obesity in Community-Dwelling Older Adults: Individual and Neighborhood Effects", *American Journal of Public Health*, Vol. 104, No. 5, 2014.

Putnam R. D., "Making Democracy Work: Civic Traditions in Modem Italy", *Contemporary Sociology*, Vol. 23, No. 3, 1993.

Putnam R. D., " Bowling Alone: America's Declining Social Capital ", Journal of *Democracy*, Vol. 6, No. 1, 1995.

Qian J., Zhu H., and Liu Y., "Investigating Urban Migrants'Sense of Place through A Multi - Scalar Perspective", *Journal of Environmental Psychology*, Vol. 31, No. 2, 2011.

Qiu P., Caine E., and Yang Y., et al., "Depression and Associated Factors in Internal Migrant Workers in China", *Journal of Affective Disorders*, Vol. 134, No. 1-3, 2011.

Raphael, D., *Social Determinants of Health: Canadian Perspectives*, New York: Oxford University Press, 2004.

Rapport D. J., Howard J., and Lannigan R., et al., "Linking Health and Ecology in the Medical Curriculum", *Environment International*, Vol. 29, No. 2, 2003.

Rechel B., Mladovsky P., Ingleby D., et al., "Migration and Health in An Increasingly Diverse Europe", *Lancet*, Vol. 381, No. 3, 2013.

Ren X., "Governing the Informal: Housing Policies over Informal Settlements in China, India, and Brazil", *Housing Policy Debate*, Vol. 28, No. 1, 2018.

Raudenbush S. W., and Bryk A. S., *Hierarchical Lnear Models: Application and Data Analysis Methods*, London: Sage, 2002.

Rebhun U., "Immigration, Ethnicity, and Housing: Success Hierarchies in Israel", *Research in Social Stratification and Mobility*, Vol. 27, No. 4, 2009.

Reijneveld S. A., and Schene A. H., "Higher Prevalence of Mental Disorders in Socioeconomically Deprived Urban Areas in The Netherlands: Community or Personal Disadvantage?" *Journal of Epidemiology and Community Health*, Vol. 52, No. 1, 2008.

Richard L., Potvin L., and Kishchuk N., et al., "Assessment of the Integration of the Ecological Approach in Health Promotion Programs", *American Journal of Health Promotion*, Vol. 10, No. 4, 1996.

Richard J. Shaw, Kate E., and Pickett, "The Association between Ethnic Density and Poor Self-Rated Health among US Black and Hispanic People", *Ethnicity and Health*, Vol. 16, No. 3, 2011.

Riva M., Gauvin L., and Barnett T. A., "Toward the Next Generation of

Research into Small Area Effects on Health：A Synthesis of Multilevel Investigations Published since July 1998"，*Journal of Epidemiology & Community Health*，Vol. 61，No. 10，2007.

Robert S. A.，"Socioeconomic Position and Health：The Independent Contribution of Community Socioeconomic Context"，*Annual Review of Sociology*，Vol. 25，No. 1，1999.

Ross C. E.，Mirowsky J.，and Pribesh S.，"Powerlessness and the Amplification of Threat：Neighborhood Disadvantage，Disorder，and Mistrust"，*American Sociological Review*，Vol. 66，No. 4，2001.

Ross C. E.，and Mirowsky J.，"Neighborhood Disadvantage，Disorder，and Health"，*Journal of Health & Social Behavior*，Vol. 42，No. 3，2001.

Ross C. E.，and Mirowsky J.，"Neighborhood Socioeconomic Status and Health：Context or Composition"，*City & Community*，Vol. 7，No. 2，2010.

Ruijsbroek A.，Droomers M.，and Groenewegen P. P.，et al.，"Social Safety，Self-Rated General Health and Physical Activity：Changes in Area Crime，Area Safety Feelings and the Role of Social Cohesion"，*Health & Place*，No. 31，2015.

Sallis，J. F.，Saelens，B. E.，and Frank，L. D.，et al.，"Neighborhood Built Environment and Income：Examining Multiple Health Outcomes"，*Social Science & Medicine*，2009，Vol. 68，No. 7，2009.

Sampson R. J.，Morenoff J. D.，and Gannon-rowley T.，"Assessing 'Neighborhood Effects'：Social Processes and New Directions in Research"，*Annual Review of Sociology*，Vol. 28，No. 1，2002.

Sampson，R. J.，and Raudenbush，S. W.，"Seeing Disorder：Neighborhood Stigma and the Social Construction of Broken Windows"，*Social Psychology Quarterly*，Vol. 67，No. 4，2004.

Sampson，R. J.，Raudenbush，S. W.，and Earls F.，"Neighborhoods and Violent Crime：A Multilevel Study of Collective Efficacy"，*Science*，No. 277，1997.

Shen J.，"Struck in the Suburs? Socio-spatial Exclusion of Migrants in Shanghai"，*Cities*，No. 60，2017.

Shen Q.，Lu Y.，and Hu C.，et al.，"A Preliminary Study of the Mental

Health of Young Migrant Workers in Shenzhen", *Psychiatry & Clinical Neurosciences* , Vol. 52, No. 6, 1998.

Sheng M., Gu C., and Wu W., "To Move or to Stay in A Migrant Enclave in Beijing: The Role of Neighborhood Social Bonds", *Journal of Urban Affairs*, Vol. 41, No. 3, 2017.

Siahpush M., and Singh G. K., "Social Integration and Mortality in Australia", *Australian & New Zealand Journal of Public Health*, Vol. 23, No. 6, 1999.

Smith L. C., Ruel M. T., and Ndiaye A., "Why is Child Malnutrition Lower in Urban Than in Rural Areas? Evidence from 36 developing countries", *World Development*, Vol. 33, No. 8, 2005.

Snedker K. A., and Herting J. R., "Adolescent Mental Health: Neighborhood Stress and Emotional Distress", *Youth & Society*, Vol. 48, No. 5, 2016.

Stevenson H. C., "Raising Safe Villages: Cultural-Ecological Factors That Influence the Emotional Adjustment of Adolescents", *Journal of Black Psychology*, Vol. 24, No. 1, 1998.

Stafford Mand McCarthy M., *Neighborhoods, Housing and Health*, Boston: Oxford University Press, 2006.

Stansfeld S., Haines M., and Brown B., "Noise and Health in the Urban Environment", *Reviews on Environmental Health*, No. 15, 2000.

Stutzer A., and Frey B. S., Stress that Doesn't Pay: the Commuting Paradox", *Scandinavian Journal of Economics*, Vol. 110, No. 2, 2008.

Subramanian, S. V., Acevedo-garcia, D., and Osypuk, T. L., "Racial Residential Segregation and Geographic Heterogeneity in Black/White Disparity in Poor Self-Rated Health in the US: A Multilevel Statistical Analysis", *Social Science & Medicine*, No. 8, 2005.

Szabo, and Paul C., "Urbanization and Mental Health: A Developing World Perspective", *Current Opinion in Psychiatry*, Vol. 31, No. 3, 2018.

Tao L., Hui C. M., and Wong F. W., et al., "Housing Choices of Migrants Workers in China: beyond the Hukou perspective", *Habitat International*, No. 49, 2015.

Tosevski D. L., and Milovancevic M. P., "Stressful Life Events and Physical Health", *Current Opinion in Psychiatry*, Vol. 19, No. 2, 2006.

Turra C. M., and Elo I. T., "The Impact of Salmon Bias on the Hispanic Mortality Advantage: New Evidence from Social Security Data", *Population Research & Policy Review*, Vol. 27, No. 5, 2008.

Veenstra G., "Wealth, Income Inequality and Regional Health Governance", *Social Science & Medicine*, Vol. 54, No. 6, 2002.

Walton, E., "Residential Segregation and Birth Weight among Racial and Ethnic Minorities in the United States", *Journal of Health and Social Behavior*, No. 50, 2009.

Wang Y. P., "Housing Reform and Its Impacts on the Urban Poor in China", *Housing Studies*, Vol. 15, No. 6, 2000.

Wang D., Chai Y., and Li F., "Built Environment Diversities and Activity-Travel Behavior Variations in Beijing, China", *Journal of Transport Geography*, Vol. 19, No. 6, 2011.

Wang, Y. P., Wang, Y., and Wu, J. L., "Housing Migrant Workers in Rapidly Urbanizing Regions: A Study of the Chinese Model in Shenzhen", *Housing Studies*, Vol. 25, No. 1, 2010.

Wang F., and Zuo X., "Inside China's Cities: Institutional Barriers and Opportunities for Urban Migrants", *American Economic Review*, Vol. 89, No. 2, 1999.

Wang F., Zuo X., and Ruan D., "Rural Migrants in Shanghai: Living under the Shadow of Socialism", *International Migration Review*, Vol. 36, No. 2, 2002.

Wang W. W., and Fan C. C., "Migrant Workers' Integration in Urban China: Experiences in Employment, Social Adaptation, and Self-identity", *Eurasian Geography and Economics*, Vol. 53, No. 6, 2012.

Weitzman M., Baten A., and Rosenthal D. G., et al., "Housing and Child Health", *Current Problem in Pediatric and Adolescent Health Care*, Vol. 543, No. 8, 2013.

Wen M., Cagney K. A., and Christakis N. A., "Effect of Specific Aspects of Community Social Environment on the Mortality of Individuals Diagnosed with Serious Illness", *Social Science & Medicine*, Vol. 61,

No. 6, 2005.

Wen Mand Christakis N. A., "Effect of Community Distress and Sub-cultural Orientation on Mortality Following Life-Threatening Disease in the Elderly", *Sociology of Health and Illness*, Vol. 28, No. 5, 2006.

Wen M., Hawkley L. C., and Cacioppo, J. T., "Objective and Perceived Neighborhood Environment, Individual SES and Psychosocial Factors, and Self - rated Health: An Analysis of Older Adults in Cook County", *Social Science & Medicine*, No. 63, 2006.

Wen M., Kandula N. R., and Lauderdale D. S., "Walking for Transportation or Leisure: What Difference does the Neighborhood Make", *Journal of General Internal Medicine*, Vol. 22, No. 12, 2007.

Wen M., Wang G., "Demographic, Psychological, and Social Environmental Factors of Loneliness and Satisfaction among Rural-to-Urban Migrants in Shanghai, China", *International Journal of Comparative Sociology*, Vol. 50, No. 2, 2009.

Wen M., Fan J., and Jin L., et al., "Neighborhood Effects on Health among Migrants and Natives in Shanghai, China", *Health & Place*, Vol. 16, No. 3, 2010.

Wen M., Zheng Z., and Niu J., "Psychological Distress of Rural-to-Urban Migrants in Two Chinese Cities: Shenzhen and Shanghai", *Asian Population Studies*, Vol. 13, No. 1, 2016.

Whitehead M., and Dahlgren G., "What Can Be Done about Inequalities in Health?" *Lancet*, Vol. 338, No. 4, 1991.

WHO, *Ottawa Charter for Health Promotion*, Health Promot. Geneva, 1986.

WHO, *Constitution of the World Health Organization*, Geneva, 1994.

WHO, *World Health Report in* 1997: *Conquering Suffering and Enriching Humanity*, 1997.

WHO, *Towards a Conceptual Framework for Analysis and Action on Social Determinants of Health*, Discussion Paper for the Commission on Social Determinants of Health, 2005.

WHO, *Report of the WHO Technical Meeting on Quantifying Disease from Inadequate Housing*, 2005.

Wilkinson R. G., *Unhealthy Societies: the Afflictions of Inequality*, New York: Routledge, 1996.

Williams, D. R., and Collins, C., "Racial Residential Segregation: A Fundamental Cause of Racial Disparities in Health", *Public Health Reports*, Vol. 116, No. 5, 2001.

Wilson-Genderson M., and Pruchno R., "Effects of Neighborhood Violence and Perceptions of Neighborhood Safety on Depressive Symptoms of Older Adults", *Social Science & Medicine*, Vol. 85, No. 4, 2013.

Wong D., "Enhancing Segregation Studies Using GIS", *Computers Environment & Urban Systems*, Vol. 20, No. 2, 1996.

Woo A., and Kim Y. J., "Spatial Location of Place-based Subsidized Households and Uneven Geography of Opportunities: Case of Austin, Texas in the US", *Community Development*, Vol. 47, No. 1, 2016.

Woodward M., *Epidemiology: Study Design and Data Analysis*, London: Taylor & Francis, 2004.

Wu W., "Migrant Housing in Urban China", *Urban Affairs Review*, Vol. 38, No. 1, 2002.

Wu W., "Sources of Migrant Housing Disadvantage in Urban China", *Environment & Planning A*, Vol. 36, No. 7, 2004.

Wu W., Migrant Intra-Urban Residential Mobility in Urban China", *Housing Studies*, Vol. 21, No. 5, 2006.

Wu F. L., "Socio-Spatial Differentiation in Urban China: Evidence from Shanghai's Real Estate Markets", *Environment and Planning A*, Vol. 34, No. 9, 2002.

Wu F. L., "Neighborhood Attachment, Social Participation, and Willingness to Stay in China' Low-Income Communities", *Urban Affairs Review*, Vol. 8, No. 1, 2012.

Wu F. L., "Housing in Chinese Urban Villages: the Dwellers, Conditions and Tenancy Informality", *Housing Studies*, Vol. 12, No. 5, 2016.

Xiao Y., Miao S., and Sarkar C., et al., "Exploring the Impacts of Housing Condition on Migrants' Mental Health in Nanxiang, Shanghai: A Structural Equation Modelling Approach", *International Journal of*

Environmental Research and Public Health, Vol. 15, No. 2, 2018.

Xie S., and Chen J., "Beyond Homeownership: Housing Conditions, Housing Support and Rural Migrant Urban Settlement Intentions in China", *Cities*, No. 78, 2018.

Xie S., "Quality Matters: Housing and the Mental Health of Rural Migrants in Urban China", *Housing Studies*, Vol. 34, No. 3, 2019.

Xu F., Li J., and Liang Y., et al., "Residential Density and Adolescent Overweight in a Rapidly Urbanizing Region of Mainland China", *Journal of Epidemiology & Community Health*, Vol. 64, No. 11, 2010.

Yang T. C., Zhao Y., and Song Q., "Residential Segregation and Racial Disparities in Self-rated Health: How do Dimensions of Residential Segregation Matter?" *Social Science Research*, No. 61, 2016.

Yankauer, A., "The Relationship of Fetal and Infant Mortality to Residential Segregation: An Inquiry into Social Epidemiology", *American Sociological Review*, Vol. 15, No. 5, 1950.

Zhan Y., "The Urbanization of Rural Migrants and the Making of Urban Villages in Contemporary China", *Urban Studies*, Vol. 55, No. 7, 2017.

Zhang L., and Wang G. X., "Urban Citizenship of Rural Migrants in Reform-Era China", *Citizenship Studies*, Vol. 14, No. 2, 2010.

Zheng S., Long F., and Fan C. C. et al., "Urban Villages in China: A 2008 Survey of Migrant Settlements in Beijing", *Eurasian Geography & Economics*, Vol. 50, No. 4, 2009.

Zhu Y., "China's Floating Population and Their Settlement Intention in the Cities: beyond the Hukou Reform", *Habitat International*, Vol. 31, No. 1, 2007.

Zhu Y., and Chen W., "The Settlement Intention of China's Floating Population in the Cities: Recent Changes and Multifaceted Individual-Level Determinants", *Population Space & Place*, Vol. 16, No. 4, 2010.

Zhu P., Zhao S., and Wang L., et al., "Residential Segregation and Commuting Patterns of Migrant Workers in China", *Transportation Research Part D: Transport and Environment*, No. 52, 2016.

后　记

改革开放以来，中国市场经济的发展与户籍制度的改革带来了大规模持续的人口流动。农村人口大规模向城镇流动集聚，构成了城镇化发展的重要动力，推动了中国城镇化的快速发展。流动人口在推进城镇化、促进经济增长的同时，却承受了城市中恶劣的居住条件，其身心健康受到了巨大影响。如何改善流动人口的居住条件和健康水平将考验中国城镇化进程的公平性与长期可持续性，更是中国改善民生、推进健康中国建设亟待解决的现实重大问题；居住条件对流动人口健康的影响已成为中国地理学、社会学、城市规划学和经济学等多学科交叉的一个新兴研究领域。但值得指出的是，迄今这方面的研究尚不多见，其发展需要更多不同研究案例的支撑；已有研究也多把居住条件狭义地理解为住房条件，忽视了住房所在社区环境及其与更大的社会空间的关系对流动人口健康的影响。

本书是笔者对流动人口健康问题的理论和经验探索。在本书中，笔者突破迄今研究的上述不足和局限，把居住条件的含义拓展到住房条件、社区环境和居住隔离三个不同层次的维度，就居住条件对流动人口健康的影响进行深入研究。本书认为，流动人口总体健康状况良好，其流入地城市的居住条件处于明显弱势地位。住房条件和社区环境是影响流动人口健康的重要社会因素，但是，住房条件对流动人口健康的影响低于笔者的理论预期，但社区环境的影响相比住房条件更为突出。居住隔离对流动人口健康有显著的不利影响，居住隔离成为一种特殊的社会剥夺机制，流动人口在居住空间上遭受的聚集与隔离、排斥与歧视以及由此引发的社会不满情绪，成为影响其健康的重要因素之一。居住条件对流动人口健康的影响折射的是众多深层次的问题。从表面上看，流动人口的居住和健康问题是人口空间位移所产生的特殊群体自身发展问题，实际上隐含着城乡二元结构、户籍身份等制度性、结构性因素问题。居住条件与健康问题关系到每一位流动人口的福祉和切身利益。通过改善居住条件促进流动人口健康水平提升也变得更加迫切，需要政府、企业和社区等从不同层面提供社会保护。

本书得到国家社会科学基金项目的支持。本书的完成绝非凭笔者一己之力，而是在研究过程中得到了多方的支持和帮助。感谢项目组陈莉、于海燕、林赛南、文铭等同志对项目的支持和帮助，感谢朱宇教授对本书的研究方向、方法论和脉络提出的宝贵意见，感谢复旦大学王桂新教授和中国社会科学院人口与劳动经济研究所牛建林副研究员在问卷设计方面的大力支持，更要感谢中国社会科学出版社梁剑琴老师的倾力帮助。

俞林伟

2020 年 5 月